Familie und belastete
Generationenbeziehungen

Dieter Karrer

Familie und belastete Generationenbeziehungen

Ein Beitrag zu einer Soziologie des familialen Feldes

 Springer VS

Dieter Karrer
Zürich
Schweiz

ISBN 978-3-658-06877-6   ISBN 978-3-658-06878-3 (eBook)
DOI 10.1007/978-3-658-06878-3

Die Deutsche Nationalbibliothek verzeichnet diese Publikation in der Deutschen Nationalbibliografie; detaillierte bibliografische Daten sind im Internet über http://dnb.d-nb.de abrufbar.

Springer VS

Lektorat: Katrin Emmerich, Daniel Hawig

Gedruckt auf säurefreiem und chlorfrei gebleichtem Papier

Springer Fachmedien Wiesbaden ist Teil der Fachverlagsgruppe Springer Science+Business Media
(www.springer.com)

Vorwort

Die Erforschung sozialer Strukturen ist untrennbar verbunden mit der Analyse der kognitiven Strukturen, also den Klassifikationen, die dem Handeln der Akteure zugrunde liegen. Können soziale Strukturen angemessen nicht unabhängig von den Menschen analysiert werden, sind das Wesentliche doch nicht die Menschen, sondern die sozialen Relationen, in die sie eingebunden sind.

Die Mitglieder moderner Gesellschaften nehmen an verschiedenen sozialen Feldern teil, in denen sie sich auf dem Boden je spezifischer Maximen in Abhängigkeit von andern und bezogen auf andere verhalten. Was nicht unbedingt heißt, dass diese anderen anwesend oder einem persönlich bekannt sein müssen.

Das soziale Leben funktioniert durch Beziehungen, weshalb es relational gedacht und analysiert werden muss. Dabei geht es nicht darum, die konkrete Realität durch Abstraktion auszudünnen, sondern das Konkrete theoretisch zu rekonstruieren und in seiner Mannigfaltigkeit verstehbar zu machen.

Eine soziologische Analyse konkreter Realitäten, ohne deren Anschaulichkeit zu zerstören: Das scheint mir auch deshalb wichtig, weil in der Soziologie die Gefahr besteht, dass wir trotz einer wachsenden Zahl von Untersuchungen immer weniger über verschiedene Lebenswelten wissen.

Damit ist sehr allgemein die Position einer Forschungsprogrammatik markiert, an der sich das vorliegende Buch orientiert. Es handelt vom Feld der Familie und von sozialen Krisensituationen, in denen die familialen (Generationen-)Beziehungen unter Druck geraten.

Das Buch beruht maßgeblich auf einer empirischen Untersuchung, die ich an der Universität Luzern realisiert habe. Sie war Teil einer größeren ethnologisch-soziologischen Vergleichsstudie, die von Dr. Claudia Roth, Prof. Dr. François Höpflinger und mir durchgeführt und von Prof. Dr. Jürg Helbling geleitet wurde.

Dr. Sylvie Johner-Kobi war an der Datenerhebung beteiligt und hat die Grafiken gestaltet. Und viele Personen und Organisationen, die hier nicht einzeln genannt werden können, haben uns bei der Suche nach Gesprächspartnerinnen und Gesprächspartnern geholfen. Bei ihnen allen möchte ich mich herzlich bedanken.

Ein ganz besonderer Dank geht an all jene, die sich Zeit für ein Interview genommen und mit uns über eine Situation gesprochen haben, über die zu sprechen für sie nicht immer ganz leicht war.

Inhaltsverzeichnis

Einleitung

Ulrich Beck (1995) hat wahrscheinlich recht: Es existiert in unserer Gesellschaft wohl kaum ein Wunsch, der weiter verbreitet ist, als der Wunsch nach einem „eigenen Leben". Nicht alle befinden sich jedoch in der Situation, ein eigenständiges und unabhängiges Leben auch tatsächlich führen zu können.

Ältere Menschen leben nicht nur länger als früher. Sie haben auch oftmals den Wunsch, ihr gewohntes Leben so lange wie möglich selbständig weiterführen zu können. Das wird mit den Jahren aber zunehmend schwierig, weil man aufgrund gesundheitlicher Einschränkungen vermehrt auf Hilfe angewiesen ist.

In ein unabhängiges Leben drängen auch viele Junge, die auf der Schwelle zur Erwachsenenwelt stehen. Durch die ökonomischen Verwerfungen der letzten Jahre ist der Übergang jedoch unsicherer und der Weg in ein eigenes Leben prekärer geworden, weshalb man auch hier vermehrt der Unterstützung bedarf.

Zur gleichen Zeit wird die Frage diskutiert, inwieweit der Wohlfahrtsstaat noch in der Lage ist, die Bewältigung solcher Risiken und die damit verbundenen Unterstützungsleistungen zu finanzieren. Was den gesellschaftspolitischen Druck verstärkt, die Betroffenen und ihr familiäres Umfeld vermehrt in die Verantwortung zu nehmen.

Unter dem Motto „ambulant vor stationär" zielen etwa alterspolitische Maßnahmen darauf ab, Betagte so lange wie möglich zu Hause zu betreuen. Was mit dazu beigetragen hat, dass der Anteil jener, die im höheren Alter in einem Heim

© Springer Fachmedien Wiesbaden 2015
D. Karrer, *Familie und belastete Generationenbeziehungen*,
DOI 10.1007/978-3-658-06878-3_1

leben, in den letzten zwanzig Jahren in der Schweiz zurückgegangen ist (Sozialbericht 2012, S. 136 f.).[1]

Aufgrund der genannten Entwicklungen können die familialen Generationenbeziehungen von zwei Seiten unter Druck geraten:

- Wenn Eltern im Alter pflegebedürftig werden und die Kinder, die ihr eigenes Leben haben, mit der Aufgabe konfrontiert sind, sich um sie zu kümmern.
- Wenn sich der Übergang ins Erwerbsleben für junge Erwachsene schwierig gestaltet und sie nicht in der Lage sind, auf eigenen Füßen zu stehen, weshalb sie länger als vorgesehen in der Herkunftsfamilie verbleiben oder wieder dahin zurückkehren und von den Eltern unterstützt werden müssen.

Im Rahmen einer Untersuchung, die zwischen März 2008 und September 2011 durchgeführt wurde, sind wir der Frage nachgegangen, was das für die betroffenen Eltern und Kinder bedeutet: wie sie die jeweilige Situation erleben, welche Probleme und Konflikte damit verbunden sind und wie sie damit umgehen.

Die Untersuchung war Teil einer umfassenderen ethnologisch-soziologischen Studie, in der belastete Generationenkonfigurationen in der Schweiz und in Burkina Faso vergleichend analysiert wurden: also einer reichen Gesellschaft mit und einer armen Gesellschaft ohne sozialstaatliche Sicherungsformen.[2]

Auch wenn kontextvergleichende Aspekte hin und wieder erwähnt werden, bezieht sich das vorliegende Buch primär auf die schweizerische Teilstudie, die für die Publikation völlig überarbeitet, erweitert und durch einen theoretischen Grundlagenteil ergänzt wurde.

Aufbau des Buches

Das Buch gliedert sich in zwei Teile: Zunächst werden zentrale Elemente eines soziologischen Bezugsrahmen eingeführt, der den Hintergrund für die empirische Analyse bildet. Ausgangspunkt ist ein akteurbezogenes Konzept des Lebenslaufes, der als Sequenz verschiedener Phasen und Übergänge zwischen Geburt und Tod vor allem unter zwei Aspekten betrachtet wird: als Laufbahn zwischen verschiedenen Positionen im sozialen Raum und als Abfolge von Partizipations- und Positionskonfigurationen in verschiedenen sozialen Feldern. Damit können Akteure in verschiedenen Lebensphasen durch ihre spezifischen sozialen Konstellationen beschrieben werden. Und mit dem „Habitus" wird ein Begriff eingeführt, der es

---

[1] Trotzdem werden in der Schweiz betagte Menschen weniger häufig zu Hause gepflegt als in Deutschland zum Beispiel (Perrig-Chiello et al. 2008, S. 222).

[2] Die Untersuchung wurde am Ethnologischen Seminar der Universität Luzern durchgeführt und vom Schweizerischen Nationalfonds finanziert (Vgl. Roth et al. 2011).

erlaubt, ihre Verhaltensweisen mit den (sich wandelnden) Bedingungskonstella-
tionen zu verknüpfen und als Ausdruck eines je spezifischen Modus operandi zu
verstehen.

Daran anschließend wird die Familie als soziales Feld konzeptualisiert: als eine
eigene Ordnung des Unterschieds, in dem Akteure in verschiedenen Lebensphasen und mit unterschiedlichen Merkmalskonfigurationen persönlich und dauerhaft
miteinander verbunden sind. Unter Bezugnahme auf differenzierungstheoretische
Überlegungen werden spezifische Strukturmerkmale familiärer Beziehungen herausgearbeitet, die dem familialen „Modus operandi" zugrunde liegen. Und es wird
argumentiert, dass die „Familie" als kollektive Kategorie der Wahrnehmung und
des Handelns mit dazu beiträgt, dass die Familienbeziehungen zu dem werden,
was sie sind.

Dass Familie auch ein Kapital darstellt und ein Feld, dem trotz seiner Über-
schaubarkeit theoretisch und empirisch nicht ganz einfach beizukommen ist, wird
am Schluss des Grundlagenteils erläutert.

Dieser Teil stützt sich auf wichtige soziologische und ethnologische Beiträge
zum Thema. Wobei das Interesse an der Literatur kein philologisches, sondern ein
problembezogenes und praktisches ist. Im Vordergrund steht nicht, was hat wer im
Unterschied zu wem gesagt, sondern was von dem, was geschrieben wurde, lässt
sich verwenden, um bei der eigenen Arbeit voranzukommen (vgl. Becker 1988,
S. 17). Bezogen haben wir uns dabei auf ganz unterschiedliche Autoren und Autorinnen, ungeachtet dessen, wie weit ihre Ansätze miteinander vereinbar sind oder
der eigenen Position im Feld sozialwissenschaftlicher Theorien entsprechen. Lernen kann man von ganz unterschiedlichen theoretischen Richtungen. Das ist zwar
banal, aber leider nicht selbstverständlich. Die Auseinandersetzung mit Theorien
erinnert manchmal eher an „Clankämpfe", die im Namen dieses oder jenes Totems
geführt werden.[3]

Im zweiten Teil des Buches wird die empirische Studie über belastete Generationenbeziehungen in der Familie vorgestellt. In einem ersten Schritt werden
die Anlage der Befragung und das methodische Vorgehen beschrieben. Und daran
anschließend werden die Ergebnisse für die beiden untersuchten Konfigurationen
belasteter Generationenbeziehungen dargestellt und auf der Grundlage der theoretischen Ausführungen analysiert. Eine vergleichende und synthetisierende Darstellung der Untersuchungsresultate bildet den Schluss des Buches.

Die Publikation hat zwei Ziele: Sie soll sicht- und verstehbar machen, was die
beiden familialen Konfigurationen für die betroffenen Eltern und Kinder bedeuten

---

[3] Der Gedanke stammt von Bourdieu (1992, S. 44), der nun selbst zum Gegenstand solcher
Clankämpfe zu werden droht.

und welche Mechanismen und Prozesse darin wirksam sind. Und die Publikation soll einen Beitrag leisten zu einer Soziologie der familialen Beziehungen, die in den letzten Jahrzehnten etwas aus dem Blickfeld der Soziologie geraten sind.

Literatur

Beck, Ulrich, Vossenkuhl, Wilhelm, Ziegler Ulf E. & Rautert, Timm (1995). *Eigenes Leben. Ausflüge in die unbekannte Gesellschaft, in der wir leben.* München: C. H. Beck

Becker, Howard S. (1988). Herbert Blumer's Conceptual Impact. *Symbolic Interaction 11, 1*, 13–21

Bourdieu, Pierre (1992). *Die verborgenen Mechanismen der Macht.* Hamburg: VSA-Verlag

Perrig-Chiello, Pasqualina, Höpflinger, François, & Suter, Christian (2008). *Generationen – Strukturen und Beziehungen. Generationenbericht Schweiz.* Zürich: Seismo Verlag

Roth, Claudia, Karrer, Dieter, Höpflinger, François, & Helbling, Jürg (2011). *Belastete Generationenbeziehungen im interkulturellen Vergleich (Europa-Afrika).* Forschungsbericht Universität Luzern

Sozialbericht 2012. *Fokus Generationen.* Hrsg. Bühlmann, Felix & Schmid Botkine, Céline. Zürich: Seismo

Teil I
Grundlagen

Lebenslauf

2

Die Institutionalisierung des Lebenslaufes in der modernen Gesellschaft ist stark auf die Erwerbsarbeit ausgerichtet, die den Angelpunkt der Existenzsicherung bildet. Vereinfacht gesagt kommt es zu einer Dreiteilung des Lebens in eine Lern- bzw. Ausbildungsphase, eine Erwerbs- und Familienphase sowie eine Ruhestandsphase (vgl. Kohli 1985), die durch Statuspassagen miteinander verbunden sind.

Diese „Ordnung des Lebensverlaufs" ist wesentlich ein Resultat des Wohlfahrtsstaates (Mayer und Müller 1989), der zur Konstituierung verschiedener Lebensphasen und zu einer Chronologisierung des Lebens beiträgt, indem er Altersgrenzen und Fristen definiert, ab wann bestimmte Ansprüche geltend gemacht werden können und bestimmte Leistungen erbracht werden müssen. „Wenn Menschen durch ihr Leben gehen, dann finden sie, dass der Staat fast alle Ein- und Austritte definiert: in die Erwerbstätigkeit und aus der Erwerbstätigkeit heraus, bei Heirat und Scheidung, bei Krankheit und Invalidität, in die Ausbildung und aus der Ausbildung und in die berufliche Ausbildung und aus ihr heraus" (Mayer und Müller 1989, S. 57). Diese Vorgaben vermitteln dem Leben eine allgemeine Ablaufstruktur, die entlasten, aber auch einengen kann (Kohli 1985).

Der Wohlfahrtsstaat verleiht dem Leben auch mehr Verlässlichkeit und Kontinuität in Krisensituationen, indem er (Unter-)Brüche im Lebenslauf und damit verbundene Einkommensverluste überbrückt und – falls länger andauernd – Grundsicherungen garantiert (Behrens und Voges 1996) oder durch Umverteilungen auch das Leben im Alter materiell absichert.

Soweit der Staat Individuen und nicht Familien zu Adressaten seiner Politik und zu „Empfängern seiner Gaben" macht, trägt er mit dazu bei, dass sich Lebensläufe aus kollektiven familialen Lebensformen herauslösen und die verschiedenen

© Springer Fachmedien Wiesbaden 2015
D. Karrer, *Familie und belastete Generationenbeziehungen*,
DOI 10.1007/978-3-658-06878-3_2

Generationen ihr eigenes Leben führen können. Dass „Jugendliche mit Ausbildungsbeihilfen ihre Familien verlassen", Mehrgenerationenhaushalte „sich aufspalten" (Mayer und Müller 1989, S. 47) und ältere Menschen ein finanziell von den Kindern unabhängiges Leben führen können.

In der „funktional differenzierten" modernen Gesellschaft hat die Familie ihre Rolle als „generelle Inklusionsinstanz" (Luhmann 1990, S. 207) eingebüßt und ist zu einem sozialen Feld unter anderen geworden. Der familiale Reproduktionsmodus der Vererbung und Zuweisung ist abgelöst worden durch den Modus der Erwerbbarkeit, in dem der Schule eine zentrale Bedeutung zukommt. Das heißt nicht, dass die Familie ihren Einfluss verloren hat. Sie bleibt in und neben dem schulischen Feld weiterhin wirksam (vgl. Bourdieu 2014, S. 342 und 464 ff.). Die Bewegung durch die horizontal und vertikal differenzierte Gesellschaft nimmt jedoch zu. Die soziale Einbindung geschieht nun nicht mehr über einen zugewiesenen Platz, den man mehr oder weniger lebenslang innehat, sondern über einen Lebensweg, der verschiedene, wechselnde Zugehörigkeiten und Positionen umfasst (vgl. auch Luhmann 2002, S. 242).

Seit den sechziger Jahren des 20. Jahrhunderts lässt sich ein weiterer Dynamisierungsschub beobachten: Standardisierte und stabile Lebensverläufe nehmen eher ab, während flexiblere, diskontinuierlichere und stärker individualisierte Lebenslaufmuster an Bedeutung gewinnen (Buchmann 1989; Beck 1986). Wodurch die chronologische Abfolge der verschiedenen Lebensphasen aufgeweicht und Altersnormen stärker in Frage gestellt werden (Kohli 1985).

Um der zunehmenden Dynamik gerecht zu werden und die „Bewegung durch die Sozialstruktur" (Levy 1996) in den Blick zu bekommen, werden wir statt einer (rein) kataskopischen Sicht (Geiger 1963) eine akteurbezogene soziologische Perspektive einnehmen und Lebensläufe als „Wanderung durch verschiedene soziale Welten" (Berger et al. 1987) begreifen – und zwar unter zwei Aspekten:

- als Laufbahn zwischen verschiedenen Positionen im sozialen Raum und den damit verbundenen sozialen Milieus
- und als Abfolge von Partizipations- und Positionskonfigurationen in verschiedenen sozialen Feldern.

Beide Aspekte sind wichtig und ergänzen sich: Mit dem „Lebenslauf als Statusbiografie" (Levy 1977, 1996) lassen sich die Teilnahme- und Positionsprofile von Akteuren im Lebensverlauf erfassen, nicht aber deren Lokalisierung(en) innerhalb der Sozialstruktur, die man mit der Laufbahn im sozialen Raum in den Blick bekommt.[1] Mit dem Begriff des Habitus als „inkorporiertes Soziales" lässt sich zudem verstehen, dass Menschen nicht nur in (sich wandelnden) sozialen Bedingungen situiert sind, sondern dass die Bedingungen auch Teil ihrer selbst werden und so ihr Handeln bestimmen.

Im Folgenden sollen die beiden theoretischen Modelle kurz dargestellt werden. Das wird uns erlauben, zentrale Begriffe einzuführen, mit denen wir im empirischen Teil arbeiten werden.

2.1 Laufbahn im sozialen Raum

Eine Strukturtheorie sozialer Ungleichheit muss hinreichend differenziert sein, um die Ordnung der Unterschiede und die Bewegung von Akteuren innerhalb dieser Unterschiede angemessen erfassen zu können.

Besser als herkömmliche Schicht- und Klassenmodelle genügt diesem Anspruch das Modell des sozialen Raumes von Pierre Bourdieu (1988, S. 211 ff., 1998, S. 15 ff.). Da wir das Modell bereits an anderer Stelle ausführlich dargestellt haben (vgl. Karrer 1998), soll es hier nur kurz skizziert werden.

Das Modell des sozialen Raumes (vgl. Diagramm 1 im Anhang) beruht im Wesentlichen auf zwei Kapitalarten: dem ökonomischen und dem kulturellen Kapital.[2] Die vertikale Achse wird gebildet durch das Kapitalvolumen, also den Umfang des ökonomischen und kulturellen Kapitals, über das man verfügt, die horizontale Achse durch das Verhältnis zwischen den beiden Kapitalarten: rechts ist das ökonomische Kapital größer als das kulturelle, in der Mitte ist es mehr oder weniger ausgeglichen und links überwiegt das kulturelle gegenüber dem ökonomischen Kapital.

In einem so konstruierten Raum lassen sich verschiedene Berufsgruppen verorten. Während die vertikale Achse definiert, ob eine Gruppe eher oben, in der Mitte oder unten steht, lässt sich aufgrund der horizontalen Achse bestimmen, auf welcher Kapitalform ihre Position vor allem beruht. Erfasst werden also nicht nur vertikale, sondern auch horizontale Unterschiede, die soziologisch oftmals von

---

[1] Darauf verweist auch René Levy (1996, S. 79), wenn er schreibt: „Neben der Form des Positionsprofils (...) ist natürlich deren globale Lokalisierung in der gesamtgesellschaftlichen Schichtung nicht aus den Augen zu verlieren, d. h. die generelle Schicht- oder Klassenlage der Person."

[2] Während das ökonomische Kapital den Besitz an Einkommen und Vermögen umfasst, existiert das kulturelle Kapital nach Bourdieu (1983) in drei Formen: inkorporiert (als Wissen, Sprache usw.), objektiviert (in Form von Gütern) und institutionalisiert (in Form von Titeln).

ebenso großer Bedeutung sind, in Schichtmodellen aufgrund ihrer additiven Logik jedoch verloren gehen (Karrer 1998): Unterschiede zwischen einem eher ökonomischen Pol auf der rechten und einem stärker kulturellen Pol auf der linken Seite.

Das Modell bezieht sich primär auf die Erwerbstätigen als „Kernstatusgruppe". Das schließt nicht aus, auch Hausfrauen oder Rentner im sozialen Raum zu positionieren, sofern man berücksichtigt, dass sie nicht oder nicht mehr zur Kernstatusgruppe gehören (Karrer 2009), ein Standpunkt, den auch Bourdieu in einem Gespräch vertreten hat. Auf diesem Hintergrund kann dann auch deutlich gemacht werden, dass „Rentner sein", „Hausfrau sein" oder „erwerbslos sein" in verschiedenen Regionen des sozialen Raumes etwas Unterschiedliches bedeutet, trotz aller Gemeinsamkeiten, die man miteinander teilt.

In seinem Buch „Die feinen Unterschiede" geht Bourdieu von „sozialen Großgruppen" (Beck 1986) aus und erfasst die Laufbahn über den relativen Anteil jener, die aus unteren, mittleren und höheren Klassen stammen. Wir hingegen benutzen das Modell des sozialen Raumes in der vorliegenden Untersuchung als eine Art „Landkarte" der verschiedenen sozialen Positionen, auf der sich die Stellung und die Laufbahn von Akteuren eintragen und in ihrer Differenz sichtbar machen lässt. Wobei die Position der Herkunftsfamilie den Ausgangspunkt bildet, der den weiteren Verlauf sehr stark prägt. Die Frage der „Erbfolge", also „die Frage der Sicherung des Fortbestands der Abstammungslinie und ihres Erbes im weitesten Sinne", stellt sich in ausdifferenzierten Gesellschaften jedoch auf besondere Weise. Sie liegt nun nicht mehr allein in der Hand der Familie, sondern hängt auch vom „Urteil der Bildungsinstitutionen" ab, das dem „Projekt" der Familie, das vor allem der Vater verkörpert, entgegenlaufen kann (Bourdieu 1997, S. 651 f.).

Eine Laufbahn kann sich weitgehend auf demselben sozialen Niveau bewegen, oder aber durch Auf- und Abstiegsprozesse gekennzeichnet sein, was allerdings komplizierter und schwerer zu beurteilen ist als es auf Anhieb scheinen mag – zumindest was die intergenerationelle Laufbahn betrifft. Das kann hier nur kurz angedeutet werden (vgl. Bourdieu 1988, S. 210 ff.): Der 1960 geborene Sohn eines Büroangestellten zum Beispiel, der ebenfalls Büroangestellter geworden ist, hat zwar nominell die gleiche Position wie sein Vater früher gehabt hat, real ist ihr Wert, der sich relational bestimmt, aber nicht mehr der gleiche wie früher. Und damit ist auch das Selbstverständnis ein anderes. Kann das nominal Gleiche Unterschiedliches bedeuten, kann das vermeintlich Unterschiedliche im relationalen Sinne gleich sein. Die Abkömmlinge von kleinen Selbständigen zum Beispiel wurden in den siebziger und achtziger Jahren vermehrt Angestellte, weil sich die Sozialstruktur gewandelt hat und die Zahl der selbständigen Existenzmöglichkeiten zurückgegangen ist. Ihre Position in der Mittelklasse konnten sie nur halten, indem sie sich verändert und ihre Position verlagert haben.[3] Trotzdem wäre es zu einseitig, daraus wie Bourdieu den Schluss zu ziehen, dass alles beim Gleichen bleibt. Denn es macht in vielerlei Hinsicht einen Unterschied, ob man selbständiger Handwerker, Büroangestellter oder Sozialarbeiter ist.

Auch wenn die soziale Herkunft die Laufbahn im sozialen Raum nach wie vor stark beeinflusst (Sozialbericht 2012), sind die Lebenslagen und die Lebenswege trotzdem vielfältiger geworden (Beck 1986). Das Ausmaß intergenerationeller Mobilität wird von vielen Untersuchungen über „Statusvererbung" unterschätzt, weil die Ordnung der Unterschiede oftmals nur ungenügend konstruiert wurde und die verwendeten Kategorien – zum Teil gezwungenermaßen – so grob sind, dass viele lebensweltlich bedeutsamen Differenzen gar nicht ins Blickfeld geraten. Nicht selten sind es aber gerade die kleineren oder feinen Unterschiede, die für die Akteure und ihre Beziehungen von großer Bedeutung sein können.

2.1.1 Habitus

Laufbahn und Position im sozialen Raum bleiben den Akteuren nicht äußerlich. Sie bilden keine externen Bedingungen, die ihr Handeln von außen bestimmen (Bourdieu 2001, S. 177), sondern sind im Habitus einverleibt und gewissermaßen verlebendigt.

Der Habitus ist ein unter sozialen Bedingungen erworbener Modus der Wahrnehmung, der Klassifizierung und des Handelns, der die Verhaltensweisen in verschiedenen Bereichen des Alltagslebens prägt (Bourdieu 1988). Der Habitus formt die Modalitäten des Handelns, so dass sich in substantivisch völlig verschiedenen Handlungen die gleiche Art und Weise des Verhaltens zeigen kann (Karrer 1998). Was nicht heißt, dass die Prinzipien des Handelns in allen Feldern gleich sind.

Im Unterschied zu Theorien, die Handlungen als bewusste und intentionale Akte sehen, ist der Habitus „erworbene Gewohnheit des Handelns", um einen Ausdruck von Adam Smith (2010, S. 444 [zuerst 1790]) zu verwenden, ein „Gewohnheits-Sinn", der stärker auf der Ebene der Praxis als auf der Ebene des Bewusstseins agiert (Bourdieu 2001, S. 182). Als inkorporierter Sinn für Grenzen erzeugt er Haltungen und Handlungen, die den Bedingungen, aus denen er entstanden ist, entsprechen und sie reproduzieren. Je mehr der Habitus eines Akteurs mit den Bedingungen übereinstimmt, in denen er lebt, umso mehr fühlt er sich darin „zu Hause" und umso selbstverständlicher und fragloser erscheint ihm seine Welt. Diese Form

---

[3] Was sich reproduziert sind nicht „differente Soziallagen", sondern „die Differenz der Soziallagen" (Bourdieu 1988, S. 272).

der Erfahrung, in der das, was ist, „außer Diskussion" steht, hat Bourdieu (1979,
S. 325) Doxa genannt.

Die Übereinstimmung von Position und Habitus ist allerdings nur eine Variante
des Möglichen (Bourdieu 1987, S. 117), die vor allem unter stabilen Bedingungen
auftritt. Sind Strukturen und Laufbahnen hingegen instabil, ist auch das Verhältnis
von Position und Habitus weniger stimmig. So können Mobilitätsprozesse zwischen den Generationen und innerhalb ein und derselben Generation dazu führen,
dass sich Position und Habitus auseinanderentwickeln und Akteure in eine „deplat-
zierte Situation" geraten (Bourdieu 2001, S. 202). Das ist zum Beispiel dann der
Fall, wenn sich die Position im sozialen Raum relativ schnell ändert, der Habitus
aufgrund seiner Trägheit und Beharrungstendenz jedoch noch eine Zeit lang durch
die früheren Bedingungen geprägt bleibt. Oder wenn man nicht in der Lage ist, die
Laufbahn der Herkunftsfamilie, die in den eigenen Dispositionen eingeschrieben
ist auch ohne dass die Eltern Druck aufsetzen, fortzusetzen (vgl. Bourdieu 1997,
S. 652). Das führt gewöhnlich zu einer Situation der Anomie (Durkheim 1984) und
zu einem unglücklichen Verhältnis, weil das Selbstverständnis und die Ansprüche,
die man hat, dem Leben, das man führt, nicht (mehr) entsprechen. Wodurch jenes
Gleichgewicht verloren geht, das für das persönliche Wohlbefinden so zentral ist
(vgl. Bourdieu 2001, S. 192 f.).

Solche Laufbahnen können sich dem Körper auch ganz direkt einprägen (vgl.
Bourdieu 1992, S. 37). Erleidet man zum Beispiel einen sozialen Abstieg, können
die damit verbundenen Verunsicherungen und Entwertungen auch körperlich zum
Ausdruck kommen und eine Wahrheit offenbaren, die das, was man sagt oder darzustellen versucht, dementiert.

Die Laufbahn und die Position im sozialen Raum bilden jedoch nicht die einzigen Bedingungen, die im Habitus einverleibt sind, auch wenn sie meiner Ansicht
nach in mancher Hinsicht *grundlegend* sind.

Weitere Prägekräfte des Habitus Der Habitus ist auch geprägt durch die soziale
Geschlechterdifferenz, die wohl am stärksten von allen Unterschieden „verkörpert
ist" und in verschiedenen Körperhaltungen zum Ausdruck kommt: in einer bestimmten Art zu gehen, zu sitzen oder zu sprechen zum Beispiel. Analog zum „sense of
one's place" im sozialen Raum, gibt es auch einen „sense of gender" (Karrer 1998,
S. 38 ff.), einen Sinn dafür, was „männlich" und was „weiblich" ist, was zu wem
passt und was von wem erwartet werden kann. Was wiederum beeinflusst, wer sich
wofür zuständig fühlt. Wobei der geschlechtsspezifische Habitus je nach Position
im sozialen Raum variiert und in der Arbeiterschaft zum Beispiel nicht der gleiche
ist wie im soziokulturellen Milieu (Bourdieu 2005; Koppetsch und Burkart 1999).

Der Habitus ist auch generationenspezifisch ausgeformt. Jede „Generation" hat
ihren eigenen gesellschaftlichen Zeitraum, der durch ein bestimmtes soziales Klima
und eine bestimmte Atmosphäre charakterisiert ist. „Dieser *mood* einer Epoche, der

eine Form praktischer Erkenntnis des Möglichen und Unmöglichen einschließt und auf einer Art spontaner Statistik, aber auch auf Gerüchten und Sprichwörtern und damit auf einer ganzen Flut von oftmals unzureichend kontrollierten, lückenhaften Informationen beruht, stellt eine der wichtigsten Vermittlungsinstanzen zwischen den so genannten Daseinsbedingungen und den Praktiken dar" (Bourdieu 2009, S. 128).

„Aus seiner Zeit kann keiner springen" (Tucholsky 1925): Menschen, die in der Weltwirtschaftskrise der zwanziger und dreißiger Jahre auf die Welt gekommen sind, sind anders sozialisiert als Menschen, die ihr Leben in den fünfziger oder sechziger Jahren nach dem Zweiten Weltkrieg begonnen haben (Elder 1999).

Unter Bedingungen ökonomischer Unsicherheit und Knappheit war man stärker gezwungen, seine Ansprüche auf seine Mittel abzustimmen und sich den gegebenen Möglichkeiten anzupassen. Es galt, sein Leben von den vorhandenen Bedingungen aus zu denken, was mit zum großen Stellenwert von „Pflicht- und Akzeptanzwerten" (Klages 1985) beigetragen hat. Und die Erfahrung (ökonomischer) Unsicherheit hat dazu geführt, dass man der (materiellen) Sicherheit und der Familie als Ort des Rückzugs und der Geborgenheit in seinem Leben eine zentrale Bedeutung beimisst. Wie stark die Prägungen durch die schwierigen ökonomischen Bedingungen sind, hängt auch von der Lebensphase ab, in der man sich damals befunden hat („principle of timing"). Und ihre Wirkung ist umso nachhaltiger, je weniger sich die soziale Position im Erwachsenenalter von jener der Herkunftsfamilie unterscheidet, wie Elder (1999) gezeigt hat.

Demgegenüber sind Nachkriegsgenerationen seit den sechziger Jahre stärker mit Entwicklungen konfrontiert, die Ulrich Beck (1986) unter dem Begriff der Individualisierung zusammengefasst hat: Durch verschiedene strukturelle Veränderungen (Zunahme der materiellen Möglichkeiten, Bildungsexpansion, Mobilität u. a.) werden Menschen herausgelöst aus herkömmlichen Bindungen und Orientierungen und auf die Suche geschickt nach ihrem eigenen Leben. Verlief das Leben vorher in relativ normierten Bahnen, so muss es nun vermehrt von den Akteuren selbst hergestellt werden. Verlangt ist nun vermehrt „ein aktives Handlungsmodell des Alltags, das das Ich zum Zentrum hat" (Beck 1986, S. 217). Aufgrund dieser Entwicklung muss das Leben stärker vom Einzelnen her und auf den Einzelnen bezogen gedacht werden, womit das frühere Verhältnis von Individuum und Gesellschaft gewissermaßen auf den Kopf gestellt wird. Die Führung eines eigenen Lebens wird wichtiger und notwendiger, nicht nur für Männer, sondern auch für Frauen. Und die Verantwortung für sein Leben wird jetzt stärker dem Einzelnen zugeschrieben, was zu einem Klima der vermehrten Subjektivierung und individuellen Zurechnung gesellschaftlicher Problemlagen führt.

Als Ausdruck dieser Veränderungen sieht Ulrich Beck (1997) eine „Selbst-Kultur" um sich greifen, deren zentrale Momente Selbstständigkeit, Selbstverwirklichung, Selbsterfahrung, Selbstsuche, Selbstreflexion und Selbstentwicklung sind sowie ein Freiheits- und Autonomiebedürfnis, das sich an gesellschaftlich zugemuteten Normen und Hierarchien ebenso stoßen kann wie an Mitgliedschaften, die man nicht selbst gewählt hat. Diese Form des Individualismus ist – so Beck (1995, S. 165 ff.) – nicht zu verwechseln mit einer egozentrischen Lebensführung und Lebenshaltung. Vielmehr scheint die Tendenz, vom Einzelnen aus und auf den Einzelnen bezogen, also individuumszentriert zu denken, mit einer ausgeprägten Bereitschaft zur Empathie verbunden zu sein, womit auch der Anspruch verbunden ist, einander als Individuen und auf Augenhöhe zu begegnen (vgl. auch Karrer 2009).

Seit den neunziger Jahren des 20. Jahrhunderts ist allerdings wieder verstärkt sichtbar geworden, dass das eigene Leben ein grundsätzlich riskantes Leben ist (Beck 1995, S. 49) und Wahlbiographien unter Bedingungen der wirtschaftlichen Krise leicht zu Bruchbiographien werden können. Und es mehren sich, so Stefan Hradil (2002, 2003), die empirischen Hinweise, dass als Reaktion auf die zunehmende ökonomische Unsicherheit und die anomischen Folgen der Individualisierung ein „Wandel des Wertewandels" im Gange ist. Das Bedürfnis nach Sicherheit und die Bereitschaft zur Anpassung haben bei den jüngeren Geburtsjahrgängen zugenommen. Der Wunsch nach einem sicheren Arbeitsplatz ist ebenso stark wie das Interesse an einer stabilen Partnerschaft und Familie. Und auch materialistische Werthaltungen, die in den siebziger und achtziger Jahren etwas in den Hintergrund gerückt waren, werden wieder wichtiger. Das heißt nicht, dass Werte wie Selbstständigkeit, Selbstverwirklichung oder Selbstentfaltung obsolet geworden sind (Hradil 2002). Es heißt lediglich, dass Interessen, die auf prekärer gewordene Bedingungen reagieren, an Bedeutung gewonnen haben und mit den Werten eines eigenen, selbstverwirklichten Lebens koexistieren.

Allerdings bleibt die Diagnose von allgemeinen Veränderungen immer etwas oberflächlich und ungenau. Auch wenn sie als grobe Tendenzen zutreffen mögen, liegt doch die Vermutung nahe, dass sie sich nicht flächendeckend, sondern je nach Position im sozialen Raum verschieden zeigen. Das gilt für die jüngst diagnostizierten Veränderungen ebenso wie für die von Ulrich Beck postulierten Wandlungsprozesse im Gefolge der Individualisierung. So haben empirische Untersuchungen darauf hingewiesen, dass viele Formen der „Selbstkultur" an den sozialen Raum gebunden sind und sich vor allem bei Gruppen finden, die über vergleichsweise viel kulturelles Kapital verfügen, während sie zum Beispiel im unteren Bereich des sozialen Raumes praktisch nicht vorkommen oder falls doch, auf spezifische Art und Weise (vgl. Karrer 1998, 2000). Wobei der „mood der Selbstkultur" auch auf Gruppen abfärben kann, die von ihren Bedingungen her weniger dafür disponiert sind.

Statt nach allumfassenden „Generationszusammenhängen" und abgrenzbaren „Generationseinheiten" zu suchen (Mannheim 1964), wäre eher der Frage nachzugehen, wie sich bestimmte „generationale Lagerungen" (in der Zeit der Weltwirtschaftskrise aufgewachsen sein zum Beispiel) in verschiedenen Regionen des sozialen Raums zeigen und welche Auswirkungen sie auf den jeweiligen Habitus haben (vgl. auch Kohli 2007, S. 49). Oder es wäre vermehrt zu erforschen, wie Generationenunterschiede innerhalb von bestimmten Gruppen in verschiedenen Habitus zum Ausdruck kommen (vgl. Karrer 2009).

Da der Habitus auch lebenszyklischen Effekten unterliegt, stellt sich zudem die Frage, welche Bedeutung der Lebensphase zukommt, in der man sich befindet. Leider wissen wir nur sehr wenig darüber, wie sich der Habitus in verschiedenen Phasen des Lebens verändert. Was auch damit zusammenhängt, dass „eine zweifelsfreie Separierung von Lebenszyklus- und Generationeneffekten nur selten möglich (ist)". Andererseits hat sich jedoch in einer Reihe von Untersuchungen gezeigt, „dass mit zunehmendem Alter immer wieder ähnliche Veränderungen von Erlebnisbedürfnissen und Erlebnismustern auftreten. Gut bestätigt ist ein zunehmendes Bedürfnis nach Ordnung, Ruhe, Harmonie und Tradition" (Schulze 1990, S. 417). Der Wunsch nach Sicherheit und Risikovermeidung wird stärker, was sich auch in einem vorsichtigeren und sparsameren Umgang mit Geld niederschlägt (Hradil 2009). Und auch der Zeithorizont ist ein anderer als in jüngeren Jahren. Denn, wie Kohli (1990, S. 400) bemerkt hat, ist es „etwas völlig anderes, ob man etwas noch vor sich oder schon hinter sich hat."

Entgegen einem verbreiteten Stereotyp nehmen im Alter positive Gefühle eher zu. Und man scheint nicht nur zufriedener, sondern auch gelassener zu werden (Frevert 2013, S. 8). Andererseits kann der rasante soziale Wandel dazu führen, dass Teile des Habitus den sich ändernden Bedingungen hinterherhinken. Was sich im Gefühl niederschlagen kann, nicht mehr mithalten zu können. Die Welt, in der man sich vorher wie ein Fisch im Wasser bewegt hat, droht einem zunehmend abhanden zu kommen. Sie wird einem fremd, weil sie mit den herkömmlichen Mitteln kognitiv nicht mehr strukturiert und bewältigt werden kann (Lewin 1982). Was mit erklärt, warum das Bedürfnis nach dem Vertrauten, Sicheren und Gewohnten im Alter größer wird. Allerdings sollte man sich auch hier vor allzu schnellen Verallgemeinerungen hüten, weil sich diese Tendenzen je nach Position im sozialen Raum verschieden zeigen können.

Habitus und Feld

Der durch verschiedene soziale Kräfte geprägte Habitus operiert nicht situationsunabhängig (Bourdieu 1996, S. 168; vgl. auch Karrer 1998, S. 35). Welche Verhaltensweisen er hervorbringt, hängt auch ab von der Struktur des Feldes, in dem er agiert und von der Art des Spiels, das im jeweiligen Feld auf Dauer gestellt ist und dem Feld seinen spezifischen Charakter verleiht.

Der Habitus ist auch eine Art Feld-Sinn, der es ermöglicht, sich der jeweils geltenden Feldlogik entsprechend zu verhalten, „zu handeln comme il faut" (Bourdieu 2001, S. 178), ohne dazu gedrängt werden zu müssen oder bewusst einer Regel

zu folgen. Er umfasst ein mehr oder weniger kohärentes Repertoire verschiedener „Handlungsprogramme", die von den Akteuren in wechselnden sozialen Zusammenhängen aktiviert werden können. Und als Fähigkeit, sich in verschiedenen
Welten bewegen zu können, stellt er auch ein Kapital dar, über das nicht alle in
gleichem Maße verfügen.

2.2 Sequenz von Partizipations- und Positionskonfigurationen

Der Lebenslauf kann im Anschluss an René Levy (1996, 1977) auch als Laufbahn
durch verschiedene soziale Felder konzeptualisiert werden: als Sequenz von Par-
tizipations- und Positionskonfigurationen. Das hier leicht modifiziert wiedergege-
bene Modell geht aus von der Vorstellung einer „horizontal und vertikal differenzierten" Gesellschaft, deren Mitglieder 1) gewöhnlich an verschiedenen sozialen
Feldern teilnehmen und 2) in diesen Feldern bestimmte Positionen besetzen, wobei
3) die Teilnahmen und Stellungen „sozial bewertet" sind und „Erwartungen, Normen und Interpretationen verschiedener Art" unterliegen (Levy 1996, S. 76).

• Partizipation an sozialen Feldern

Es gibt gesellschaftlich anerkannte Vorstellungen darüber, welche Mitgliedschaften in einer bestimmten Lebensphase als normal gelten. Wobei solche Normali-
tätsvorstellungen geschlechtsspezifisch variieren können. Während vollständige
Teilnahmeprofile mit Normalitätsprofiten (Bourdieu 1998) verbunden sind, liegt
in der Abweichung von der Vollständigkeitsnorm, der Statusunvollständigkeit, ein
Spannungspotential (Unvollständigkeitsspannung), auf das die Betroffenen reagieren müssen (Levy 1996, S. 77).

Je nach Lebensphase kann es zu einer Ausweitung oder einer Schrumpfung von
Teilnahmeprofilen kommen. Und die Mitgliedschaften in verschiedenen Feldern
können vereinbar oder widersprüchlich sein, was zu „Crosspressure-Situationen"
führt (vgl. Esser 2000, S. 439 ff.), die nicht selten mit einem zerrissenen Habitus
und einem gespaltenen Leben verbunden sind.

Die Abhängigkeit von mehreren sozialen Feldern und deren Interdependenz
kann Exklusionseffekte verstärken. Aufgrund einer Kettenreaktion (vgl. Luhmann
1998, S. 631) können Verluste in einem Feld auch Verluste in anderen Feldern
nach sich ziehen (ohne Arbeit keine Wohnung usw.). Was die Gefahr birgt, „gesellschaftlich ins Bodenlose" zu fallen (Beck 1986, S. 214).

Allerdings gibt es, so Luhmann (2002, S. 243), „Funktionssysteme", die Inklusion gegen alle Exklusionstendenzen in anderen „Systemen" halten können:

die Familie und die Religion. Weshalb sie sich auch besonders gut als Zufluchtsorte eignen. Die Beteiligung an mehreren Feldern macht auch Substitutionseffekte möglich: dass der Verlust von Mitgliedschaften durch andere Zugehörigkeiten kompensiert werden kann.

• Positionen innerhalb sozialer Felder

Während Position und Habitus übereinstimmen können und man will, was man hat (Bourdieu 1988; vgl. auch Karrer 1998), kann mit der Position auch das Gefühl eines Statusdefizits verbunden sein, weil man sich mit andern vergleicht, die eine höhere Stellung einnehmen: Das kann zu Spannungszuständen führen, die wir mit Peter Heintz (1968) als Rangspannung bezeichnen.

• Verhältnis der Positionen in verschiedenen Feldern

Die Konfiguration der Positionen kann ausgeglichen oder aber inkonsistent sein, was defizitäre Positionen substituieren oder zu einer Form von Spannungen führen kann, die wir „Ungleichgewichtsspannung" nennen. Inkonsistente Positionen können auch mit einem Gefühl der persönlichen und der sozialen Inkohärenz verbunden sein, was Gesellschaft als Realität unfassbarer macht und ein Denken nahe legt, das eher individuumszentriert als strukturbezogen ist (vgl. dazu Levy 1996, S. 98).

Anders als in einer ständischen Gesellschaft sind Menschen nicht durch invariante Zugehörigkeiten und Positionen definiert (vgl. auch Luhmann 1998, S. 771). Mitgliedschaften und Positionen können wechseln, während die Personen *nominell* die gleichen bleiben. Dafür bürgt der Eigenname, der „als Institution (...) den orts- und zeitbedingten Variationen entzogen [ist]. Damit sichert er den benannten Individuen über alle Veränderungen und alle biologischen und sozialen Fluktuationen hinweg die nominale Konstanz, die Identität im Sinne von Identität mit sich selbst, constantia sibi, welche die soziale Ordnung verlangt" (Bourdieu 1998, S. 79).

Laufbahnen sind gekennzeichnet durch eine Serie von Mitgliedschaften und Positionen, die im Laufe eines Lebens besetzt werden. Dabei kommt es zu einer zunehmenden Verengung des Möglichkeitsraumes im Prozess des sozialen Alterns (Bourdieu 1999, S. 409 f.): zum fortschreitenden Ausschluss all jener Eventualitäten, die man nicht gelebt hat und die sich auch nicht mehr realisieren lassen. Ist am Anfang des Lebens noch vieles denkbar und nichts prinzipiell ausgeschlossen, lässt sich gegen das Ende hin immer weniger verkennen, dass man angekommen ist und all das, was man nicht realisiert hat, unwiderruflich vorbei. Mit Bezug auf die Feldtheorie von Lewin (1982, S. 201) ließe sich sagen, dass der gesamte „Lebensraum" schrumpft: „geographisch, sozial und in der Zeitperspektive" und dass „Regionen", die früher zugänglich waren, nun immer mehr verschlossen sind. Akteure zu einem bestimmten Zeitpunkt ihres Lebens können durch ihre Partizipations- und Positionsprofile in verschiedenen sozialen Feldern beschrieben werden. Wobei diese Formulierung nicht vergessen machen soll, dass die Akteure selbst Teil dieser Konfigurationen sind.

Dem entspricht eine de-zentrierte Konzeption von Personen als Knotenpunkte sozialer Beziehungen, in die sie eingebunden sind (vgl. Douglas und Ney 1998, S. 9; Elias 1970, S. 9 ff.). Ihr Körper, ihr Habitus und ihr soziales Selbstverständnis sind so gesehen nur Teile einer umfassenderen Gesamtkonfiguration, deren Elemente interdependent sind und in einem Gleichgewichts- oder Ungleichgewichtsverhältnis stehen können. Das ist bereits von Lewin angedacht worden, wenn er schreibt, „dass von dem psychischen Ganzen", das eine Person ausmacht, „der eigene Körper" und das „Ich" lediglich „unselbständige Teile" eines „umfassenderen Bereiches" sind, „von dessen Gesamtkonstellation und Veränderungen das momentane psychische Geschehen und damit auch das Ausdrucksgeschehen abhängt" (zit. in Lang 1992, S. 61).

Auf dieser Grundlage lassen sich Familien als soziale Felder sehen, in denen Akteure in verschiedenen Lebensphasen und mit verschiedenen sozialen Merkmalskonfigurationen miteinander verbunden sind und sich in einem Beziehungsgeflecht eigener Art auf spezifische Weise (zueinander) verhalten. Das soll nun im nächsten Kapitel näher ausgeführt und konkretisiert werden.

Literatur

Beck, Ulrich (1986). *Risikogesellschaft. Auf dem Weg in eine andere Moderne.* Frankfurt am Main: Suhrkamp

Beck, Ulrich (1997). Die uneindeutige Sozialstruktur. Was heißt Armut, Was Reichtum in der „Selbstkultur"? In: Beck, Ulrich & Sopp, Peter (Hrsg.), *Individualisierung und Integration. Neue Konfliktlinien und neuer Integrationsmodus?* (S. 183–199). Opladen: Leske & Budrich

Beck, Ulrich, Vossenkuhl, Wilhelm, Ziegler Ulf E. & Rautert, Timm (1995). *Eigenes Leben. Ausflüge in die unbekannte Gesellschaft, in der wir leben.* München: C. H. Beck

Behrens, Johannes & Voges, Wolfgang (1996). Kritische Übergänge. In: Behrens, J. & Voges, W. (Hrsg.), *Kritische Übergänge. Statuspassagen und sozialpolitische Institutionalisierung* (S. 16–42). Frankfurt am Main/New York: Campus

Berger, Peter L., Berger, B. & Kellner, H. (1987). *Das Unbehagen in der Moderne.* Frankfurt am Main/New York: Campus

Bourdieu, Pierre (1979). *Entwurf einer Theorie der Praxis.* Frankfurt am Main: Suhrkamp

Bourdieu, Pierre (1983). Ökonomisches Kapital, kulturelles Kapital, soziales Kapital. In: Kreckel, R. (Hrsg.), *Soziale Ungleichheiten* (S. 183–198). Soziale Welt Sonderband 2. Göttingen: Schwarz

Bourdieu, Pierre (1987). *Sozialer Sinn. Kritik der theoretischen Vernunft.* Frankfurt am Main: Suhrkamp

Bourdieu, Pierre (1988) [1979]. *Die feinen Unterschiede.* Frankfurt am Main: Suhrkamp

Bourdieu, Pierre (1992). *Die verborgenen Mechanismen der Macht.* Hamburg: VSA-Verlag

Bourdieu, Pierre et al. (1997). *Das Elend der Welt. Zeugnisse und Diagnosen des alltäglichen Leidens an der Gesellschaft.* Konstanz: UVK Universitätsverlag

Bourdieu, Pierre (1998). *Praktische Vernunft. Zur Theorie des Handelns.* Frankfurt am Main: Suhrkamp

Bourdieu, Pierre (1999). *Die Regeln der Kunst. Genese und Struktur des literarischen Feldes.* Frankfurt am Main: Suhrkamp

Bourdieu, Pierre (2001). *Meditationen. Zur Kritik der scholastischen Vernunft.* Frankfurt am Main: Suhrkamp

Bourdieu, Pierre (2005). *Die männliche Herrschaft.* Frankfurt am Main: Suhrkamp

Bourdieu, Pierre (2009). Die heilige Familie. Der französische Episkopat im Feld der Macht. In: Bourdieu, Pierre, *Religion. Schriften zur Kultursoziologie 5* (S. 92–224). Konstanz: UVK Verlagsgesellschaft

Bourdieu, Pierre (2014). *Über den Staat. Vorlesungen am Collège de France 1989–1992.* Berlin: Suhrkamp

Bourdieu, Pierre & Loïc Wacquant (1996). *Reflexive Anthropologie.* Frankfurt am Main: Suhrkamp

Buchmann, Marlis (1989). Die Dynamik von Standardisierung und Individualisierung im Lebenslauf. Der Übertritt ins Erwachsenenalter im sozialen Wandel fortgeschrittener Industriegesellschaften. In: Weymann, Ansgar (Hrsg.), *Handlungsspielräume* (S. 90–104). Stuttgart: Enke Verlag

Douglas, Mary & Ney, Steven (1998). *Missing persons: a critique of personhood in the social sciences.* Berkeley/Los Angeles/London: University of California Press

Durkheim, Emile (1984) [1934]. *Erziehung, Moral und Gesellschaft.* Frankfurt am Main: Suhrkamp

Elder, Glenn H. (1999) [1974]. *Children of the great depression. Social change in life experience.* Westview Press: Oxford

Elias, Norbert (1970). *Was ist Soziologie?* München: Juventa Verlag

Esser, Hartmut (2000). *Soziologie: Spezielle Grundlagen.* Band 6: Sozialer Sinn. Frankfurt/ New York: Campus

Frevert, Ute (2013). *Vergängliche Gefühle.* Göttingen: Wallstein Verlag

Geiger, Theodor (1963). *Demokratie ohne Dogma: die Gesellschaft zwischen Pathos und Nüchternheit.* München: Szczesny Verlag

Heintz, Peter (1968). *Einführung in die soziologische Theorie.* Stuttgart: Enke

Hradil, Stefan (2002). Vom Wandel des Wertewandels – Die Individualisierung und eine ihrer Gegenbewegungen. In: Glatzer, W., Habich, R. & Mayer, K. U. (Hrsg.), *Sozialer Wandel und gesellschaftliche Dauerbeobachtung* (S. 31–48). Opladen: Leske & Budrich

Hradil, Stefan (2003). Vom Leitbild zum „Leidbild". Singles, ihre veränderte Wahrnehmung und der „Wandel des Wertewandels". *Zeitschrift für Familienforschung 1,* 38–54

Hradil, Stefan (2009). Wie gehen die Deutschen mit dem Geld um? *Aus Politik und Zeitgeschichte 26.* Bonn: Bundeszentrale für Politische Bildung

Karrer, Dieter (1998). *Die Last des Unterschieds. Biographie, Lebensführung und Habitus von Arbeitern und Angestellten im Vergleich* (2. Aufl. 2000). Wiesbaden: Westdeutscher Verlag

Karrer, Dieter (2000). Kulturelle Vielfalt und soziale Unterschiede. In: Suter, Christian (Hrsg.), *Sozialbericht 2000* (S. 108–130) Zürich: Seismo

Karrer, Dieter (2009). *Der Umgang mit dementen Angehörigen. Über den Einfluss sozialer Unterschiede*. Wiesbaden: Verlag für Sozialwissenschaften

Klages, Helmut (1985). *Wertorientierungen im Wandel*. Frankfurt/New York: Campus

Kohli, Martin (1985). Die Institutionalisierung des Lebenslaufs. Historische Befunde und theoretische Argumente. *Kölner Zeitschrift für Soziologie und Sozialpsychologie 37*, 1–29

Kohli, Martin (1990). Das Alter als Herausforderung für die Theorie sozialer Ungleichheit. In: Berger, Peter A. & Hradil, Stefan (Hrsg.), *Lebenslagen, Lebensläufe, Lebensstile* (S. 387–409). Soziale Welt Sonderband 7. Göttingen: Schwarz

Kohli, Martin (2007). Von der Gesellschaftsgeschichte zur Familie: Was leistet das Konzept der Generationen? In: Lettke, Frank & Lange, Andreas (Hrsg.), *Generationen und Familien* (S. 47–68). Frankfurt am Main: Suhrkamp

Koppetsch, Cornelia & Burkart, Günther (1999). *Die Illusion der Emanzipation. Zur Wirksamkeit latenter Geschlechtsnormen im Milieuvergleich*. Konstanz: UVK Universitätsverlag

Lang, Alfred (1992). Die Frage nach den psychologischen Genesereihen – Kurt Lewins große Herausforderung. In: Schönpflug, Wolfgang (Hrsg.), *Kurt Lewin – Person, Werk, Umfeld* (S. 39–68). Frankfurt am Main/Bern/New York/Paris: Peter Lang Verlag

Levy, René (1977). *Der Lebenslauf als Statusbiographie*. Stuttgart: Enke

Levy, René (1996). Zur Institutionalisierung von Lebensläufen. In: Behrens, J. & Voges, W. (Hrsg.), Kritische Übergänge. Statuspassagen und sozialpolitische Institutionalisierung (S. 73–114). Frankfurt am Main/New York: Campus

Lewin, Kurt (1982) [1951]. *Feldtheorie*. Werkausgabe, Band 4. Hrsg. Carl-Friedrich Graumann. Bern: Hans Huber/Stuttgart: Klett-Cotta

Luhmann, Niklas (1990). *Soziologische Aufklärung 5*. Konstruktivistische Perspektiven. Opladen: Westdeutscher Verlag

Luhmann, Niklas (1998). *Die Gesellschaft der Gesellschaft*. Zwei Bände. Frankfurt am Main: Suhrkamp

Luhmann, Niklas (2002). *Die Religion der Gesellschaft*. Frankfurt am Main: Suhrkamp

Mannheim, Karl (1964) [1928]. Das Problem der Generationen. In: Mannheim, Karl, *Wissenssoziologie*. Auswahl aus dem Werk (S. 509–565). Hrsg. Kurt H. Wolf, Neuwied/Berlin: Luchterhand

Mayer, Karl Ulrich & Müller, Walter (1989). Lebensverläufe im Wohlfahrtsstaat. In Weymann, Ansgar (Hrsg.), *Handlungsspielräume*. Stuttgart: Enke

Schulze, Gerhard (1990). Die Transformation sozialer Milieus in der Bundesrepublik Deutschland. In: Berger, Peter A. & Hradil, Stefan (Hrsg.), *Lebenslagen, Lebensläufe, Lebensstile* (S. 409–433). Soziale Welt Sonderband 7. Göttingen: Schwarz

Smith, Adam (2010) [1790]. *Theorie der ethischen Gefühle*. Hamburg: Felix Meiner Verlag

Sozialbericht 2012. Fokus Generationen. Hrsg. Bühlmann, Felix & Schmid Botkine, Céline. Zürich: Seismo

Tucholsky, Kurt (1925). Zweifel. *Die Weltbühne vom 20. Januar Nr. 3*, 90

Familie

3

Die Familie bildet eine „synthetische Einheit", die heterogene Beziehungsformen umfasst (Tyrell 2006, S. 145): die Beziehung zwischen (Ehe-)Partnern und die Beziehung zwischen Eltern und Kindern.

Partnerschaft und Elternschaft liegen verschiedene Beziehungsmuster zugrunde: Während Partnerbeziehungen in der Regel gewählt und aufkündbar sind, ist die Beziehung der Kinder zu den Eltern qua Geburt zugewiesen und das verwandtschaftliche Verhältnis bleibt auch bei Kontaktabbruch bestehen. Und während Sexualität (in der modernen Gesellschaft) ein zentrales Moment der Partnerbeziehung bildet, unterliegen Eltern-Kind-Beziehungen dem Inzesttabu.[1] In der Regel teilen Partner eine Intimität und Vertrautheit, wie sie in Eltern-Kind-Beziehungen so nicht vorhanden sind.

Für Durkheim (1921) war die Gattenbeziehung die „stabile Zone" der Familie, weil sie das Zusammenleben zwischen Eltern und Kindern überdauert hat (vgl. Tyrell 2006, S. 146). Heute sieht man das eher umgekehrt. Während Partnerschaften immer häufiger aufgelöst werden, bestehen die Eltern-Kind-Beziehungen weiter. Woraus eine Diskrepanz zwischen biologischer und sozialer Elternschaft resultiert und ein wachsendes Spannungsverhältnis zwischen Partnerschaft und Elternschaft.

Unter der Kategorie der „Familie", die Homogenität und Eindeutigkeit suggeriert, kommt es zu einer Auffächerung ganz verschiedener familialer Lebens-

---

[1] Das Inzestverbot beinhaltet den Grundsatz, „dass die Familien (welche Vorstellung sich jede Gesellschaft auch davon macht) sich lediglich mit *einander* verbinden können und nicht jede auf eigene Rechnung, mit sich *selbst*" (Lévi-Strauss 2008, S. 103). Dadurch werden Familien dazu genötigt, neue Familien zu gründen und sich mit andern zu verbinden.

© Springer Fachmedien Wiesbaden 2015
D. Karrer, *Familie und belastete Generationenbeziehungen*,
DOI 10.1007/978-3-658-06878-3_3

formen, die unterschiedlich begründet und zusammengesetzt sind (Huinink 2011, S. 20; Beck 1986). Das führt zu „semantischen Unsicherheiten" und zu Kämpfen um die Definition und Hierarchisierung von Lebensformen, die vor allem auf wissenschaftlicher und politischer Ebene ausgetragen werden.

Wenn wir im Folgenden trotzdem von „der Familie" sprechen, dann weil es um jene spezifische soziale Sphäre geht, die von andern sozialen Feldern, vor allem vom Feld der Ökonomie, durch spezifische Eigenheiten unterschieden ist, ungeachtet dessen, in welcher Form sie sich zeigt. Und weil die Familie als kognitive und performative Kategorie im Handeln der Menschen präsent ist, unabhängig davon, welches Leben sie führen.

3.1 „Familie" als Kategorie der Wahrnehmung und der Praxis

„Familie" ist eine kollektive Kategorie der Wahrnehmung und des Handelns, die im Commonsense einer Gesellschaft verankert ist. Die Sprache verleiht den Gegenständen nicht nur Namen, sie trägt auch selbst zur Konstituierung dieser Gegenstände bei (Cassirer 1985). „Wenn es um die soziale Welt geht, schaffen die Wörter die Dinge, weil sie den Konsensus über die Existenz und den Sinn der Dinge schaffen, den *common sense*, die von allen als selbstverständlich akzeptierte *Doxa*" (Bourdieu 1998, S. 129).

Was „eine Familie" ist und wie man sich innerhalb dieses gesellschaftlichen Mikrokosmos verhält, in der jeweiligen Position und in der Beziehung zueinander, ist Teil kollektiver Vorstellungen, Teil einer Art „Skript", das im kulturellen Repertoire einer Gesellschaft als Wissen gespeichert ist (Esser 2000a, S. 200).

So weiß man bereits bevor man Mutter wird, was eine (gute) Mutter ausmacht und dass für sie im Verhältnis zu den Kindern ganz spezifische „feeling rules" gelten, die sich grundlegend von jenen unterscheiden, die zum Beispiel ein Arzt gegenüber seinen Patienten zu beachten hat (Hahn 2010). „Giving unselfishly one's time, money and love to one's children" (Collett und Childs 2009, S. 697 f.), gehört ebenso zum Bestand dieser Regeln wie die Vorstellung, dass es vor allem die Mütter sind, die für das Wohlergehen und das Gelingen der Kinder verantwortlich sind. „Although fathers are quite important for the success or failure of their children, mothers are seen as ultimately responsible for the way their children turn out" (Collett 2005, S. 328). Und Teil dieses Commonsense sind auch Vorstellungen, unter welchen Bedingungen Formen intergenerationeller Unterstützung angebracht sind und normalerweise von wem erwartet werden können.

Das heißt nicht, dass sich die Akteure zwangsläufig dem Skript entsprechend verhalten (Bourdieu 1987). Es bedeutet lediglich, dass solche (kollektiven) Vorstellungen eine Zumutungsgröße darstellen, der man ausgesetzt ist und ein Maßstab, dem man sich nur schwer entziehen kann, weil es sich um moralische Standards handelt, die mit einer besonderen Autorität ausgestattet sind. Sie belegen Verhaltensweisen mit Klassifikationen, die das Image der ganzen Person tangieren. Und sie fungieren als Kriterien der Statusattribution, die durch Strategien des „impression management" auch beeinflusst werden kann (Collett 2005). Indem man Verhaltensweisen so darstellt, dass sie sich in Übereinstimmung mit den offiziellen Vorstellungen befinden und Imagegewinne durch Konformität erzielt (Bourdieu 1987, S. 314).

Das Skript der „Familie" bietet nicht nur Orientierung, sondern lastet als Anspruch auf dem Leben der Menschen. „Familie" ist eine Kategorie, die nicht nur *be*schreibt, sondern auch *vor*schreibt. Ist „die (Normal-)Familie" etwas Selbstverständliches und Natürliches, das nicht näher erläutert und begründet werden muss, weil fraglos ist, was sich von selbst versteht, sind „andere familiale Lebensformen" erläuterungs- und begründungspflichtig, weil sie (noch) keinen unzweifelhaften Platz in der Gesellschaft haben. Was auch darin zum Ausdruck kommt, dass sie nur ex negativo benennbar sind und ihnen ein eigener Name fehlt (Bourdieu 1996a).[2] Ständig gemessen an der Normalfamilie werden sie als etwas Defizitäres empfunden („unvollständige Familie", „Stiefeltern" usw.) und unter beständigem Beweis- und Legitimationsdruck gestellt, was die Betroffenen dazu bringen kann, sich auch ungefragt zu rechtfertigen oder sich in einer Form von Überanpassung „päpstlicher als der Papst" zu gebärden, um negative Stereotype gewissermaßen prophylaktisch zu entkräften.

Durch ihre Inkorporierung im Habitus bleibt „die Familie" als Kategorie oftmals auch dann noch wirksam, wenn das Leben, das man führt, ein anderes geworden ist. Die Wahrnehmungen und Wünsche können weiterhin durch herkömmliche Vorstellungen von „Familie" geprägt sein und den Gradmesser bilden, an dem man sich orientiert, was dann mit Gefühlen des Mangels und des Unvermögens verbunden ist, unter denen man leidet.

Das heißt nicht, dass sich das Bild der Familie in den letzten Jahrzehnten nicht auch gewandelt hat. Sicher ist es bunter und vielfältiger geworden, während der Einfluss herkömmlicher Vorstellungen abgenommen hat. Aber eben nicht in allen Regionen des sozialen Raumes in gleichem Maße: stärker in sozialen und kulturellen Berufen als etwa bei Arbeitern, Handwerkern und einfachen Angestellten,

---

[2] Ein neues Phänomen ist erst dann etabliert, wenn es einen anerkannten Namen hat und Teil der gebräuchlichen Wahrnehmungskategorien geworden ist (vgl. Bourdieu 1987, S. 289).

wo das Ausmaß der beschriebenen anomischen Spannungen besonders groß ist, wenn man ein Leben führt, das dem traditionellen Bild der „Familie" nicht entspricht. Wobei auch im „sozio-kulturellen Milieu" das, was man diskursiv längst hinter sich gelassen hat, im Habitus immer noch wirksam sein kann (Koppetsch und Burkart 1999).

3.2 Familie als soziales Feld

Die Familie lässt sich soziologisch als *Variante eines sozialen Feldes* begreifen, das gekennzeichnet ist durch eine spezifische Struktur und eine spezifische Logik sozialer Beziehungen, die definieren, welche Verhaltensweisen angebracht und welche fehl am Platz sind. Die Familie ist ein Kräftefeld, „das auf alle einwirkt, die es betreten und zwar je nach Position, in die sie sich begeben (…) in verschiedener Weise" (Bourdieu 1999, S. 368).

Wie alle Felder verleiht es den Zugehörigen einen Mitgliedschaftsstatus: allein schon der Besitz einer Familie ist mit einem Statusgewinn verbunden, was jene zu spüren bekommen, die ohne Familie – und damit statusunvollständig – sind (vgl. Lévi-Strauss 2008, S. 82 f.). Und das Ausmaß des familialen Status kann je nach sozialer Zusammensetzung und sozialem Ansehen der Familienmitglieder variieren. Das kommt in Wendungen wie „aus einer guten oder aus einer namhaften Familie stammen" zum Ausdruck, worin die weniger guten und unbedeutenden Familien immer mit gedacht sind.

Der Begriff des Feldes als „Netz objektiver Beziehungen" (Bourdieu 1999, S. 365) zwischen Inhabern verschiedener Positionen verweist darauf, dass Familiengruppen nicht primär durch Ähnlichkeit, sondern durch die Interdependenz bzw. den Verflechtungszusammenhang von Verschiedenen konstituiert werden. „Zweifellos zeigen beispielsweise Mann, Frau und Säugling innerhalb einer Familie weit größere Unähnlichkeit als jeder Angehörige dieser Gruppe mit anderen Individuen (Säuglingen, Männern, Frauen) außerhalb der Gruppe" (Lewin 1982, S. 204). Es ist die Interdependenz des Differenten, die ihre Einheit begründet. Man ist, so könnte man mit Luhmann (1987, S. 38) sagen, „different und nicht indifferent" – eingebunden über Differenz und nicht teilnahmslos.[3]

Der Rekurs auf die Feldtheorie beinhaltet auch, dass das Feld der Familie zwar stärker als andere Felder auf persönlichen Interaktionsbeziehungen beruht, dass es sich darauf aber nicht reduzieren lässt. Denn die persönlichen Beziehungen sind

---

[3] Auch für die Feldtheorie gilt, was Luhmann (1987, S. 243) für die Systemtheorie festgestellt hat: Grundlegend ist nicht „Identität", sondern „Differenz".

stets vermittelt durch die objektiven Relationen des Feldes. „La notion du champ marque une première rupture avec la vision interactionniste en ce qu'elle prend acte de l'existence de cette structure de relations objectives (…) qui commande ou oriente les pratiques" (Bourdieu 2001a, S. 68).

Die Familie ist ein sozialer Mikrokosmos, der durch Unterschiede funktioniert. Sie ist ein dynamisches Geflecht verschiedener Positionen, die relational bestimmt sind: Vater und Mutter ist man nur in Bezug auf Kinder, Kind nur in Bezug auf Eltern, und Bruder oder Schwester nur in Bezug auf das jeweils andere Geschwister.

Die verschiedenen Positionen sind mit ungleichen Machtchancen ausgestattet: also mit einem unterschiedlichen Vermögen, „in einer andern Person Kräfte von bestimmter Größe zu induzieren" (Lewin 1982, S. 83) und sich gegen „fremde Kräfte durchzusetzen" (Popitz 1992, S. 23).

Jedes Feld kennt seine eigene Logik der Macht, weshalb jede Machtanalyse feldrelativ geführt werden muss, wie man in Anlehnung an Luhmann (2012, S. 107) sagen könnte. Die intergenerationellen Machtbeziehungen in der Familie sind vergleichsweise wenig formalisiert und eng an Personen gebunden, die in einem persönlichen Verhältnis zueinander stehen, das – mindestens der Vorstellung und dem Anspruch nach – durch Liebe gekennzeichnet ist. Dadurch kann der Machtaspekt der Beziehungen verbrämt und Kritik mit dem Hinweis entkräftet werden, dass „alles nur zu deinem Besten geschieht". Und es hat dazu geführt, dass der Familie trotz des staatlichen Gewaltmonopols physische Zwangsmittel belassen wurden, soweit man davon ausging, dass „sie mit Liebe gehandhabt werden können" (Luhmann 2012, S. 143).

In der Familie bestehen spezifische Vorstellungen von Gerechtigkeit, die sich von den Vorstellungen in andern Feldern unterscheiden. So kann in der Familie gerechtfertigt erscheinen, was im öffentlichen Bereich als empörend empfunden würde. Ulrich Beck (1995, S. 105) hat das als „Doppelmoral" beschrieben. „Viele setzen sich für die Rechte der Schwarzen, für Flüchtlinge, Behinderte usw. ein, gehen dabei aber ganz selbstverständlich davon aus, dass Kinder ihren Eltern ‚gehören'. (…) Die Sklaverei wurde abgeschafft, aber die private Fürsorglichkeitssklaverei der Kinder durch die Eltern wird politisch, rechtlich und moralisch gehätschelt, mehr noch: kaum bemerkt." Das gilt vor allem für die Anfangsphase der Eltern-Kind-Beziehung.

Zwischen kleinen Kindern und ihren Eltern ist das Abhängigkeitsverhältnis sehr ungleich und das Machtgefälle sehr steil: Kinder sind vergleichsweise schwach, unterstützungsbedürftig und verletzungsoffen (vgl. Popitz 1992).[4] Sie lernen früh,

---

[4] Die Position des Kindes ist nicht zwangsläufig eine schwache, sondern kann je nach Gesellschaft variieren. Mauss (2010, S. 252 f.) zum Beispiel erwähnt einen Aspekt der Eski-

dass ihre Handlungen positive oder negative Folgen haben können und die Entscheidung darüber in der Hand der Eltern liegt. Und weil sie erst durch die Wahrnehmung der andern werden, was sie sind (Bourdieu 2001, S. 212 f.), sind sie
in höchstem Maße abhängig von der Wertschätzung der Eltern, die Anerkennung
geben oder aber entziehen können. Was ein weiteres Moment ihrer Unterlegenheit
bildet. Denn „kraft Anerkennung und Anerkennungsentzug mächtiger ist jeweils
der weniger verletzbare", wie Popitz schreibt (1992, S. 157).[5]

Während die Eltern den Kindern durch Zeugung und Namensgebung zur Existenz verhelfen, müssen sich die Kinder in einer (häuslichen) Welt zurechtfinden
und einrichten, die stark von den Eltern definiert und geprägt ist. Die Eltern sind
die „first movers", die „Daten setzen" (Popitz 1992, S. 35), während sich die
„Nachkommen(den)" daran orientieren müssen. Und es sind die Eltern, die gewöhnlich das letzte Wort haben, also „die Macht über die legitime Repräsentation
der Wirklichkeit" besitzen (Bourdieu 2014, S. 575).

Das heißt nicht, dass ein Kind nicht auch Macht über die Eltern hat. „Es hat
Macht über sie", schreibt Elias (1970, S. 77), „solange es für sie in irgendeinem
Sinne einen Wert besitzt. Wenn das nicht der Fall ist, verliert es die Macht."

Das Machtgefälle zwischen Eltern und Kindern ist auch nicht statisch. Mit dem
Heranwachsen der Kinder verringert sich ihre Machtunterlegenheit gegenüber den
Eltern. Und gerade deshalb nervt sie auch mehr (vgl. zu diesem Mechanismus Eli-
as 1990). Sind die Söhne und Töchter erwachsen, verlieren die Eltern einen großen
Teil ihrer Machtmöglichkeiten. Und werden die Eltern alt und ihrerseits (körper-
lich) abhängig, kann es zu einer Umkehrung des Machtgefälles kommen. Nun sind
es die Kinder, die auf den meisten Machtdimensionen überlegen sind, während den
Eltern oftmals nur noch das Vermögen der „generativen Autorität" bleibt, die „ihr
Fundament in *vergangener* Bewährung" hat (Luhmann 2012, S. 65).

Die Kinder, die im Verhältnis zu den Eltern als einheitliche Positionsgruppe
erscheinen, sind wiederum durch ihre Stellung in der Geschwisterreihe unterschieden. Diese hat zwar im Vergleich zu früher an Bedeutung verloren, kann aber nach
wie vor wirksam sein, wie sich in einer Studie gezeigt hat (Schulze und Preisendörfer 2013): Wenn ältere Geschwister die Statuserwartungen der Eltern bereits erfüllt
haben, verringern sich in Familien mit hohem sozialem Status die Bildungsansprü-

---

mofamilie, der ihn ziemlich irritiert hat: „Die absolute Unabhängigkeit des Kindes und sogar
der Respekt, den die Eltern vor ihm haben. Sie schlagen es nie und gehorchen sogar seinen
Befehlen. Das liegt daran, dass das Kind nicht nur in dem Sinne, den wir heute diesem Wort
geben würden, die Hoffnung der Familie ist, sondern die Reinkarnation eines Ahnen."

[5] Werden Kinder im Gefolge von Individualisierungsprozessen stärker als eigenständige Individuen wahrgenommen, verliert ihre Anerkennung der Eltern an Selbstverständlichkeit.
Anerkennung muss nun auch von den Eltern vermehrt hergestellt und errungen werden.

che für die jüngeren Kinder. In Familien mit niedrigem sozialem Status hingegen steigen die Bildungsaspirationen der Eltern, wenn ältere Geschwister bereits eine höhere Bildung erreicht haben, weil sich der Raum des Möglichen und des Denkbaren erweitert hat.

Von Bedeutung sind aber nicht nur feldinterne, sondern auch „externe" Unterschiede. So werden in modernen Gesellschaften die Unterschiede der familialen Positionen durch Laufbahnunterschiede erweitert und überlagert. Das hängt mit einer grundlegenden Veränderung der Struktur sozialer Unterschiede zusammen. Bezog sich „Stratifikation" in der ständischen Gesellschaft auf Haushalte und nicht auf Individuen (Luhmann 1998, S. 697), setzt sie in der modernen Gesellschaft prinzipiell an Individuen an, was dazu führt, dass nun jeder seine „eigene" Laufbahn hat. Das heißt nicht, dass der Zusammenhang von sozialer Herkunft und Laufbahn verschwindet, bringt es aber mit sich, dass die Laufbahnen der Familienmitglieder heterogener werden. War man vorher qua Familie Teil eines Standes, wird die Familie nun selbst zum Ort, in dem Unterschiede des sozialen Raums aufgespannt und wirksam sind, was die Hierarchie der familialen Positionen verstärken, ihr aber auch entgegenlaufen kann.

Familien bilden, so lässt sich zusammenfassend sagen, eine eigene Ordnung von Unterschieden, in der Akteure in verschiedenen familialen Positionen, verschiedenen Alters und Geschlechts, verschiedener Generation und gesellschaftlicher Stellung *persönlich* und *dauerhaft* miteinander verbunden sind. Und das trotz ihrer Unterschiedlichkeit. Was soziologisch bemerkenswert ist und gesamtgesellschaftlich eher eine Ausnahme darstellt.

Eine Eigenheit des familialen Feldes besteht auch darin, dass familiale Position und Person eng miteinander verbunden sind und weniger als in anderen Feldern voneinander geschieden werden können. Zudem beeinflussen sich die Lebensläufe der Mitglieder gegenseitig in einem Maße, wie das in andern Feldern nicht üblich ist.

„linked lives" (Elder 1994) Familien lassen sich auch als „bundles of interconnected lives" konzeptualisieren (Hagestad 2009, S. 397). Sie verbinden die Leben ihrer Mitglieder derart miteinander, dass Veränderungen in einem Leben auch Veränderungen im Leben der andern nach sich ziehen. Wird eine Tochter selbst Mutter, verändert das zwangsläufig auch das Positionsprofil der Eltern, die nun auch zu Großeltern werden – nicht aufgrund eigener Handlungen, sondern aufgrund der Handlung von jemand anderem. Und wenn ein Mitglied durch ein kritisches Lebensereignis betroffen ist, tangiert das aufgrund der starken emotionalen Valenzen auch das Leben der anderen Familienmitglieder. „A person does not get cancer; a family does", wie es bei Hagestad (2009, S. 410) heißt. Durch die enge Verflech-

tung und wechselseitige Identifizierung wird auch das Image gegenseitig beeinflusst. So achten Mütter auch deshalb darauf, wie die Kinder in der Öffentlichkeit
erscheinen, weil ihr eigenes Renommee mit auf dem Spiel steht (Collett 2005).

Familien sind bewegliche Interdependenzgeflechte, die sich mit ihren Mitgliedern verändern. Die Relationen ändern sich fortwährend, auch ohne dass das
von jemandem gewollt wäre oder verantwortet werden müsste (Luhmann 1987,
S. 476). Familien sind keine statischen Systeme, deren Mitglieder zunächst für sich
stehen und sich erst nachträglich beeinflussen, indem sie miteinander in Beziehung
treten. Familien sind dynamische Kräftefelder, in denen Akteure in verschiedenen
Positionen aufeinander wirken, auch wenn sie nicht bewusst aufeinander einwir-
ken. Ganz im Sinne von Bachelard (1988, S. 65), der festgestellt hat, dass man sich
kein Ding vorstellen kann, „ohne eine Wirkung, die von ihm ausgeht."

Bestimmungskräfte des Verhaltens Das Verhalten im familialen Feld wird durch
verschiedene Faktoren beeinflusst:

Erstens durch die im „Skript der Familie" enthaltene spezifische Logik der Beziehungen. Sie schlägt sich in einem praktischen Sinn für das Spiel und seine Regeln und „Regularitäten" (Bourdieu und Wacquant 1996, S. 127) nieder, aufgrund
dessen man disponiert ist, sein Handeln an dem zu orientieren, was in diesem spezifischen Feld zu tun ist und die der Logik des Feldes entsprechenden „relevanten
Unterscheidungen zu treffen" (Bourdieu 1999, S. 360).

Zweitens durch die Position, die man im Feld der Familie einnimmt und mit
der ein spezifischer Blickwinkel und eine positionsspezifische „Syntax des Verhaltens" verbunden ist (Goffman 1982, S. 475), die durch einen feldbezogenen
„sense of one's place" gerahmt wird, also einen Sinn dafür, was welcher Position
angemessen ist. Der Habitus determiniert ja nicht einzelne Handlungen, sondern
bestimmt den Raum des Denkbaren, in dem Handlungen möglich sind: indem er
Eventualitäten, die außerhalb dieses Bereiches liegen, ausschließt und damit zur
Reproduktion der Unterschiede beiträgt. Allerdings entsprechen sich Position, Habitus und Verhalten nicht zwangsläufig. Es kann sein, dass diese Momente gerade
nicht übereinstimmen und es innerhalb der Familie zu „Rangstörungen" kommt,
wie Goffman (1982, S. 471 ff.) das genannt und am Beispiel von Manisch-Depres-
siven demonstriert hat. Etwa wenn sich ein Sohn innerhalb der Familienhierar-
chie selbst befördert und sich Dinge anmaßt, die seiner Position nicht entsprechen.
Wenn er also „seinen Platz in den Beziehungen nicht einnimmt" und damit durch-
einanderbringt, was vorher geregelt war.

Drittens sind in der Familie auch „feldexterne" Kräfte wirksam. Vor allem die
Laufbahn und die Position im sozialen Raum und der damit verbundene Habitus
können das Verhalten zusätzlich prägen, was dazu führt, dass die gleiche Position

und Funktion unterschiedlich interpretiert und gestaltet werden kann (vgl. zum literarischen Feld: Bourdieu 1999, S. 406).

Und von Bedeutung sind viertens auch die im Feld bestehenden Konstellationen und die damit verbundenen Kräfteverhältnisse zwischen den Beteiligten. Der Habitus bestimmt das Verhalten nicht situationsunabhängig, sondern in Abhängigkeit vom konkreten „Zueinander" mehrerer sozialer Fakten, wie man mit Lewin (1981, S. 259 f.) sagen könnte. Je nach Konstellation können Akteure auch versuchen ihre positionsspezifischen Interessen gegen die Interessen von andern durchzusetzen, wobei die Art der Strategie und die Mittel, die zum Einsatz kommen, geprägt sind durch die Beziehungslogik, die im Feld am Werk ist. Solche strategischen Handlungen wiederum können dazu führen, dass sich die Ausgangssituation im „Verlaufe des Geschehens" verändert und mit ihr auch das weitere Verhalten der Beteiligten, was Lewin (1981, S. 262 ff.) unter dem Begriff des „Geschehensdifferentials" diskutiert.

Und schließlich können auch die Interaktionen zwischen Anwesenden einen „formativen Prozess eigener Art" bilden (Blumer 2013, S. 130).

3.2.1 Die spezifische Logik familiärer Beziehungen

Innerhalb der gegenwärtigen Familiensoziologie steht das Thema der Logik familiärer Beziehungen eher im Hintergrund (Collett und Childs 2009). Hartmann Tyrell hat das auf die Hegemonie des „Rational-Choice"-Ansatzes zurückgeführt. Vertreter dieser Richtung seien anders als die klassische Familiensoziologie nur wenig an der Frage interessiert, „was unter modernen Bedingungen das den familialen Sozialbeziehungen Spezifische (oder mit Max Weber: ‚Eigentümliche') ist und was diese von den Sozialverhältnissen des Marktes, der Politik, der Professionen oder der ‚Arbeitswelt' *unterscheidet*" (Tyrell 2006, S. 143).

Demgegenüber soll nun ausgehend von differenzierungstheoretischen Überlegungen versucht werden, einige Elemente dessen herauszuarbeiten, was man die „Eigenlogik" oder den „Eigensinn" (Ilona Ostner) des Familialen nennen könnte.

Im Übergang zur kapitalistischen Gesellschaft kommt es zu einer „Entflechtung traditioneller Strukturen" (Tyrell 1978, S. 176) und zu einer Ausdifferenzierung verschiedener, *relativ* autonomer Felder, die nach einer eigenen, spezifischen Logik funktionieren (Bourdieu 1998, S. 148).[6] Eng mit diesem Differenzierungspro-

---

[6] Die Ausdifferenzierung verschiedener Feldlogiken ist allerdings keine absolute. „Selbst in Verhaltensweisen, die uns rein ökonomisch erscheinen", sind immer auch „andere Faktoren im Spiel" (Lévi-Strauss 2012, S. 75).

zess verbunden ist die Herausbildung des Staates, der als eine Art „Meta-Feld" zur Schaffung der verschiedenen sozialen Universen beiträgt (Bourdieu 2014, S. 355). Neben einem ökonomischen, kulturellen oder religiösen Feld entsteht so auch das Feld der „modernen privatisierten Kernfamilie" (Tyrell 1976, S. 396).

Einerseits wird die Familie gegen direkte Formen der sozialen Kontrolle und Einmischung von außen abgeschirmt und der Einflussnahme der „väterlichen Hausherrschaft" und der übrigen Verwandtschaft weitgehend entzogen. Andererseits nimmt der Staat Einfluss auf die innerfamiliären Beziehungen, etwa indem er der Macht der Eltern, also der Macht des Vaters, Grenzen setzt und garantiert, dass minderjährige Kinder nicht einfach verstoßen werden können (Durkheim 1921). Der Staat vollzieht auch mannigfache „Setzungsakte" (Eheschliessung, Geburtsurkunde), mit denen die Institution der Familie begründet und reproduziert wird. Und er leistet einer bestimmten Form der familialen Organisation Vorschub und versucht sie zu begünstigen (Bourdieu 1998, S. 135).

Verschiedene Funktionen, die bislang innerhalb der Hausgemeinschaft wahrgenommen wurden (wirtschaftliche Versorgung, Versicherung gegen Krankheit und Arbeitsunfähigkeit, Alterssicherung), werden überwiegend in eigene, spezifizierte Felder ausgelagert (vgl. u. a. Esser 2000, S. 66).

Diese funktionale Differenzierung ist, so Luhmann (1990, S. 207) „mit Entlastungen auf der einen Seite und Intensivierungen auf der andern" verbunden. Die Familie verliert ihre „Funktion einer generellen Inklusionsinstanz für die Gesellschaft" und wird stattdessen zum ausdifferenzierten Ort, wo der Einzelne als „ganze Person" einbezogen ist. „Gerade der Umstand, dass man *nirgendwo sonst* in der Gesellschaft für alles, was einen kümmert, soziale Resonanz finden kann, steigert die Erwartungen und die Ansprüche an die Familie. (…) Die Gesellschaft konzentriert eine Funktion zu besonderer Intensität. Sie schafft sich eine Semantik der Intimität, der Liebe, des wechselseitigen Verstehens, um die Erfüllung in Aussicht zu stellen" – und schafft zugleich die Bedingungen, die ihre Realisierung erschweren (Luhmann 1990, S. 208). Während die Familienbeziehungen an Intensität und emotionaler Nähe hinzugewinnen, werden die Beziehungen zu den Verwandten lockerer und unverbindlicher (Tyrell 1976, S. 405).

Standen vorher die (wirtschaftliche) Kontinuität und der Bestand der Familie im Vordergrund, denen sich der Einzelne unterzuordnen hatte[7], setzt sich nun zunehmend die Vorstellung durch, dass die Nachkommen ein eigenes Leben haben,

---

[7] Das hat sich in bestimmten Regionen des sozialen Raumes lange erhalten. So hat Bourdieu am Beispiel des Béarn gezeigt, dass in Bauernfamilien bis zu Beginn des 20. Jahrhundert die Weiterexistenz des „Hauses" bzw. der Familie im Vordergrund stand. Die Erbregelungen waren primär gegen eine Zersplitterung des Besitzes gerichtet. Starb der älteste Sohn und Erbe, heiratete in der Regel ein jüngerer Sohn die Witwe. Für Sentimentalitäten blieb da nur wenig

Familien in jeder Generation neu gegründet werden und „die Gattenwahl aus sich selbst legitimiert werden" muss (Luhmann 1988, S. 184). Die Heirat vereint nun stärker Individuen als (Verwandtschafts-)Gruppen (vgl. dazu auch Lévi-Strauss 2008, S. 84). Was unter anderem dazu führt, dass die Ehe für den Einzelnen zu einem Aufstiegsweg eigener Art werden *kann* (Luhmann 1988, S. 191).[8]

Man gehört jetzt in der Regel zwei Familien an: seiner Herkunftsfamilie, aus der man stammt, und der „Zeugungsfamilie", die man gründet. „Die Eheschließung symbolisiert den Wechsel in der primären familialen Loyalität und ,Zugehörigkeit'; sie bedeutet aus der Sicht der Ehegatten das Zurücktreten der Eltern in die (wenn auch ,nächste') Verwandtschaft" (Tyrell 1976, S. 405).[9] Während für die Eltern die Kinder zu ihrer Familie gehören, stellen die Eltern für die Kinder nicht mehr die nächsten Bezugspersonen dar, was zu unterschiedlichen Erwartungen und zu Konflikten führen kann (Tyrell 1976, S. 410).

Innerhalb der Familie entwickelt sich ein spezifischer Verhaltens- und Interaktionsstil, der durch einen Abbau formeller Hierarchien gekennzeichnet ist. So wird zum Beispiel die Mahlzeit in der Regel gemeinsam eingenommen. Und die „interaktive Darstellung von innerfamilialen Herrschaftsbeziehungen" (Tyrell 1976, S. 398) in Form des Siezens wird abgelöst durch ein Gleichheit und Nähe suggerierendes „Du".

Im Unterschied zu andern sozialen Feldern kann im Prinzip „alles, was eine Person betrifft", also auch nicht familienbezogenes Verhalten, ein legitimes Thema der Kommunikation werden. Geheimhaltung ist zwar möglich, hat aber „keinen legitimen Status" (Luhmann 1990, S. 201). Das gilt allerdings stärker in der Ehe als in der Eltern-Kind-Beziehung. In der Beziehung zu den Kindern nehmen Eltern durchaus Kommunikationstabus für sich in Anspruch. Und das Ausmaß, in dem das Verhalten der Kinder thematisiert werden kann, ist abhängig von deren Alter und dem bestehenden Machtgefälle.

Mit der Ausdifferenzierung eines familialen Feldes werden auch die Grenzen zwischen dem Denkbaren und dem Undenkbaren (neu) gezogen. Motive und Verhaltensweisen, die innerhalb der Ökonomie, dem Feld der legitimen Käuflichkeit, normal sind, werden in familiären Beziehungen als ungehörig empfunden. In der Familie ist man „nicht der Kaufmann seiner selbst", wie Simmel (1992, S. 666) das formuliert hat. Während im ökonomischen Feld nichts gratis ist, würde es in der

---

Platz. „Zugleich Familie und Erbe, besteht ,das Haus' (…) fort, während die Generationen, die es verkörpern, vergehen" (Bourdieu 2008, S. 23).

[8] Was allerdings nichts daran ändert, dass die Tendenz zur Homogamie nach wie vor ausgeprägt ist: weil sich gewöhnlich paart, wer vom Habitus her zueinander passt.

[9] „Darum wird ein Mann seinen Vater und seine Mutter verlassen, und an seinem Weibe hangen", wie es in der Bibel heißt (zit. in Lévi-Strauss 2008, S. 103).

Familie „geradezu als widernatürlich" empfunden, wenn man Hilfestellungen von finanziellen Gegenleistungen abhängig machte (Tyrell 1976, S. 397).

Es gehört zum Commonsense einer modernen Gesellschaft, den „Modus operandi" der Ökonomie so weit wie möglich aus den familiären Beziehungen herauszuhalten, wo ihm, anders als in der Wirtschaft selbst, eine zerstörerische Kraft zugeschrieben wird. Zwar spielt Geld auch innerhalb der Familie eine Rolle, sein Gebrauch folgt aber normalerweise einer anderen Logik als im ökonomischen Feld. „Once money had entered the household, its allocation, calculation, and uses were subject to a set of domestic rules distinct from the rules of the market" (Zelizer 1989, S. 368).

So wird Geld in der Regel nicht als Tauschmittel verwendet. Man zahlt einem Familienmitglied keinen nach Zeitaufwand berechneten Lohn für erbrachte Dienstleistungen. Und falls man doch Geld gibt, dann in Form eines (symbolischen) Geschenks, das nicht selten in einem Kuvert überreicht wird. Als ob damit die Erinnerung an alles Ökonomische getilgt werden müsste. Auch ein Darlehen, das einem Familienmitglied gewährt wird, folgt eher der Logik der Gabe als der Logik des Kredits. Was sich darin zeigt, dass man gewöhnlich keinen Zins verlangt und der Rückzahlungstermin unbestimmt bleibt (Bourdieu 1998, S. 182).

Die Logik der Gabe macht einen Gegenstand zu mehr als einem bloß materiellen Objekt. Er wird „zu einer Art Botschaft oder Symbol" (Bourdieu 1998, S. 175 f.), mit dem eine Beziehung zum Ausdruck gebracht und ein sozialer Zusammenhalt hergestellt und bekräftigt wird.

(Ersehnte) Gegenwelt

In der modernen Gesellschaft ist das Feld der Familie als eine Art Gegenwelt zum ökonomischen Feld angelegt, die einer andern Logik folgt und anderen Organisationsprinzipien unterworfen ist. Der Konkurrenz und Vertragsförmigkeit von Marktbeziehungen steht die kollektive Gemeinschaftlichkeit der Familie gegenüber (Beck 1986, S. 177 f.). Und während bei den flüchtigeren Beziehungen im ökonomischen Feld nur Teile der Person von Interesse sind, umfassen die dauerhaften familiären Beziehungen die ganze Person (vgl. auch Coleman 1995). „Man kann solche persönlichen Beziehungen als *Person-qua-Person*-Beziehungen beschreiben: zu dieser Person hat man eine spezielle Beziehung deshalb, weil sie gerade nicht ersetzbar ist, es geht um sie *als diese Person*" (Honneth und Rössler 2008, S. 11).

Als Universum „in dem die normalen Gesetze der ökonomischen Welt aufgehoben sind", ist die Familie der *ersehnte* Ort der Liebe[10], des Vertrauens und der

---

[10] „Durch die Warenökonomie in ihrer spezifischen Logik bedroht, neigt sie immer mehr zur expliziten Bekundung dieser spezifischen Logik, der Logik der Liebe" (Bourdieu 1998,

Nähe, der Uneigennützigkeit und der Gabe, die im Gegensatz zum „do ut des" des Marktes mit einem „Tabu der Berechnung" belegt ist (Bourdieu 1998, S. 127).

Im Unterschied zur Ökonomie gilt die Familie denn auch als ein „Hort der Moral" (Durkheim 1991, S. 42), was ihren Beziehungen einen besonderen Charakter und einen besonderen Wert verleiht. Alles was auch nur entfernt an eine ökonomische Logik erinnert, wäre mit den zentralen familialen Werten nicht vereinbar, weil dauernd heterodoxe, selbstsüchtige Motive hinter dem Verhalten vermutet würden und man beständig dem Verdacht ausgesetzt wäre, unecht und unehrlich zu sein.[11]

Bei dieser Vorstellung von „Familie" handelt es sich nicht einfach um eine „Fiktion". Sie ist ein „kollektives Konstruktionsprinzip" der Realität, das insofern wirksam ist, als es sozial anerkannt und in den Wahrnehmungen, Erwartungen und Verhaltensweisen der beteiligten Akteure verankert ist (Bourdieu 1994, 1998).

Worte sind ja nicht einfach Schall und Rauch, wie wir gesehen haben. Sie haben etwas Magisches. Sie schaffen die Realitäten mit, die sie benennen. „Thematisierung macht aus Gefühlen kommunikative Wirklichkeiten, die auf das, was man individuell empfinden kann, zurückwirken. Schon bei La Rochefoucauld lesen wir: ‚Il y a des gens qui n'auraient jamais été amoureux s'ils n'avaient entendu parler de l'amour'" (Hahn 2010, S. 10). Wie „das Haus" (vgl. Bachelard 1987, S. 115) löst auch das Wort „Familie" gewöhnlich Träume von Sicherheit, Vertrautheit und Geborgenheit aus – auch wenn sich ziemlich schnell zeigen mag, dass auch hier „die Welt nicht in Ordnung ist" (Luhmann 1998, S. 987 f.).[12]

Worte sind wirksam, weil sie auf einem kollektiven Glauben und einer kollektiven Überzeugung beruhen, die aus einem „Bedürfnis aller" resultieren – auch wenn sich „die Gesellschaft" damit lediglich „mit dem Falschgeld ihres Traums bezahlt" (Mauss 2012, S. 376).

Die Teilnehmer machen nicht nur die Familie, sie werden auch durch die Familie gemacht. So werden Akteure geschaffen, die – aufgrund vorhandener Bedingungen der Ermöglichung (vgl. eingezogenen Text) – sozial dazu disponiert sind, sich ohne Berechnung und ohne (bewusste) Suche nach dem eigenen Vorteil innerhalb der familiären Beziehungen zu verhalten, um lediglich zu tun, was in diesem spezifischen Feld als angemessen empfunden, erwartet und häufig auch belohnt wird. Im Feld der Familie erhält am meisten Anerkennung, wer sich als

---

S. 178).

[11] Auch die Prophetie stellt Max Weber (1988, S. 292 f.) zufolge ihre Echtheit durch ihre Unentgeltlichkeit unter Beweis.

[12] Das positive Bild der Familie kann man sich bei illegalen Machenschaften zunutze machen, wie Goffman (1982, S. 287 f.) gezeigt hat. Und es trägt wesentlich dazu bei, dass Erfahrungen, die in krassem Widerspruch dazu stehen (sexueller Missbrauch zum Beispiel), den Opfern oftmals nicht geglaubt werden.

uneigennützig und nicht berechnend erweist, weshalb man – aus einer Sicht von außen – von einem „Interesse an der Uneigennützigkeit" (Bourdieu 1998a, S. 27) sprechen kann.[13]

Gibt man, um etwas zu bekommen, verliert die Handlung ihren moralischen Wert, worauf schon Adam Smith (2010, S. 493) hingewiesen hat. Das gilt in besonderem Maße, wenn es sich um Geld handelt. Warum das so ist, erklärt Durkheim (1976, S. 105 ff.) so: „In den Augen der Allgemeinheit" beginnt Moral erst mit Selbstlosigkeit und Hin*gabe*. Moralische Werte haben etwas Sakrales, etwas Besonderes und Abgesondertes, „das kein gemeinsames Maß mit dem Profanen besitzt." Deshalb „haben die Menschen noch niemals gelten lassen, dass ein moralischer Wert durch einen Wert ökonomischer, ich möchte sogar sagen temporärer Ordnung ausgedrückt werden kann." Was auch darin zum Ausdruck kommt, dass sich jede Moral im Unbedingten verortet (vgl. auch Luhmann 1998, S. 1039).

Bedingungen der Ermöglichung Die beschriebenen Merkmale familiärer Beziehungen sind abhängig von sozialen Voraussetzungen, was sich am Beispiel der Hilfsbeziehungen illustrieren lässt (vgl. Ostner 2004):
Die vorindustrielle Familie war eine „Arbeits- und Wirtschaftsgemeinschaft", in der wenig Raum blieb für persönliche Gefühle und Motive (Beck-Gernsheim 1994, S. 120). Noch am Anfang des 19. Jahrhunderts war die Norm, den Eltern zu helfen, nur schwach institutionalisiert. Ob man seine filialen Pflichten erfüllte, hing stark von den Umständen ab. „Altsein war noch kein sozial anerkannter Status, der die Hilfe anderer unbedingt legitimierte – auch nicht die der Familie. (…) Umsonst erhielten Frauen und Männer, waren sie alt und bedürftig, nichts: weder von ihrer Familie noch von der Gemeinde" (Ostner 2004, S. 81 ff.). Deshalb war man gezwungen, zu arbeiten, so lange man konnte. Auf Notsituationen, etwa als Folge von Arbeitslosigkeit, reagierten Verwandte häufig nicht mit mehr, sondern mit weniger Unterstützung. Und war „die Not allgegenwärtig", wurden Transfers zunehmend warenförmig. „Selbst in agrarischen Milieus musste nun sogar für Naturalien aus der Verwandtschaft bezahlt werden" (Rosenbaum und Timm 2008, S. 24).
Mit der Ausdifferenzierung der „modernen Kernfamilie" hat sich die Hilfsbereitschaft zwischen den Generationen verstärkt. Durch die gestiegene Lebenserwartung und eine geringere Kinderzahl sind Eltern-Kind-Beziehungen intensiver und enger geworden (Ostner 2004). Stand noch im 19. Jahrhundert häufig die Nützlichkeit eines Kindes im Vordergrund, wurde ihm im 20. Jahrhundert vermehrt ein affektiver Wert zugeschrieben (Zelizer 1992). Die Verbesserung der materiellen Lebensbedingungen und der Auf- und Ausbau wohlfahrtsstaatlicher Sicherungsformen haben die familiären Beziehungen (finanziell) entlastet und mehr Raum geschaffen für emotionale Motive der Bindung und der Unterstützung. Und die Verlagerung von Formen des Geldtransfers zwischen den Generationen auf die Ebene des Staates hat konfliktträch-

---

[13] Das ökonomische Interesse im „utilitaristischen und wirtschaftlichen Sinne" ist also nur ein Sonderfall innerhalb eines Universums verschiedener Interessen (Bourdieu 1999, S. 361).

tige und spaltende Kräfte aus der Familie ausgelagert und den familiären Zusammenhalt verstärkt (Bourdieu 1998, S. 182).

Wenn Merkmale familiärer Beziehungen wie das Tabu der Berechnung soziale
Voraussetzungen haben, liegt die Frage nahe, ob sich dieser „Modus operandi" in
allen Regionen des sozialen Raumes gleichermaßen durchgesetzt hat oder ob soziale
Unterschiede weiterhin dazu beitragen, dass die einen sich eine Haltung der Uneigennützigkeit eher leisten können als andere. Darauf werden wir später zurückkommen.

Im familialen Feld zahlen sich „Investitionen" nur aus, „wenn sie *à fonds perdu*
vollzogen werden", so „als gebe es für sie keine Gegenleistung" (Bourdieu 1999,
S. 238). Und nur schon „die reflexive Äußerung" des Gebens würde die Logik der
Gabe verletzen (Boltanski 2010, S. 104).

Doch auch wenn mit der Uneigennützigkeit Anerkennungsprofite verbunden
sind („Sie ist eine gute Mutter"), heißt das nicht, dass das auch die Intention der
Akteure sein muss und man sich gewissermaßen in berechnender Absicht über
die Berechnung erhebt (Bourdieu 1998, S. 152). Das Ergebnis eines Handelns ist
längst nicht immer auch dessen Zweck und Ziel. Die Theorie des Habitus zielt ja
gerade darauf ab, „dass die meisten Handlungen der Menschen etwas ganz anderes
als die Intention zum Prinzip haben" (Bourdieu 1998, S. 167).

Dem uneigennützigen und großmütigen Handeln einer Mutter zum Beispiel
liegt gewöhnlich weder eine „bewusste Absicht" noch „der überlegt getroffene,
freie Entschluss" eines einzelnen Individuums zugrunde. So zu handeln ist ein
konstitutiver Bestandteil ihrer Position im Feld der Familie und des damit verbundenen Habitus, was dazu führt, dass man lediglich tut, wofür man aufgrund eines
langen Sozialisationsprozesses sozial disponiert ist (vgl. Bourdieu 2001, S. 248 f.).

Die doppelte Wahrheit familiärer Beziehungen

In den familialen Praktiken gibt es allerdings eine „doppelte Wahrheit" (Bourdieu 1998, S. 164), die es beide zu berücksichtigen gilt: die erlebte Wahrheit der
involvierten Akteure und die von außen feststellbare Wahrheit, die ein Resultat der
soziologischen Analyse ist.[14] So können die involvierten Akteure uneigennützig
und ohne Kalkül geben, während aus einer analytischen Sicht von außen deutlich
wird und auch eher deutlich gemacht werden kann, dass sie unausgesprochen trotzdem registrieren, ob etwas zurückkommt.

Auch in familiären Beziehungen gibt es Reziprozitätsvorstellungen, die jedoch
so lange implizit bleiben, wie alles zur Zufriedenheit verläuft. Lebensweltlich sicht-

---

[14] Ich ziehe diese Formulierung der von Bourdieu getroffenen Unterscheidung zwischen
„subjektiver und objektiver Wahrheit" vor, die zu Missverständnissen führen kann, wenn sie
nicht näher erläutert wird. Vgl. dazu Cassirer (1993, S. 214), der „subjektiv" und „objektiv"
als „Glieder eines Funktionszusammenhanges" sieht, „den wir die empirische Erkenntnis
nennen."

bar werden die Erwartungen oftmals erst dann, wenn sie enttäuscht worden sind (Lessenich und Mau 2005, S. 264) und es zum Konflikt kommt. Enthält schon jede Kritik ein Aufrechnen (Boltanski und Thévenot 2011, S. 46), kann es in solchen Krisen zu einer eigentlichen „Entzauberung" familiärer Beziehungen kommen und sie auf die direkte und unverhohlene Logik ökonomischer Beziehungen herunterholen. „Nach allem, was wir für dich getan haben..."" (Bourdieu 2001, S. 256).[15]

Normalerweise ist das jedoch kein Thema. „Die Wahrheit des Tausches" bleibt implizit und ist innerhalb der Familie auch mit einem Tabu belegt: dem „Tabu der expliziten Formulierung (deren Form par excellence der Preis ist)" (Bourdieu 1998, S. 165).[16] Äußerte man Reziprozitätserwartungen nicht erst ex negativo, wären die Grundlagen der familiären Beziehungen in Frage gestellt, weil hinter jedem Geben eine berechnende Intention vermutet würde. Werden familiale Güter der Logik des „do ut des" und des Preises unterworfen, verlieren sie ihren Wert und ihre Existenz (Frey und Benz 2000, S. 33). Vertrauen lässt sich ebenso wenig kaufen wie Zuneigung oder Liebe. Vertrauen schenkt man. Wobei Vertrauenserweise ebenso verpflichten und binden können wie (andere) Geschenke (Luhmann 2000, S. 56; vgl. auch Simmel 1992, S. 425).

Auch Kaufmann (1997) sieht in seiner Analyse von Paarbeziehungen zwei entgegengesetzte Logiken am Werk, die im Alltag miteinander vermengt werden und sich abwechseln: (Hin-)Gabe und Aufrechnung. „Die Hingabe ist fließend und instabil, eine Art Beziehungsenergie, das Denken in Schuldenkategorien hingegen strebt nach Festlegung von Regeln und einer Art Partnerschaftsrecht" (Kaufmann 1997, S. 238). Hingabe geschieht ohne Berechnung. „Das ergibt sich ganz von selbst, man hilft sich halt, aber man rechnet nicht", zitiert Kaufmann (1997, S. 242) eine Befragte. „Gleichheit? Ich mag dieses Wort nicht. Sagen wir gegenseitige Hilfe."

Trotzdem kann man sich ärgern, wenn der andere weniger macht, und ihn mit einer beiläufigen Bemerkung („Du könntest ja auch mal wieder...") spüren lassen, dass er einem was schuldet. Das geschieht aber eher absichtslos und verbleibt oftmals im Ungefähren. Man stellt keine Schuldenrechnung auf. Und macht man es doch, ist das nicht selten ein Zeichen, dass es zumindest mit der (romantischen) Liebe langsam ein Ende hat.[17]

---

[15] Enttäuschungen sind oftmals mit Ernüchterungseffekten verbunden. Das Wort enttäuschen bedeutete ursprünglich denn auch „aus einer Täuschung herausreißen" (Duden 1989).

[16] Wir werden später sehen, was passiert, wenn dieses „Tabu der expliziten Formulierung" verletzt wird.

[17] Für Axel Honneth (zit. in Kleingeld und Anderson 2008, S. 290 f.) ist die Familie „eine soziale Sphäre, in der die beiden „moralischen Orientierungen" Liebe und Gerechtigkeit „permanent aufeinanderstoßen."

Das gegenseitige Geben in der Familie, und vor allem zwischen den Generationen, folgt einer Logik der Unschärfe und der Unbestimmtheit. Anknüpfend an eine Unterscheidung von Collett (2010, S. 288 ff.) könnte man sagen: Eher als an den Prinzipien eines „negotiated exchange" orientiert es sich an den Prinzipien des „reciprocal exchange", wo nichts ausgehandelt und formell festgelegt ist. „Actors contribute to the relation without knowing whether or when the other will reciprocate." Das verlangt nicht nur Vertrauen, sondern schafft auch Vertrauen und emotionale Verbundenheit, während die ausgehandelte Form eher ein Ausdruck von Misstrauen ist und auch anfälliger für Konflikte (Collett und Avelis 2011). Ist die Rückgabe nicht explizit festgelegt, hat der Tausch auch eher einen symbolischen Wert über die rein instrumentellen Gewinne hinaus (Collett 2010, S. 289). Und die Verletzung der Reziprozität hat eine größere Chance als Unterlassung wahrgenommen zu werden, während einem in der ausgehandelten Form unweigerlich berechnende und eigennützige Motive unterstellt werden.[18]

Die Institution der Reziprozität „absorbiert" auch die Erfahrung von Ungleichheit, weil sie „zeitbedingte Asymmetrien als Symmetrien erscheinen" lässt. (Luhmann 1998, S. 650). Was mit zu jener strukturblinden und individuumszentrierten Binnensicht familialer Beziehungen beiträgt, von der gleich noch die Rede sein wird.

Beziehungen der Ambivalenz

Familiäre Beziehungen sind doppeldeutig: Es sind Liebes- und Machtbeziehungen – und damit sie als Liebesbeziehungen Bestand haben, müssen sie als Machtbeziehungen verkannt werden.[19] Insofern könnte man auch von der Familie als einem Ort der „kollektiven Unaufrichtigkeit" (Bourdieu 1998, S. 194) sprechen. Es sind Beziehungen ohne Berechnung und doch wird in einem unbestimmten Sinne „aufgerechnet". Was *normalerweise* jedoch im Impliziten verbleibt und einer kollektiven Verkennung unterliegt, die in den familialen und mentalen Strukturen

---

[18] Cornelia Koppetsch (2013, S. 125) hat diesen Unterschied auf den gegenwärtigen Wandel von Beziehungsvorstellungen bezogen: Während der Wunsch nach einer verbindlichen Partnerschaft und die Sehnsucht nach der „unbedingten Liebe" als Gegenwerte zur Ökonomie zugenommen haben, hat das Modell der ausgehandelten Partnerschaft an Attraktivität verloren: weil es mit dem „Makel der Unverbindlichkeit behaftet" ist und „statt unbedingter Liebe (…) Gleichheitsforderungen" stellt." „Aus Sicht der Jüngeren bietet dieses Modell somit gerade keine Gegenwelt zur Projektlogik des neuen Kapitalismus."

[19] „….es gibt keine Wahrheit für Liebende; sie wäre eine Sackgasse, das Ende, der Tod des Gedankens", schreibt Musil in der „Mann ohne Eigenschaften" (vgl. Luhmann 1998, S. 347). Und bei Virginia Woolf (1991, S. 98) heißt es: „Sie würde ihn niemals kennenlernen. Er würde sie niemals kennenlernen. Alle menschlichen Beziehungen waren so, dachte sie, und die schlimmste (…) war die zwischen Mann und Frau. Unvermeidlich waren diese extrem unaufrichtig."

verankert ist, in den „Spielregeln" des Feldes und im gemeinsamen Glauben daran. Das verleiht den familialen Praktiken einen ambivalenten, doppelgesichtigen und (scheinbar) widersprüchlichen Charakter (Bourdieu 1998, S. 196). Es ist also nicht so, dass nur das eine Gesicht real und das andere lediglich Verbrämung, Schein oder Täuschung ist. Beide Gesichter existieren und beide sind wirklich.

Ist Ambivalenz zum einen ein strukturelles Merkmal familialer Beziehungen, erleben auch die Familienmitglieder die gegenseitigen Beziehungen häufig als ambivalent. Schon Simmel (1992, S. 291 f.) stellte fest, dass Menschen nicht allein durch *einen* „Faden" aneinandergebunden sind, sondern „attraktive und repulsive Kräfte" oftmals Hand in Hand gehen, was zu einem „Mischgefühl (....) entgegengesetzter Empfindungen" führt. Ganz ähnlich spricht Durkheim (1976, S. 100) von jenem „doppelten Gefühl (...), das widersprüchlich erscheint und dennoch in der Realität existiert." Und für Pillemer und Müller-Johnson (2007, S. 133) „konnotiert der Begriff der Ambivalenz das gleichzeitige Erleben zweier widersprüchlicher Emotionen, Motivationen oder Werte." Oder anders ausgedrückt: Menschen sind aufgrund von Valenzen mit anderen Menschen verbunden (Elias 1970). Widersprechen sich zwei Valenzen in einer Beziehung, die nicht leicht gelöst werden kann, führt das zu *Ambi*valenz, was sich in zwiespältigen Gefühlen oder einer inneren Zerrissenheit äußern kann.

Das Konzept der Ambivalenz ist, so Wilsons et al. (2003, S. 1056), zu unterscheiden vom Begriff des Rollenkonflikts. „Whereas role conflict views an individual as experiencing strain as a result of simultaneously holding two (or more) roles with conflicting demands, ambivalence describes conflicting sentiments experienced within one relationship."[20]

Es sind vor allem die Generationenbeziehungen, die in der Familie häufig als ambivalent erlebt werden. Warum sind gerade diese Beziehungen in besonderem Maße anfällig für Ambivalenz? Bei den Generationenbeziehungen handelt es sich um Beziehungen zwischen Ungleichen, wo die Wahrscheinlichkeit eines dauerhaften Kontakts aufgrund der soziokulturellen Distanz normalerweise eher gering ist. Gleichzeitig sind es jedoch auch Beziehungen, die normativ als gegeben gesetzt und praktisch unauflösbar sind. Man bleibt sein Leben lang das Kind seiner Eltern und die Mutter oder der Vater seiner Kinder. Diese spezifische Kombination macht diese Beziehungen besonders sensibel für Ambivalenz (vgl. Pillemer und Müller-Johnson 2007, S. 138). Auf Gefühle der Distanz, die man zu nahen Familienangehörigen empfindet, kann man nur schwer reagieren, indem man die Beziehung aufgibt. Was dazu führt, dass „Füreinander" und „Gegeneinander" (Simmel 1992,

---

[20] Hält man diese wichtige Unterscheidung nicht ein, führt das zu einer Aufblähung und Verwässerung des Begriffs der „Ambivalenz" (Vgl. zum Beispiel Widmer und Lüscher 2011).

S. 284 f.) innerhalb der Beziehung koexistieren und sich nur schwer ausdifferenzieren lassen (Kieserling 2011, S. 201).

Bei den familialen Generationenbeziehungen handelt es sich zudem um Gefühls- *und* Machtbeziehungen, was die Koexistenz von Nähe und Distanz ebenfalls befördert. Laut Merton und Barber (1963) sind gerade Autoritätsbeziehungen besonders anfällig für Ambivalenz.

3.2.2   Kräfte des Zusammenhalts und des Auseinanderdriftens

Die familialen (Generationen-)Beziehungen unterliegen sowohl Kräften des Zusammenhalts wie auch Kräften des Auseinanderdriftens. Sie werden im Folgenden getrennt beschrieben, obwohl sie sich in der Realität nicht immer klar unterscheiden lassen. So ist zum Beispiel die Familie durch Eigentum nicht nur geeint, sondern auch gespalten (Bourdieu 1998, S. 178).

Kräfte des Zusammenhalts Die Generationen innerhalb der Familie sind durch „tief sitzende Affekte" (Bourdieu 1998, S. 130) sowie durch vergangene und gegenwärtige Austauschbeziehungen, die der Logik der Gabe folgen, miteinander verbunden. Diese bilden eine Art sozialen Kitt, der die Familie zusammenhält. Zum einen über das „moralische Gedächtnis" der Dankbarkeit (Simmel 1983, S. 211), das die Institution der Reziprozität am Leben erhält. Zum andern, weil das Gegebene in persönlichen Beziehungen einen „Gefühlswert" besitzt, in dem immer auch etwas vom Geber selbst enthalten ist (Mauss 1990). Was bei Geschenken, der feierlichen und außeralltäglichen Form des Gebens, in besonderem Maße zum Ausdruck kommt. Bindend ist eine Gabe vor allem dann, wenn Reziprozität nicht umgehend hergestellt wird. Wer eine Gabe sofort begleicht, erweist sich als jemand, „der sich den Fesseln der Dankbarkeit so schnell wie möglich zu entziehen sucht" (Luhmann 2000, S. 57).

Die familialen Generationen sind auch durch verwandtschaftliche Beziehungen aneinander gebunden. Sie stehen in einem Verhältnis der primären Verwandtschaft, die „Relationen besonderer Zusammengehörigkeit" schafft; auch deshalb, weil man sie nur mit wenigen teilt (Tyrell 2008, S. 182).[21] Die Kategorien der Verwandtschaft „setzen Realität": Sie enthalten „die magische Kraft der Grenzziehung und der Gruppenbildung durch performative Erklärungen" (Bourdieu 1987, S. 303 ff.). Sie markieren eine Grenze zwischen jenen, die „von gleichem Fleisch

---

[21] Das moderne Verwandtschaftssystem lässt sich nach König (1974) als theoretisch bilinear, mutterzentriert und patrinominal klassifizieren (zusammenfassend: Jakoby 2008, S. 24).

und Blut" sind und all jenen, die sich außerhalb dieses Kreises befinden. Und sie definieren – je nach gesellschaftlichen Bedingungen in verschiedener Weise – die Freiheitsgrade der Beziehungsgestaltung und die moralischen Bande der gegenseitigen Verpflichtung.

Für Lévi-Strauss (1978, S. 51) handelt es sich bei der „Verwandtschaft" nicht nur um ein (relationales) „Benennungssystem" („système des appellations"), sondern auch um ein „Haltungssystem" („système des attitudes"), das (mehr oder weniger) definiert, wie man sich zueinander verhält bzw. zu verhalten hat. Das heißt allerdings nicht, dass sich „die realen Beziehungen zwischen Verwandten aus den nach dem genealogischen Modell definierten Verwandtschaftsverhältnissen herleiten" lassen. Je nachdem, wie interessiert man selbst und wie stark von Interesse die andern sind, kann man sich bei gleichem genealogischem Abstand als näher oder ferner stehend betrachten (Bourdieu 1987, S. 35 ff.). Was eine Verwandtschaftsbeziehung faktisch ist, ist abhängig vom Gebrauch, den man von ihr macht. So „kann man stets den entferntesten Verwandten näher heranholen oder sich ihm nähern, indem man das Verbindende betont, während man den nächsten Verwandten auf Distanz halten kann, indem man das Trennende in den Vordergrund stellt" (Bourdieu 1987, S. 306). Und nominal gleiche Verwandtschaftsverhältnisse können in der Praxis völlig unterschiedlich aussehen.

Wenn Mary Douglas (1991, S. 84) schreibt, dass ein stabilisierendes Prinzip von Institutionen in der Naturalisierung sozialer Klassifikationen besteht, dann gilt das für die Familie in ganz besonderem Maße.

Bevor eine Familie gegründet wird, ist sie als Kategorie der Wahrnehmung und des Handelns bereits im Habitus der Eltern vorhanden und wird auch von den Kindern im Laufe ihres Sozialisationsprozesses erworben und inkorporiert. So auch die in unserer Gesellschaft geltende Vorstellung, dass die biologisch begründeten Beziehungen innerhalb der Familie letztlich unauflösbar sind.

Die Zugehörigkeit zur Familie ist verbunden mit dem Erwerb eines Familiensinns, in dem die intergenerationellen Beziehungen naturalisiert und mit „Pflichtaffekten" und „affektiven Verpflichtungen" (Bourdieu 1998, S. 130) verknüpft sind („Blut ist dicker als Wasser"). Allerdings ist der Familiensinn nicht allein das Resultat einer naturalisierenden sozialen Konstruktion. Das Gefühl zusammenzugehören und füreinander verantwortlich zu sein sowie die Tendenz, sich vergleichsweise stark mit der Situation des anderen zu identifizieren, sind auch ein Produkt der spezifischen familialen „Figuration" (vgl. Elias 1970), die gekennzeichnet ist durch eine enge persönliche Verflechtung und Interdependenz sowie eine häufige und dauerhafte Interaktion zwischen den Familienmitgliedern innerhalb eines privaten Raumes.

Die Grenze dieses Raumes wird durch die Türschwelle markiert, die man nicht nach Belieben überschreiten kann. Sie zieht eine Linie zwischen einem „Innen", das nicht selten mit Vorstellungen des „Reinen" verbunden ist und einem Außen, das eher mit „Verderbnis" assoziiert wird.[22] Und sie definiert einen Bereich des Vertraulichen und Vertrauten (vgl. auch Luhmann 2000, S. 96 f.), der sich von der fremden und unsicheren Außenwelt unterscheidet. Man kennt sich und weiß aus Erfahrung, inwieweit man einander glauben und sich aufeinander verlassen kann. Zudem sind Vertrauensbrüche erschwert und auch folgenreicher, weil „das Gesetz des Wiedersehens" herrscht. „Die Beteiligten müssen einander immer wieder in die Augen blicken können. Das erschwert Vertrauensbrüche, jedenfalls solche, die man weder verstecken noch dem andern gegenüber mit guten Gründen vertreten kann" (Luhmann 2000, S. 46).

Die Mitglieder einer Familie teilen einen Fundus an gemeinsamen Erfahrungen, der die Basis eines „impliziten Einverständnisses" (Bourdieu 2001, S. 186) bildet, das auch ohne viele Worte auskommt. Und sie besitzen eine gemeinsame Geschichte, die durch Erzählungen, Fotos oder Filme am Leben erhalten und immer wieder in Erinnerung gerufen werden kann. Familien sind auch „Erinnerungsgemeinschaften". Luhmann (1990, S. 222) hat die These vertreten, dass die Bedeutung der Geschichte in der Familie größer sei als in anderen „Systemen". Und dass es etwa im Unterschied zur Wirtschaft auch „kein legitimes Vergessen" gebe.

Der Zusammenhalt im Innern und der Unterschied zu Außen werden auch durch Wissensdifferenzen begründet (Hahn 2011, S. 331). Man teilt „Geheimnisse", die in den eigenen vier Wänden verbleiben und wird so zu Eingeweihten, die sich von allen andern unterscheiden, die von diesem Wissen ausgeschlossen sind.[23] Was sich zum Beispiel darin zeigt, dass Anspielungen nur von den Zugehörigen verstanden werden.

Eng miteinander verstrickt, hat man bis zu einem gewissen Grad auch ein gemeinsames Interesse, Negatives für sich zu behalten und nach außen der Strategie einer „politics of reputation" (Giordano 1994) zu folgen. Und man neigt zu Loyalitätsbeziehungen, die sich eher an partikularistischen als an universalistischen Kriterien orientieren (vgl. Parsons und Shils 1951).

Die Einheit der Familie wird durch das gemeinsame Heim und den gemeinsamen Namen symbolisiert, der auch als Statuszeichen fungieren kann, wenn es sich zum Beispiel um eine „namhafte" Familie handelt (vgl. Klapisch-Zuber 1995).

---

[22] Mary Douglas (2004) hat die These vertreten, dass in kleinen Gruppen mit deutlich abgegrenzter Mitgliedschaft und unausgebildetem Rollenmuster die Unterscheidung von Innen und Außen, von innerer Reinheit und äußerer Verderbnis besonders ausgeprägt ist.

[23] Das Heim ist nicht nur das Vertraute, sondern auch das Verborgene und Geheime („heimlich").

Aufgrund dieser Gemeinsamkeiten kann man von außen als Kollektiv wahrgenommen und mit kollektiven Zuschreibungen belegt werden, was durch Urbanisierungsprozesse zwar an Bedeutung verloren, sich in (dörflichen) Lebensräumen mit einer hohen Interaktionsdichte aber teilweise erhalten hat („das ist Pack" vs. „aus guter Familie"; „die sind zäh" vs. „die werden alle nicht alt").

All diese Faktoren tragen mit zur Herausbildung jenes familiären „Korpsgeistes" bei, der durch eine „creatio continua" (Bourdieu 1998, S. 131) am Leben erhalten und bekräftigt werden muss. Durch all das, was Durkheim (1991, S. 43) unter dem Begriff des „gemeinschaftlichen Kults" zusammengefasst hat, wofür vor allem die Frauen zuständig sind: Familienfeste, Weihnachten vor allem, in deren Rahmen „Familie" zelebriert und inszeniert wird.[24] In diesem Zusammenhang wäre auch die Institution des gemeinsamen Essens zu sehen, durch die sich die Familie nicht nur physisch, sondern auch sozial reproduziert: Indem sie ihren Zusammenhalt rituell bekräftigt und sich über alle Unterschiede hinweg als Gemeinschaft symbolisiert.

Auch der familiäre Zusammenhalt hat allerdings zwei Seiten: vermittelt er einerseits ein Gefühl von Geborgensein und Sicherheit, kann er andererseits auch mit einem hohen Maß an sozialer Kontrolle und Druck verbunden sein, dem man sich nur schwer entziehen kann (Pfaff-Czarnecka 2012).

Das hängt mit der familialen Netzwerkstruktur zusammen, die gewöhnlich durch eine maximale Dichte[25] gekennzeichnet ist. Was nicht nur die Kohäsion verstärkt, sondern auch die Beobachtung, unter der man steht (Schweizer 1996, S. 114 ff.). Weil man sich lange und gut kennt, sind auch die Vorstellungen, die man voneinander hat, gemacht, was das Erkennen und Anerkennen von Veränderungen einer Person erschweren kann. Die Empfindung, immer wieder auf das reduziert zu werden, was man (vielleicht) einmal war, kann ebenfalls mit einem Gefühl der Enge verbunden sein.

Dieses Unbehagen an der Familie wächst parallel zu einem Individualisierungsprozess, in dessen Gefolge Werte der Selbstbestimmung und Selbstentwicklung stark an Bedeutung gewinnen (vgl. auch Luhmann 1988, S. 17) und zunehmend mehr Menschen davon träumen, sich immer wieder neu zu erfinden.

Kräfte des Auseinanderdriftens Als spezifische Ordnung von Unterschieden sind die (Generationen-)Beziehungen in der Familie auch Kräften der Desintegration

---

[24] Dass das nicht selten schief läuft und in Tränen endet, ist ein weiterer Hinweis auf die Ambivalenz familiärer Beziehungen.

[25] Die vorhandenen Beziehungen entsprechen den möglichen Beziehungen. Das heißt: Jeder kennt jeden und alle haben Kontakt miteinander (vgl. Schweizer 1996, S. 177 f.).

ausgesetzt, die das Zusammengehörigkeitsgefühl schwächen und den Zusammenhalt in Frage stellen können.

Familien sind aufgrund ihrer ausgeprägten Personenorientierung „hochemp-
findlich" gegen eine Veränderung ihrer Mitglieder (Luhmann 1990, S. 213). Stärker als andere Felder unterliegen sie einer Dynamik, die durch Veränderungen der
beteiligten Personen bestimmt wird. Das macht Familien in modernen Gesellschaften zu wenig stabilen Beziehungsgeflechten. Was auch dadurch verstärkt wird, dass
Familie beschränkt ist auf die Lebenden, die sich wandeln, während die Vorfahren,
die dem Zeitlauf entzogen sind, nicht (mehr) dazu gehören (vgl. Luhmann 1990,
S. 213). Diese personenbezogene Dynamik wirkt sich auch auf die Generationenfiguration innerhalb der Familie aus und erzeugt Kräfte des Auseinanderdriftens
und der Desintegration. Die Kinder werden erwachsen. Und die Eltern werden
älter. Das Kräfteverhältnis zwischen den Generationen verändert sich und ihre Verflechtung und Interdependenz wird lockerer. Eltern und Kinder wohnen nun in der
Regel getrennt und führen ihr eigenes Leben, was mit dazu beiträgt, dass die Laufbahnen, der Habitus und die Interessen von Eltern und Kindern unterschiedlicher
werden. Die Individuen, die „aufgrund einer besonders engen Gemeinsamkeit der
Gedanken, Gefühle und Interessen" eine Einheit bildeten (Durkheim 1991, S. 43),
entwickeln sich nun stärker auseinander, weil der Einzelne im Laufe des Lebens
Teil „verschiedener Kreise" wird, die außerhalb des familialen „Assoziationskrei-
ses" liegen (Simmel 1992, S. 456 f.). Was früher zentraler Identifikationspunkt
war, kann nun zu etwas werden, wovon man sich zunehmend entfernt. Und wenn
(eheliche) Paarbeziehungen immer brüchiger und flüchtiger werden, kann es sein,
dass auch die bislang selbstverständliche Dauerhaftigkeit intergenerationeller Beziehungen vermehrt in Frage gestellt wird. Dazu trägt auch eine therapeutische
„Selbstkultur" (Beck 1997) bei, in welcher der Bruch mit den Eltern als ein mögli-
cher und legitimer Weg der Problembearbeitung und Selbstfindung gesehen wird.

Auch die zunehmende Ökonomisierung des Lebens erzeugt Desintegrations-
prozesse. Der um sich greifende „Geist der Ökonomie" kann nicht nur zu einer
verstärkten Betonung des spezifischen „Eigensinns" der Familie („Liebe") führen,
sondern auch ihren Zusammenhalt vermehrt in Frage stellen. Die Kräfte der Wirtschaft induzieren Spannungen, Widersprüche und Konflikte, die „die Familie als
integrierte Einheit" bedrohen (Bourdieu 1998, S. 178 f.). Der „Wurm der Berechnung, der die Gefühle zerfrisst" kann auch in die Familie eindringen und den „Geist
der Solidarität" untergraben, was zum Beispiel bei Erbstreitigkeiten zum Ausdruck
kommt, wo die Gesetze der Familie außer Kraft gesetzt sind und Geschwister sich
gegenseitig wie ökonomische Konkurrenten behandeln. Die Zwänge und Ansprüche eines eigenen Lebens können Formen der intergenerationellen Unterstützung
erschweren und die Interessen der verschiedenen Familienmitglieder auseinander-

driften lassen. Zudem wird durch Prozesse einer „raum-zeitlichen Entgrenzung" des Erwerbsbereichs eine Abstimmung der verschiedenen Lebensführungen und die gemeinsame räumliche Präsenz der Familienmitglieder schwieriger, was dazu führt, dass Familie als Gemeinschaft vermehrt hergestellt und gegen äußere Zwänge behauptet werden muss (Schier und Jurczyk 2007).

Jedes Feld folgt einer eigenen Beziehungslogik und je spezifischen Handlungsmaximen, die nicht ohne Friktionen in andere Felder übertragbar sind. Je „unreiner" eine Situation ist, im Sinne, dass auch Logiken aus anderen Feldern zum Tragen kommen, umso kritik- und konfliktanfälliger ist sie (Boltanski und Thévenot 2011, S. 65 f.). Im juristischen Bereich gilt das zum Beispiel bei Schenkungen (Luhmann 1998, S. 964), während es in der Familie dann der Fall ist, wenn Elemente einer ökonomischen oder einer juristischen Logik in die intergenerationellen Beziehungen eindringen und das Verhalten der Akteure bestimmen. Solche „Codesabotierungen" können zu „Irritationen" und Konflikten führen, die einer starken Moralisierung unterliegen (Luhmann 1998, S. 1043).

Andererseits ist die Familie über verschiedene Interdependenzen mit der Wirtschaft verbunden, wie sie auch rechtlichen Regelungen und Rahmenbedingungen unterliegt, die vom Staat definiert werden (vgl. Perrig-Chiello et al. 2008, S. 88 ff.). Was jedoch etwas anderes ist, als wenn Familienmitglieder die Beziehungen einer ökonomischen oder juristischen Logik unterwerfen.

3.2.3   Die Eigentümlichkeiten familialer Konflikte[26]

Familien sind aufgrund der räumlichen Nähe, der personenbezogenen Interaktion und der „enthemmten Kommunikation" (Luhmann 1990, S. 203) generell anfällig für Konflikte. Und kaum ein Feld ist durch Konflikte so irritierbar wie die Familie, die „auf Liebe und Glück programmiert" ist (Tyrell 2008, S. 320). Wobei Konflikte nicht nur trennen. Über Auseinandersetzungen kann man auch aneinander gebunden sein (Bourdieu 2001a, S. 93).

Familiäre Spannungen werden so weit als möglich in den eigenen vier Wänden ausgetragen und Probleme nach außen häufig vertuscht, um das Bild der „heilen Familie" aufrechtzuerhalten und den Ruf zu wahren. An diesem Spiel des „Tun als ob" beteiligt sich häufig auch das soziale Umfeld, das darauf bedacht ist, die Privatsphäre der andern zu achten und sich nicht einzumischen. Weil man auch selbst daran interessiert ist, dass das Prinzip der Diskretion Geltung hat.

---

[26] Der folgende Abschnitt orientiert sich stark an Gedanken von Tyrell (2008, S. 320 ff.), der ausführlich und differenziert analysiert, was hier nur kurz abgehandelt werden kann.

Konflikte innerhalb der Familie drohen schnell umfassend zu werden, weil sie sich nicht ausdifferenzieren lassen. Offene Konflikte kann man nur schwer nebenher laufen lassen. Es gibt nur die Wahl „Konflikte zu vermeiden oder Konflikte zu sein" (Luhmann 2008, S. 221). Von daher die Tendenz, „heiße Themen" auszuklammern, um Auseinandersetzungen gar nicht erst aufkommen zu lassen (Luhmann 1990, S. 224).

Im Unterschied zu Feldern, in denen die Kommunikation durch formale Regeln und soziale Distanz reguliert ist, tendieren Konflikte in der Familie auch schneller dazu, persönlich (und nicht selten auch handgreiflich) zu werden. Die Kommunikation in Auseinandersetzungen zielt „auf das Selbst des anderen; sie ist identitätsadressiert und entzieht nicht nur Wertschätzung, sondern will das Selbstwertgefühl des anderen beschädigen und ihm negative Bewertungen seiner selbst aufdrängen" (Tyrell 2008, S. 324). Was auch deshalb wirksam ist, weil es sich bei der Familie um ein Feld handelt, in dem nicht gleichgültig ist, was man voneinander hält, sondern die Selbstauffassung erheblich durch die Stellungnahmen des Gegenübers geprägt wird (vgl. Luhmann 1987, S. 323).

Weil es in der Familie um ganze Personen geht, steht bei Konflikten auch schneller der gesamte Charakter der Person in Frage als das in Feldern der Fall ist, in denen vor allem spezifische Qualitäten einer Person von Bedeutung sind (Simmel 1992, S. 313). Und Divergenzen können leicht auf Moral bezogen werden, was Konflikte befördert, weil man in Anspruch nimmt, das Richtige zu vertreten und die Gegenseite im Namen des Allgemeinen diskreditiert.

Je enger eine Beziehung ist, umso heftiger sind auch die Konflikte. Das direkte und ungefilterte Hin und Her zwischen Nahestehenden, in dem ein Wort das andere gibt, führt schnell zur Steigerung und Eskalation der Auseinandersetzung und zu wechselseitigen Verletzungen und Kränkungen (Tyrell 2008, S. 322 f.). Wobei eine vertraute Person weit verletzbarer ist als eine fremde und die Verletzungen vermutlich auch länger im Gedächtnis haften bleiben. Was mit erklärt, warum „Menschen, die viel Gemeinsames haben" sich oft „schlimmeres Unrecht" antun können „als ganz Fremde" (Simmel 2008, S. 199).

Nirgends so sehr wie in der Familie können persönliche Dauerkonflikte bestehen, ohne dass die Beziehung aufgelöst werden kann. Was (nicht nur) für Simmel (1992, S. 317) eine fürchterliche Vorstellung ist: „Mit einem Menschen entzweit zu sein, an den man doch gebunden ist, – äußerlich, aber in den tragischsten Fällen auch innerlich gebunden ist – von dem man nicht los kann, auch wenn man es wollte." Auch das trägt dazu bei, dass die Familie nicht nur der Ort des größten Glücks, sondern auch der Ort des größten Unglücks sein kann.

3.2.4   Die Tendenz der persönlichen Zurechnung

In familiären Beziehungen besteht die Tendenz, Probleme und Konflikte den Personen zuzurechnen, während strukturelle Aspekte eher aus dem Blickfeld geraten (Luhmann 1990, S. 204). Das macht Probleme anfällig für Moralisierung, durch die personale Attributionsprozesse wiederum gestärkt werden.

In der Familie begegnen sich Personen, die in ihrer Individualität unverwechselbar sind. Der persönliche Charakter wiegt in Figurationen dieser Art besonders schwer. Und der Druck, der auf den Einzelnen ausgeübt wird, ist von seiner Natur her persönlich und kann durch „eigenes Verhalten modifiziert werden" (Douglas 2004, S. 150). Diese Strukturmerkmale disponieren zu einer personenzentrierten Sicht, vor allem jene, die am stärksten durch dieses Feld geprägt sind und es gewissermaßen verkörpern: die Hausfrauen und Mütter (Heintz und Obrecht 1980). Und die enge Verflechtung sowie der Umstand, dass man über eine lange Zeitspanne auf vergleichsweise engem Raum zusammen lebt und interagiert, können ihrerseits dazu beitragen, dass sich die Sicht verengt und die Beziehungen primär aus der persönlichen Binnenperspektive gesehen werden. „Gerade weil es sich speziell in Familien (...) um interaktionsintensive, also personenintensive soziale Verhältnisse handelt, fällt besonders hier dramatisch auf, in welchem Maße die Personenorientierung die sozialen Strukturen verdeckt und unsichtbar macht" (Luhmann 1989, S. 441).[27]

Aufgrund der körperlichen Nähe und der engen persönlichen Verbindung beobachtet man nicht nur die Eigenschaften und Verhaltensweisen der andern, sondern man beobachtet auch deren Beobachtung (Luhmann 1990, S. 214 ff.).[28] Das führt zu „Kommunikationsverdichtung" in dem Sinne, dass im Prinzip jedes Verhalten zur Kommunikation wird. Und es fördert – wie Elias (1989) in einem andern Zusammenhang gezeigt hat – die Neigung zur Psychologisierung von sozialen Beziehungen.[29]

---

[27] „Dass man in einem Verhältnis eben nur den andern sich gegenübersieht, und nicht zugleich ein objektives, überindividuelles Gebilde als bestehend und wirksam fühlt" ist für Simmel (1983a, S. 258) „die Bedingung der Intimität."

[28] Man lese zum Beispiel „Zum Leuchtturm" von Virginia Woolf.

[29] Das wird auch durch ethnologische Untersuchungsergebnisse gestützt: „Der häufigen Zerstreuung der Individuen bei den Dinka und Nuer und dem ständigen dichten Beieinanderleben der Annuak entspricht ein wesentlich größeres Interesse der Annuak an individuell-persönlichen Eigenschaften. Sie verfügen über ein umfangreiches psychologisches Vokabular (...). Das Interesse der Annuak konzentriert sich auf Menschen, das der Dinka und Nuer auf ihr Vieh" (Lienhard zit. in Douglas 2004, S. 169).

Psychologisierung wiederum kann in Auseinandersetzungen als Waffe dienen, mit der die Position des Kontrahenten geschwächt werden kann. „Folk psychologizing is a powerful strategy of rejection because it diminishes the opponent's claims to rationality" (Douglas und Ney 1998, S. 83 f.). So kann man eine Kritik zu entkräften versuchen, indem man ihr jeden Sachbezug abspricht, sie auf die psychologische Ebene transferiert und als Ausdruck rein persönlicher Beweggründe diskreditiert („Du bist ja nur neidisch").

3.2.5 Unterschiedliche Familienkulturen

Wir sind davon ausgegangen, dass das Feld der Familie gekennzeichnet ist durch eine spezifische Logik der Beziehungen, die sich von andern Feldern in charakteristischer Weise unterscheidet. Das heißt allerdings nicht, dass alle Familien nach dem gleichen Muster funktionieren. Neben allen Gemeinsamkeiten gibt es auch Unterschiede der Familienkultur, über die wir aber nur vergleichsweise wenig wissen, weil sie nur wenig thematisiert und empirisch untersucht worden sind.

Douglas (1998, S. 110 ff., 1996, S. 95 ff.) unterscheidet u. a. eine hierarchische Kultur, der ein positionsorientierter Modus operandi zugrunde liegt, und eine individualistische Kultur mit einem stärker personenbezogenen Handlungsstil.

Die individualistische Familienkultur hat durch den Individualisierungsprozess in den letzten Jahrzehnten an Bedeutung gewonnen, während der Einfluss der hierarchischen Kultur zurückgegangen ist. Und bezogen auf den sozialen Raum lässt sich vermuten, dass die hierarchische Kultur auf der vertikalen Achse eher unten als oben und auf der horizontalen eher rechts als links zu finden ist, während es sich bei der individualistischen Kultur tendenziell umgekehrt verhält. Das ließe sich zum Beispiel an der Sitzordnung bei Tisch zeigen. Während im traditionalen (Arbeiter-)Milieu der Vater den Platz am oberen Ende des Tisches beansprucht (Koppetsch und Burkart 1999), kann im sozio-kulturellen Milieu eine regelmäßige Sitzordnung bewusst unterlaufen werden, um den Idealen der Individualität und der Gleichheit von Verschiedenen gerecht zu werden und sie auch räumlich zum Ausdruck zu bringen.

3.3 Familie als Kapital

Eine Familie zu haben, ist nicht nur ein Privileg, das von bestimmten Voraussetzungen abhängt (Wohnung, Einkommen, Gesundheit usw.). Soweit sie der „legitimen Definition" entspricht, ist sie auch eine Form des Besitzes: Sie stellt ein *sym-*

bolisches Kapital dar, dessen Prestigeeffekt darauf beruht, dass man der Normalität entspricht und „statusvollständig" ist (Bourdieu 1998, S. 131 f.).

Wer Familie hat, in welcher Form auch immer, der verfügt gewöhnlich auch über eine vergleichsweise beständige Form sozialen Kapitals: eine Ressource der sozialen Unterstützung, auf die man oftmals auch dann noch zählen kann, wenn alle andern Stricke reißen. Was in existentiellen Krisen wie Pflegebedürftigkeit oder in sozialen Notsituationen, in denen andere Beziehungen nur schwer mobilisiert werden können, von unschätzbarem Wert ist. Schwache Bindungen, die als informationelles Kapital etwa im Beruf sehr nützlich sein können, versagen in solchen Situationen, für die sie auch nicht vorgesehen sind.[30]

Als Reservoir sozialer Unterstützung haben stabile und verlässliche Beziehungen in den letzten Jahren an Bedeutung gewonnen, weil soziale Risiken zugenommen haben und ihre Bewältigung wieder vermehrt privatisiert worden ist. Der Wohlfahrtsstaat wurde rückgebaut. Und die Professionsbeziehungen zu Patienten und Klienten sind unverbindlicher geworden. Die Betroffenen werden vermehrt als Kunden gesehen, die eine Leistung kaufen und letztlich selbst entscheiden müssen, „was gut für sie ist" (Koppetsch 2013, S. 102). Ihre Eigenverantwortung nimmt zu, während sie gleichzeitig an Schutz verlieren. Das kann eine Situation der Unsicherheit und des „sich selbst überlassen Seins" erzeugen, in der Menschen wichtig sind, die sich für einen mitverantwortlich fühlen und auch persönlich mit der Situation identifizieren. Und die findet man immer noch *am ehesten* in der Familie (vgl. Goffman 1982, S. 490), wie auch immer sie aussehen mag, und in einer stabilen Partnerschaft. Tatsächlich ist in jüngeren Generationen der Wunsch nach einer Familie und einer stabilen Partnerschaft wieder wichtiger geworden, während „Singles" vermehrt als defizitäre Wesen wahrgenommen werden, die man etwas bemitleidet oder gar zu beargwöhnen scheint (Hradil 2003).

Ist es im Alltag – und vor allem in Krisensituationen – nicht selten ein Nachteil, keine Familie zu haben, kann es für die Analyse familiärer Beziehungen auch von Vorteil sein: weil man weniger involviert ist und deshalb (vielleicht) eher in der Lage, Realitäten ungeschminkt und ohne Rücksichten wahrzunehmen. Im Sinne von Flaubert, der („leicht" überzogen) schreibt: „Du kannst den Wein, die Liebe, die Frauen, den Ruhm, unter der Bedingung schildern, dass du weder Trunkenbold noch Liebhaber, Ehemann oder Infanterist bist. Wenn man sich in das Leben

---

[30] Dass „Familie" ein Kapital eigener Art darstellt, lässt sich zum Beispiel in einem Krankenhaus beobachten. Während die einen Patienten häufig von Familienangehörigen Besuch erhalten und diesen Besitz mit kaum verhülltem Stolz auch nach außen demonstrieren können, sind jene (vor allem Ältere), die „ohne Familie" dastehen, oftmals ärmer dran, was mit einem Statusstress eigener Art verbunden ist und Unterschiede der sozialen Position auch auf den Kopf stellen kann.

mischt, sieht man es schlecht; man leidet daran oder genießt es zu sehr" (zit. in Bourdieu 1999, S. 56).

3.4   Ein schwieriger Untersuchungsgegenstand

Die Familie gehört zu jenen Welten, denen nicht nur theoretisch, sondern auch empirisch schwer beizukommen ist. Zum einen deshalb, weil sie zur Privatsphäre der Menschen gehört, zu der man nur mit Mühe vordringen kann. Zum andern, weil sie einen jener Orte darstellt, wo die Neigung zur *kollektiven* Verkennung besonders ausgeprägt ist.

Das führt zu einem Spannungsverhältnis zwischen dem Standpunkt der (distanzierten) Wissenschaft und der Perspektive der involvierten Akteure. Und es kann die Soziologie dazu verleiten, lediglich das, was man von außen feststellt, als wahr zu akzeptieren und die Sicht der Akteure als ideologische Verbrämung der tatsächlichen Gegebenheiten zu betrachten.

Demgegenüber gilt es, beide Standpunkte zusammenzuführen und anzuerkennen, dass es in den beschriebenen Phänomenen immer eine „doppelte Wahrheit" gibt (Bourdieu 2001, S. 242 ff.), die man beide berücksichtigen muss. Die eine Seite lässt sich nicht gegenüber der andern privilegieren. Man muss beide Seiten gelten lassen, weil es gerade diese Doppelgesichtigkeit ist, welche den Charakter familialer Beziehungen ausmacht.[31]

Geht es in familiären Auseinandersetzungen um die Frage, wer Recht hat, erlaubt einem die distanzierte Sicht von außen, die Familie als „Ensemble von Blickwinkeln" (Bourdieu 1998a, S. 39) zu analysieren. Das beinhaltet, die je eigene (partielle) Wahrheit der verschiedenen Stellungnahmen und Verhaltensweisen zu rekonstruieren, sie einander gegenüberzustellen und auf dem Hintergrund unterschiedlicher Standpunkte zu verstehen, indem man deren Grund bzw. deren Notwendigkeit nachvollziehbar macht (vgl. Bourdieu 1997, S. 779 ff.; 1999, S. 283 ff.).

Das erreicht man nicht mit einer minutiösen und erschöpfenden Erfassung der Akteure in ihrer Singularität (Bourdieu 2004, S. 217), sondern durch eine Rekonstruktion des Kräftefelds und eine vergleichende Analyse der Relationen und Unterschiede, in denen sie sich bewegen.

---

[31] Mir scheint, dass Bourdieu in „Sozialer Sinn" (1987) noch stark der ersten Konzeption verhaftet war, sie aber in späteren Schriften (1998, 2001) mit dem Begriff der „doppelten Wahrheit" korrigiert hat. Zur These eines „ersten" und „zweiten" Bourdieu vgl. auch Caillé (2005).

Das wollen wir im folgenden empirischen Teil versuchen. Im Mittelpunkt stehen zwei Konfigurationen, in denen die familialen Generationenbeziehungen unter Druck geraten und gewissermaßen auf die Probe gestellt werden.

Krisen sind für die soziologische Analyse deshalb besonders fruchtbar, weil die Logik sozialer Beziehungen gerade dann besonders klar hervortritt, wenn der normale Lauf der Dinge unterbrochen ist. Deshalb sind Bruchstellen immer auch Fundstellen, wie Jünger treffend bemerkt hat (zit. von Lepenies 1984, S. 7). Hingegen sind die Mechanismen sozialer Beziehungen sehr viel schwerer freizulegen, wenn alles rund läuft, weil dann alles im Impliziten des Gewohnten verbleibt. Das gilt auch für die familiären Beziehungen und das Verhältnis zwischen den verschiedenen Generationen. Der (Eigen-)Sinn des Familialen, der den Generationenbeziehungen zugrunde liegt, wird gerade dann besonders sichtbar, wenn die gewohnten Verhältnisse ins Rutschen geraten und neue Herausforderungen zu bewältigen sind.

Bevor wir zu den Ergebnissen der empirischen Untersuchung kommen, werden wir zunächst die Untersuchungsanlage und das methodische Vorgehen beschreiben. Das sind jene Textteile, die von manchen Leserinnen und Lesern gerne übersprungen werden. Womit Wesentliches verloren geht. Denn um den Wert und die Gültigkeit von Forschungsresultaten beurteilen zu können, ist es wichtig, den Weg zu kennen, wie man dazu gekommen ist. Zudem sagen gerade die Probleme und Schwierigkeiten, denen man auf diesem Weg begegnet ist (und die in Untersuchungen gern verschwiegen werden), viel über den Gegenstand, den man erforscht.

Literatur

Bachelard, Gaston (1987) [1957]. *Poetik des Raumes*. Frankfurt am Main: Fischer

Bachelard, Gaston (1988) [1934]. *Der neue wissenschaftliche Geist*. Frankfurt am Main: Suhrkamp

Beck, Ulrich (1986). *Risikogesellschaft. Auf dem Weg in eine andere Moderne*. Frankfurt am Main: Suhrkamp

Beck, Ulrich (1997). Die uneindeutige Sozialstruktur. Was heißt Armut, Was Reichtum in der „Selbstkultur"? In: Beck, Ulrich & Sopp, Peter (Hrsg.), *Individualisierung und Integration. Neue Konfliktlinien und neuer Integrationsmodus?* (S. 183–199). Opladen: Leske & Budrich

Beck-Gernsheim, Elisabeth (1994). Auf dem Weg in die postfamiliale Familie – Von der Notgemeinschaft zur Wahlverwandtschaft. In: Beck, Ulrich & Beck-Gernsheim, Elisabeth (Hrsg.), *Riskante Freiheiten. Individualisierung in modernen Gesellschaften* (S. 115–138). Frankfurt am Main: Suhrkamp

Beck, Ulrich, Vossenkuhl, Wilhelm, Ziegler Ulf E. & Rautert, Timm (1995). *Eigenes Leben. Ausflüge in die unbekannte Gesellschaft, in der wir leben*. München: C. H. Beck

Blumer, Herbert (2013). *Symbolischer Interaktionismus. Aufsätze zu einer Wissenschaft der Interpretation.* Berlin: Suhrkamp

Boltanski, Luc (2010). *Soziologie und Sozialkritik.* Berlin: Suhrkamp

Boltanski, Luc & Thévenot, Laurent (2011). Die Soziologie der kritischen Kompetenzen, In: Diaz-Bone, Rainer (Hrsg.), *Soziologie der Konventionen. Grundlagen einer pragmatischen Anthropologie* (S. 43–69). Frankfurt/New York: Campus

Bourdieu, Pierre (1987). *Sozialer Sinn. Kritik der theoretischen Vernunft.* Frankfurt am Main: Suhrkamp

Bourdieu, Pierre (1994). Stratégies de reproduction et modes de domination. Actes de la recherche en sciences sociales, No 105, 3–12

Bourdieu, Pierre (1996a). Des familles sans noms. *Actes de la recherche en sciences sociales 113*, 3–5

Bourdieu, Pierre et al. (1997). *Das Elend der Welt. Zeugnisse und Diagnosen des alltäglichen Leidens an der Gesellschaft.* Konstanz: UVK Universitätsverlag

Bourdieu, Pierre (1998). *Praktische Vernunft. Zur Theorie des Handelns.* Frankfurt am Main: Suhrkamp

Bourdieu, Pierre (1998a). *Vom Gebrauch der Wissenschaft. Für eine klinische Soziologie des wissenschaftlichen Feldes.* Konstanz: UVK Universitätsverlag

Bourdieu, Pierre (1999). *Die Regeln der Kunst. Genese und Struktur des literarischen Feldes.* Frankfurt am Main: Suhrkamp

Bourdieu, Pierre (2001). *Meditationen. Zur Kritik der scholastischen Vernunft.* Frankfurt am Main: Suhrkamp

Bourdieu, Pierre (2001a). *Science de la science et réflexivité.* Paris: Editions raisons d'agir

Bourdieu, Pierre (2004). *Der Staatsadel.* Konstanz: UVK Verlagsgesellschaft

Bourdieu, Pierre (2008). *Junggesellenball. Studien zum Niedergang der bäuerlichen Gesellschaft.* Konstanz: UVK Verlagsgesellschaft

Bourdieu, Pierre (2014). *Über den Staat. Vorlesungen am Collège de France 1989–1992.* Berlin: Suhrkamp

Bourdieu, Pierre & Loïc Wacquant (1996). *Reflexive Anthropologie.* Frankfurt am Main: Suhrkamp

Caillé, Alain (2005). Die doppelte Unbegreiflichkeit der reinen Gabe. In: Adloff, Frank & Mau, Steffen (Hrsg.), *Vom Geben und Nehmen. Zur Soziologie der Reziprozität* (S. 157–184). Frankfurt am Main: Campus

Cassirer, Ernst (1985) [1932–33]. Die Sprache und der Aufbau der Gegenstandswelt. In: Cassirer, Ernst, *Symbol, Technik, Wissenschaft* (S. 121–160). Hamburg: Felix Meiner Verlag

Cassirer, Ernst (1993) [1939]. Was ist „Subjektivismus"? In: Cassirer, Ernst, *Erkenntnis, Begriff, Kultur* (S. 199–229). Hamburg: Felix Meiner Verlag

Coleman, James S. (1995). *Grundlagen der Sozialtheorie. Band 2: Körperschaften und die moderne Gesellschaft.* Oldenbourg: Scientia Nova

Collett, Jessica L. (2005). What Kind of Mother Am I? Impression Management and the Social Construction of Motherhood. *Symbolic Interaction 3*, 327–347

Collett, Jessica L. (2010). Integrating Theory, Enhancing Understanding: The Potential Contributions of Recent Experimental Research in Social Exchange for Studying Intimate Relationships. *Journal of Family Theory & Review 2*, 280–298

Collett, Jessica L. & Childs, Ellen (2009). Meaningful Performances: Considering the Contributions of the Dramaturgical Approach to Studying Family. *Sociology Compass 3/4*, 689–706

Collett, Jessica L. & Avelis, Jade (2011). Building a Life Together: Reciprocal and Negotiated Exchange in Fragile Families. *Advances in Group Processes 28*, 127–154

Douglas, Mary (1991). *Wie Institutionen denken*. Frankfurt am Main: Suhrkamp

Douglas, Mary (1996). *Thought styles*. London: Sage Publications

Douglas, Mary (2004) [1970]. *Ritual, Tabu und Körpersymbolik*. Frankfurt am Main: S. Fischer Verlag

Douglas, Mary & Ney, Steven (1998). *Missing persons: a critique of personhood in the social sciences*. Berkeley/Los Angeles/London: University of California Press

Duden (1989). *Das Herkunftswörterbuch. Etymologie der deutschen Sprache*. Mannheim/Wien/Zürich: Dudenverlag

Durkheim, Emile (1921). La famille conjugale. *Revue philosophique 90*, 9–14

Durkheim, Emile (1976) [1924]. *Soziologie und Philosophie*. Frankfurt am Main: Suhrkamp

Durkheim, Emile (1991). *Physik der Sitten und des Rechts. Vorlesungen zur Soziologie der Moral*. Frankfurt am Main: Suhrkamp

Elder, Glenn H. (1994). Time, Human Agency and Social Change: Perspectives on the Life Course. *Social Psychology Quarterly 57*, 4–15

Elias, Norbert (1970). *Was ist Soziologie?* München: Juventa Verlag

Elias, Norbert (1989) [1969]. *Die höfische Gesellschaft*. Frankfurt am Main: Suhrkamp

Elias, Norbert & Scotson, John L. (1990). *Etablierte und Außenseiter*. Frankfurt am Main: Suhrkamp

Esser, Hartmut (2000). *Soziologie. Spezielle Grundlagen. Band 2: Die Konstruktion der Gesellschaft*. Frankfurt/New York: Campus

Esser, Hartmut (2000a). *Soziologie. Spezielle Grundlagen. Band 5: Institutionen*. Frankfurt/New York: Campus

Frey, Bruno S. & Benz, Matthias (2000). Welchen Preis hat die Liebe? Motivation und Moral sind nicht mit Geld zu bezahlen. *Evkomm 2*, 32–34

Giordano, Christian (1994). Der Ehrkomplex im Mittelmeerraum: sozialanthropologische Konstruktion oder Grundstruktur mediterraner Lebensformen? In: Vogt, L. & Zingerle, A. (Hrsg.), *Ehre. Archaische Momente in der Moderne* (S. 172–192). Frankfurt am Main: Suhrkamp

Goffman, Erving (1982) [1971]. *Das Individuum im öffentlichen Austausch. Mikrostudien zur öffentlichen Ordnung*. Frankfurt am Main: Suhrkamp

Hagestad, Gunhild O. (2009). Interdependent lives and relationships in changing times: a life course view of families and aging. In: Heinz, Walter R., Huinink, Johannes & Weymann, Ansgar (Hrsg.) (2009), *The Life Course Reader. Individuals and Societies across Time* (S. 397–421). Frankfurt am Main: Campus

Hahn, Alois (2010). *Soziologie der Emotionen. Working Papers 02*. Soziologisches Seminar Universität Luzern

Hahn, Alois (2011). Geheim. In: Tyrell, Hartmann, Rammstedt, Otthein & Meyer, Ingo (2011), *Georg Simmels große „Soziologie"* (S. 323–346). Bielefeld: transcript Verlag

Heintz, Bettina & Obrecht, Werner (1980). Die sanfte Gewalt der Familie. In: Hischier, Guido, Levy, René & Obrecht, Werner (Hrsg.), *Weltgesellschaft und Sozialstruktur. Festschrift zum 60. Geburtstag von Peter Heintz* (S. 447–472). Diessenhofen: Rüegger

Honneth; Axel & Rössler, Beate (2008). Einleitung: Von Person zu Person. Zur Moralität persönlicher Beziehungen. In: Honneth, Axel & Rössler, Beate (Hrsg.), *Von Person zu Person. Zur Moralität persönlicher Beziehungen* (S. 9–26). Frankfurt am Main: Suhrkamp

Hradil, Stefan (2003). Vom Leitbild zum „Leidbild". Singles, ihre veränderte Wahrnehmung und der „Wandel des Wertewandels". *Zeitschrift für Familienforschung 15, Heft 1*, 38–54

Huinink, Johannes (2011). Die „notwendige Vielfalt" der Familie in spätmodernen Gesellschaften. In: Hahn, Kornelia & Koppetsch, Cornelia (Hrsg.), *Soziologie des Privaten* (S. 19–33). Wiesbaden: Verlag für Sozialwissenschaften,

Jakoby, Nina (2008). *(Wahl-)Verwandtschaft – Zur Erklärung verwandtschaftlichen Handelns.* Wiesbaden: VS-Verlag

Kaufmann, Jean Claude (1997). Schmutzige Wäsche. In: Beck, Ulrich (Hrsg.), *Kinder der Freiheit* (S. 217–255). Frankfurt am Main: Suhrkamp

Kieserling, André (2011). Simmels Sozialformenlehre: Probleme eines Theorieprogramms. In: Tyrell, Hartmann, Rammstedt, Otthein & Meyer, Ingo (Hrsg.), *Georg Simmels große „Soziologie"* (S. 181–206). Bielefeld: transcript Verlag

Klapisch-Zuber, Christiane (1995). *Das Haus, der Name, der Brautschatz. Strategien und Rituale im gesellschaftlichen Leben der Renaissance.* Paris/New York: Campus

Kleingeld, Pauline & Anderson, Joel (2008). Die gerechtigkeitsorientierte Familie. Jenseits der Spannung zwischen Liebe und Gerechtigkeit. In: Honneth, Axel & Rössler, Beate (Hrsg.), *Von Person zu Person. Zur Moralität persönlicher Beziehungen* (S. 283–313). Frankfurt am Main: Suhrkamp

König, René (1974). *Die Familie der Gegenwart. Ein interkultureller Vergleich.* München: C.H. Beck

Koppetsch, Cornelia (2013). *Die Wiederkehr der Konformität. Streifzüge durch eine gefährdete Mitte.* Frankfurt am Main: Campus

Koppetsch, Cornelia & Burkart, Günther (1999). *Die Illusion der Emanzipation. Zur Wirksamkeit latenter Geschlechtsnormen im Milieuvergleich.* Konstanz: UVK Universitätsverlag

Lepenies, Wolf (1984). Vergangenheit und Zukunft der Wissenschaftsgeschichte – Das Werk Gaston Bachelards. In: Bachelard, Gaston, *Die Bildung des wissenschaftlichen Geistes* (S. 7–34). Frankfurt am Main: Suhrkamp

Lessenich, Stephan & Mau, Steffen (2005). Reziprozität und Wohlfahrtsstaat. In: Adloff, Frank & Mau, Steffen (Hrsg.), *Vom Geben und Nehmen. Zur Soziologie der Reziprozität* (S. 257–276). Frankfurt/New York: Campus

Lévi-Strauss, Claude (1978). *Strukturale Anthropologie I.* Frankfurt am Main: Suhrkamp

Lévi-Strauss, Claude (2008). Die Familie. In: Lévi-Strauss, Claude, *Der Blick aus der Ferne* (S. 73–104). Berlin: Suhrkamp

Lévi-Strauss, Claude (2012). *Anthropologie in der modernen Welt.* Berlin: Suhrkamp

Lewin, Kurt (1981). *Wissenschaftstheorie I.* Werkausgabe Band 1. Hrsg. Carl-Friedrich Graumann. Bern: Hans Huber/Stuttgart: Klett-Cotta

Lewin, Kurt (1982) [1951]. *Feldtheorie.* Werkausgabe Band 4. Hrsg. Carl-Friedrich Graumann. Bern: Huber und Stuttgart: Klett-Cotta

Luhmann, Niklas (1987). *Soziale Systeme. Grundriss einer allgemeinen Theorie.* Frankfurt am Main: Suhrkamp

Luhmann, Niklas (1988). *Liebe als Passion. Zur Codierung von Intimität.* Frankfurt am Main: Suhrkamp

Luhmann, Niklas (1989). *Gesellschaftsstruktur und Semantik. Studien zur Wissenssoziologie der modernen Gesellschaft, Band 3*. Frankfurt am Main: Suhrkamp

Luhmann, Niklas (1990). *Soziologische Aufklärung 5. Konstruktivistische Perspektiven*. Opladen: Westdeutscher Verlag

Luhmann, Niklas (1998). *Die Gesellschaft der Gesellschaft*. Zwei Bände. Frankfurt am Main: Suhrkamp

Luhmann, Niklas (2000). *Vertrauen. Ein Mechanismus der Reduktion sozialer Komplexität*. Lucius & Lucius Verlagsgesellschaft: Stuttgart

Luhmann, Niklas (2008). *Die Moral der Gesellschaft*. Frankfurt am Main: Suhrkamp

Luhmann, Niklas (2012). *Macht im System*. Berlin: Suhrkamp

Mauss, Marcel (1990) [1923/24]. *Die Gabe. Form und Funktion des Austauschs in archaischen Gesellschaften*. Frankfurt am Main: Suhrkamp

Mauss, Marcel (2010) [1904–1905]. Über den jahreszeitlichen Wandel der Eskimogesellschaften. Eine Studie zur sozialen Morphologie. In: Mauss, Marcel, *Soziologie und Anthropologie Band 1* (S. 181–278). Wiesbaden: Springer VS Verlag

Mauss, Marcel (2012). *Schriften zur Religionssoziologie*. Berlin: Suhrkamp

Merton, Robert K. & Barber, E. (1963). Sociological Ambivalence. In: Tiryakian, A. (Hrsg.), *Sociological Theory: Values and Sociocultural Change* (S. 91–120). New York: Free Press

Musil, Robert (1978). *Der Mann ohne Eigenschaften*. Reinbek bei Hamburg: Rowohlt

Ostner, Ilona (2004). Familiale Solidarität. In: Beckert, Jens, Eckert Julia, Kohli, Martin & Streeck, Wolfgang (Hrsg.), *Transnationale Solidarität: Chancen und Grenzen* (S. 78–95). Frankfurt/New York: Campus

Parsons, Talcott & Shils, Edward A. (1951). Values, Motives and Systems of Action. In: Parsons, Talcott & Shils, Edward A. (Hrsg.), *Toward a General Theory of Action* (S. 45–275). Cambridge Mass.: Harvard University Press

Perrig-Chiello, Pasqualina, Höpflinger, François & Suter, Christian (2008). *Generationen – Strukturen und Beziehungen. Generationenbericht Schweiz*. Zürich: Seismo Verlag

Pfaff-Czarnecka, Joanna (2012). *Zugehörigkeit in der mobilen Welt. Politiken der Verortung*. Göttingen: Wallstein Verlag

Pillemer, Karl & Müller-Johnson, K. (2007). Generationenambivalenzen. Ein neuer Zugang zur Erforschung familialer Generationenbeziehungen. In: Lettke, F. & Lange, A. (Hrsg.), *Generationen und Familien* (S. 130–161). Frankfurt am Main: Suhrkamp

Popitz, Heinrich (1992). *Phänomene der Macht*. Tübingen: J. C. B. Mohr (Paul Siebeck)

Rosenbaum, Heidi & Timm, Elisabeth (2008). *Private Netzwerke im Wohlfahrtsstaat. Familie, Verwandtschaft und soziale Sicherheit im Deutschland des 20. Jahrhunderts*. Konstanz: UVK Verlagsgesellschaft

Schier, Michaela & Jurczyk, Karin (2007). „Familie als Herstellungsleistung" in Zeiten der Entgrenzung. *Aus Politik und Zeitgeschichte 34*. Bonn: Bundeszentrale für Politische Bildung

Schulze, Alexander & Preisendörfer, Peter (2013). Bildungserfolg von Kindern in Abhängigkeit von der Stellung in der Geschwisterreihe. *Kölner Zeitschrift für Soziologie und Sozialpsychologie 65*, 339–358

Schweizer, Thomas (1996). *Muster sozialer Ordnung. Netzwerkanalyse als Fundament der Sozialethnologie*. Berlin: Dietrich Reimer Verlag

Simmel, Georg (1983) [1907]. Dankbarkeit. Ein soziologischer Versuch. In: Simmel, Georg, *Schriften zur Soziologie. Eine Auswahl*. Herausgegeben und eingeleitet von Heinz-Jürgen Dahme und Otthein Rammstedt (S. 210–220). Frankfurt am Main: Suhrkamp

Simmel, Georg (1983a) [1908]. Die quantitative Bestimmtheit der Gruppe. In: Simmel, Georg, *Schriften zur Soziologie. Eine Auswahl*. Herausgegeben und eingeleitet von Heinz-Jürgen Dahme und Otthein Rammstedt (S. 243–263). Frankfurt am Main: Suhrkamp,

Simmel, Georg (1992) [1908]. *Soziologie. Untersuchungen über die Formen der Vergesellschaftung*. Gesamtausgabe Band 11. Frankfurt am Main: Suhrkamp

Simmel, Georg (2008) [1895]. Zur Soziologie der Familie. In: Simmel, Georg, *Individualismus der modernen Zeit und andere soziologische Abhandlungen* (S. 119–132). Ausgewählt und mit einem Nachwort von Otthein Rammstedt. Frankfurt am Main: Suhrkamp

Smith, Adam (2010) [1790]. *Theorie der ethischen Gefühle*. Hamburg: Felix Meiner Verlag

Tyrell, Hartmann (1976). Probleme einer Theorie der gesellschaftlichen Ausdifferenzierung der privatisierten modernen Kernfamilie. *Zeitschrift für Soziologie 4*, 393–417

Tyrell, Hartmann (1978). Anfragen an die Theorie der gesellschaftlichen Differenzierung. *Zeitschrift für Soziologie 7*, 175–193

Tyrell, Hartmann (2006). Familienforschung – Familiensoziologie: Einleitende Bemerkungen. *Zeitschrift für Familienforschung 2*, 139–147

Tyrell, Hartmann (2008). *Soziale und gesellschaftliche Differenzierung. Aufsätze zur soziologischen Theorie*. Wiesbaden: Verlag für Sozialwissenschaften

Weber, Max (1988) [1921]. *Gesammelte Aufsätze zur Religionssoziologie III*. Tübingen: Mohr

Widmer, Eric D. & Lüscher Kurt (2011). Les relations intergénérationnelles au prisme de l'ambivalence et des configurations familiales. *Recherches familiales 8*, 49–60

Wilsons, Andrea E. & Shuey, Kim M. & Elder, Glen, H. (2003). Ambivalence in the Relationship of Adult Children to Aging Parents and In-Laws. *Journal of Marriage and Family 65*, 1055–1072

Woolf, Virginia (1991) [1927]. *Zum Leuchtturm*. Frankfurt am Main: S. Fischer

Zelizer, Viviana A. (1989). The social meaning of money: „special monies". *American Journal of Sociology 2*, 342–377.

Zelizer, Viviana A. (1992). Repenser le marché. La construction sociale du „marché aux enfants" aux Etats-Unis. *Actes de la recherche en sciences sociales 94*, 3–26

Teil II
Empirische Analyse

Anlage der Befragung und methodisches Vorgehen

4

Im Mittelpunkt der empirischen Analyse stehen zwei Konfigurationen belasteter Generationenbeziehungen:

- Erwerbslose Söhne und Töchter, die bei den Eltern leben und von diesen unterstützt werden
- Töchter und Söhne, die sich um einen alten, chronisch-kranken Elternteil kümmern

Die beiden Konfigurationen werden nicht nur unter der „Sie-Perspektive", sondern auch unter Einbezug der „Ich-" und „Wir-Perspektive" der beteiligten Akteure untersucht (Elias 1970). Mit einer Befragung wurde ermittelt, wie die betroffenen Eltern und Kinder die Situation erleben und wie sie damit umgehen. So konnten die Perspektiven von Akteuren, die im familialen Feld unterschiedliche Positionen einnehmen, einander gegenübergestellt und vergleichend analysiert werden. Und was in Untersuchungen oftmals als isolierte Entscheidung von Einzelnen erscheint, konnte als Resultat eines wechselseitigen Prozesses innerhalb von sozialen Relationen begriffen werden. Wobei sich diese Relationen nicht auf die persönlichen Beziehungen reduzieren lassen. Sie beinhalten die gesamte Struktur des Feldes, die den direkten Beziehungen ihr spezifisches Gepräge verleiht (vgl. auch Lévi-Strauss 1978, S. 330).

Um die Feinmechanik intergenerationeller Beziehungen erfassen zu können, haben wir uns für eine qualitative Untersuchungsanlage und eine leitfadengestützte Befragung entschieden. Bei der Konstellation „Erwerbslose Töchter und Söhne,

© Springer Fachmedien Wiesbaden 2015
D. Karrer, *Familie und belastete Generationenbeziehungen*,
DOI 10.1007/978-3-658-06878-3_4

die bei den Eltern leben" lag das auch deshalb nahe, weil es sich um ein Thema handelt, das erst wenig erforscht ist.

Gegenüber einer standardisierten Befragung hat eine offenere Befragungsmethode den Vorteil, dass der Untersuchungsgegenstand differenzierter und in seiner Prozesshaftigkeit erfasst werden kann. Soziale Beziehungen können in ihrer Ambivalenz analysiert werden (Lüscher 2000; Pillemer und Müller-Johnson 2007). Und es können Sachverhalte aufgedeckt werden, die zu Beginn der Forschung noch nicht bekannt waren. Der Nachteil liegt jedoch darin, dass nicht allzu viele Gespräche geführt werden können, weil die Auswertung sehr aufwändig ist.

Aus Gründen der Darstellung und der besseren Nachvollziehbarkeit werden die verschiedenen Untersuchungsschritte im Folgenden als voneinander unterschiedene Phasen beschrieben. Dem tatsächlichen Ablauf wird das nicht ganz gerecht, weil faktisch „in jeder einzelnen Operation der gesamte Zyklus präsent" ist (Bourdieu 1991, S. 65).

4.1 Auswahl der Befragten

Die Auswahlkriterien wurden wie folgt festgelegt: Gesucht wurden für jede Konfiguration zehn Eltern-Kind-Dyaden. Die Befragten sollten zur Hälfte dem männlichen und weiblichen Geschlecht angehören, im Raum Zürich wohnen und – wegen der Vergleichbarkeit mit der Studie in Burkina Faso – möglichst aus unteren (oder höchstens aus mittleren) Regionen des sozialen Raumes stammen. Während sonst keine Altersgrenzen definiert wurden, mussten die erwerbslosen Jungen mindestens 20 Jahre alt sein. Zudem sollten sie schweizerischer Herkunft oder zumindest in der Schweiz aufgewachsen sein, um den Einfluss unterschiedlicher Herkunftskulturen reduzieren zu können.

Da die potentiellen Interviewpartner/innen in der Regel nicht direkt kontaktiert werden konnten, wurden in einem ersten Schritt Mittelspersonen gesucht, die in ihrem beruflichen Alltag mit Menschen zu tun haben, die in den betreffenden familialen Generationenkonstellationen leben.

Es erklärten sich über dreißig Vermittler aus sozialen, pflegerischen, medizinischen und kirchlichen Organisationen bereit, uns bei der Suche nach Gesprächspartner/innen behilflich zu sein und mögliche Adressaten anzufragen, ob wir sie für ein Interview kontaktieren könnten. Als Argumentationshilfe wurde ihnen ein Informationsblatt zur Verfügung gestellt, auf dem die wichtigsten Angaben zur Untersuchung zusammengestellt waren.

Trotz dieser breit angelegten Suche war es nicht einfach, Gesprächspartner zu finden – noch schwieriger als erwartet. Folgende Gründe dürften dabei eine Rolle gespielt haben:

- Eine Dyadenbefragung ist generell schwierig zu realisieren, weil man das Einverständnis von zwei Personen benötigt.
- Die beiden Konfigurationen, die im Mittelpunkt der Untersuchung stehen, sind in der Schweiz nicht so verbreitet wie ursprünglich angenommen (Höpflinger 2011). Das gilt vor allem für die Konstellation „Erwerbslose Töchter und Söhne, die bei den Eltern leben und von ihnen unterstützt werden", was die Suche nach Studienteilnehmern in diesem Fall beträchtlich erschwert hat.
- Weil die Befragten so weit wie möglich aus unteren Regionen des sozialen Raumes stammen sollten, wurde der Kreis der Adressaten zusätzlich eingeschränkt. Zudem hat sich in verschiedenen Untersuchungen gezeigt, dass Menschen aus dem unteren Bereich des sozialen Raumes besonders schwer für ein Interview zu gewinnen sind (Karrer 2009).
- Manche Ältere haben ein Interview abgelehnt, weil sie keinen Fremden in ihren eigenen vier Wänden wollten[1] oder ein Gespräch aus gesundheitlichen Gründen als zu große Belastung empfanden.[2] Und auch die erwerbslosen Jungen waren nicht leicht für die Studie zu gewinnen, weil es vielen schwer fiel, über ihre Situation zu sprechen. So meinte eine Mutter über ihren Sohn, der sich nicht an der Studie beteiligen wollte. „Er will sich nicht mit der Situation konfrontieren. Das macht ihm wahrscheinlich Angst. So kann er es einfach verdrängen. Und wenn er über das reden muss, ist das präsenter." Ein junger Mann, dem es psychisch sichtbar schlecht ging, hat mich zwar zu einem Gespräch empfangen, sich zwei Stunden lang jedoch beharrlich geweigert, näher auf seine Situation einzugehen. Immer, wenn ich auf Umwegen versucht habe, eine diesbezügliche Frage zu stellen, hat er ziemlich barsch reagiert und einmal sogar gedroht, mich aus der Wohnung zu werfen. Die meisten erwerbslosen Jungen, die zu einem In-

---

[1] In einem Fall war vorgesehen, zuerst mit der Tochter und danach mit der Mutter zu sprechen. An ein Interview mit der 97-jährigen Mutter war jedoch nicht zu denken. Sie fragte dauernd: „Was will der fremde Mann hier. Ich kenne den nicht", beschimpfte mich während des Gesprächs mit der Tochter aus dem Nebenzimmer und wiederholte an ihre Tochter gerichtet immer wieder die Warnung: „Attenzione la stazione". Schließlich wollte sie mich rauswerfen und hätte dem vermutlich auch körperlich Nachdruck verschafft, wenn sie dazu in der Lage gewesen wäre.

[2] Auch im deutschen Teil der Untersuchung „Values of Children and Intergenerational Relations" waren deutlich weniger ältere Mütter als Töchter zu einem Interview bereit (Steinbach 2008, S. 118).

terview bereit waren, konnten über ihre Lage nur deshalb sprechen, weil sie sich mittlerweile tatsächlich oder zumindest vermeintlich verbessert hatte. Ganz im Sinne von Marx (1978), der angemerkt hat, dass man sich Probleme erst dann stellen kann, wenn die Mittel zu ihrer Lösung vorhanden sind. Das bestätigt auch eine Befragte, die kurz vor unserem Gespräch wieder einen Job gefunden hat. „Also ich muss sagen, wäre ich nicht da, wo ich jetzt stehe, hätte ich auch Mühe gehabt, ein Interview zu geben." Interviews verweigert haben aber nicht nur die Jungen, sondern manchmal auch die Eltern. Als ein bereits Befragter auf unsere Bitte hin seine Mutter gefragt hat, ob auch sie zu einem Interview bereit wäre, war ihre Reaktion: „Das geht niemanden etwas an". Und: „Es kommt mir niemand ins Haus".

Die Beispiele zeigen, dass mit einer Befragung gerade Personen in ganz schwierigen und sehr belasteten Situationen oftmals nur schwer zu erreichen sind. Im Fall des oben erwähnten jungen Mannes ließ sich das wettmachen, indem wir zusätzlich auch noch mit der Schwester gesprochen haben, die die Situation gut kannte, selbst aber weniger involviert war – und gerade deshalb freier darüber reden konnte.

Nachträglich gesehen hätten die betreffenden Personen vielleicht stärker als Informanten angesprochen werden müssen, um ihnen nicht das Gefühl zu geben, lediglich Untersuchungsobjekt zu sein (vgl. auch Bourdieu 2001, S. 196). Kaufmann (1997) hat vorgeschlagen, statt Befragungsteilnehmer „Mitarbeiter" zu suchen, die gegen ein kleines Entgelt einen Einblick in ihre Situation geben. Bei den abhängigen Jungen wäre das möglicherweise erfolgversprechend gewesen. Allerdings ist das immer auch eine Frage der finanziellen Mittel, die in einer Studie zur Verfügung stehen.

4.2 Soziale Zusammensetzung der Befragten

Befragt wurden insgesamt 43 Personen: 21 aus der Konstellation „Erwerbslose Töchter und Söhne, die bei den Eltern leben". Und 22 aus der Konstellation „Töchter und Söhne, die sich um einen alten, chronisch-kranken Elternteil kümmern" (Tab. 4.1).

Die Befragten besetzen nicht nur unterschiedliche Positionen im familialen Feld. Sie befinden sich auch in unterschiedlichen Lebensphasen. Und sie gehören drei verschiedenen Altersgruppen (Tab. 4.2) und Geburtskohorten an, denen verschiedene „generationale Lagerungen" (Mannheim 1964) entsprechen. Die Älteren, die vor dem Krieg geboren und unter Bedingungen ökonomischer Knappheit und sozialer Unsicherheit aufgewachsen sind. Die mittlere Altersgruppe, die in ihrer Kindheit und Jugend relativ gute wirtschaftliche Bedingungen vorgefunden

Tab. 4.1 Befragte Frauen und Männer in den zwei Konfigurationen

	Konfiguration „Alte kranke Eltern"	Konfiguration „Erwerbslose Kinder"
Töchter	10	4
Söhne	2	6
Mütter	8	8
Väter	2	3
Total	22	21

hat. Und die Jüngeren, die auf der Grundlage eines relativ hohen gesellschaftlichen Wohlstandsniveaus wieder vermehrt mit einem riskant gewordenen Lebenslaufregime und einem Klima der Verunsicherung konfrontiert sind.

Der mittlere Altersabstand zwischen Eltern und Kindern unterscheidet sich in den beiden Konfigurationen nicht wesentlich. Seine Bedeutung ist jedoch je nach Konstellation eine andere: Die Altersdifferenz zwischen den betagten Eltern und ihren Kindern wird verstärkt durch Vorkriegs- und Nachkriegsprägungen. Zu vermuten ist, dass die Unterschiede des Habitus hier um einiges größer sind als in der Konstellation, wo sowohl Eltern wie Kinder in der zweiten Hälfte des 20. Jahrhunderts aufgewachsen und beide auf die eine oder andere Art durch den Individualisierungsprozess der letzten Jahrzehnte geprägt worden sind.

Die Verteilung der Befragten ist durch verschiedene Ungleichgewichte gekennzeichnet:

• Vor allem in der Konfiguration „Töchter und Söhne, die sich um einen alten und kranken Elternteil kümmern" besteht ein zahlenmäßiges Übergewicht der Frauen (vgl. Tab. 4.1). Darin spiegelt sich zum einen der Umstand, dass die Betreuung eines kranken Elternteils immer noch primär Aufgabe der Töchter ist. Und sind keine Töchter vorhanden, kümmern sich in erster Linie die Frauen

Tab. 4.2 Durchschnittsalter und mittlere Altersabstände zwischen den befragten Eltern und Kindern

	Eltern	Kinder	Altersabstand
Konfiguration „Alte kranke Eltern"	82.2 Jahre	53.2 Jahre	29.0 Jahre
Konfiguration „Erwerbslose Kinder"	55.1 Jahre	28.8 Jahre	26.3 Jahre

der Söhne um die (Schwieger-)Eltern. Auch bei den kranken Eltern, die allein leben, handelt es sich vor allem um Frauen, weil diese in der Regel länger leben und im Vergleich zu ihren Männern jünger sind (Sozialbericht 2012, S. 136). Sind Männer pflegebedürftig, werden sie überwiegend von ihrer Partnerin betreut (Perrig-Chiello et al. 2012), weshalb die Inanspruchnahme und die Belastungen der Kinder gewöhnlich geringer sind. Auch bei den alten Männern, die wir befragt haben, war die Partnerin noch am Leben. In einem Fall war die Frau jedoch ebenfalls krank und wurde mit ihrem Mann befragt. Und auch im andern Fall waren die Kinder so stark in die Betreuung involviert, dass es Sinn machte, auch diese Familie in die Untersuchung einzubeziehen.

- Ein Teil der Dyaden ist unvollständig geblieben, weil entweder der Elternteil oder der Sohn bzw. die Tochter ein Interview verweigert haben oder ein Gespräch aus anderen Gründen nicht möglich war. Dass wir sie trotzdem in die Untersuchung einbezogen haben, erwies sich allerdings nicht nur als Nachteil. Weil man bei einer Dyadenbefragung gewissermaßen eine doppelte Hürde überwinden muss, verringert sich die Wahrscheinlichkeit, dass man auch schwierige und konfliktive Beziehungen erfassen kann (vgl. auch Kopp und Steinbach 2009). Deshalb wurde in einzelnen Fällen gezielt auch da ein Interview gemacht, wo nur der eine Teil der Dyade zu einem Gespräch bereit war. In solchen Fällen wurde versucht, die Perspektive der verweigernden Person indirekt über die Befragten zu erfassen.[3]
- Sind die einen Dyaden unvollständig, war es andererseits manchmal notwendig, mehr als zwei Familienmitglieder zu befragen, um die intergenerationellen Beziehungen angemessen beschreiben und verstehen zu können.

Dass die Befragten aus dem unteren Bereich des sozialen Raumes stammen sollten, ließ sich nur teilweise umsetzen. Vor den Interviews war häufig nur die Position des Erstbefragten bekannt. Und anders als in Burkina Faso sind die familialen Konstellationen in der Schweiz heterogener, was die Position im sozialen Raum betrifft, weil die berufliche Mobilität zwischen den Generationen ausgeprägter ist.

Während die alten Eltern mehrheitlich im unteren Bereich des sozialen Raumes positioniert sind (Diagramm 3)[4], befinden sich ihre Töchter und Söhne häufiger in mittleren Positionen, allerdings eher im unteren als im oberen Teil der Mitte (Diagramm 4). Und die Eltern der jungen Erwerbslosen stammen nicht ausschließlich

---

[3] Kopp und Steinbach (2009) kommen aufgrund ihrer empirischen Analyse zum Schluss, dass die Verzerrungen relativ gering sind, wenn nur der eine Teil einer Dyade befragt wird.

[4] Die Diagramme 1–4 befinden sich im Anhang.

aus unteren, sondern zum Teil auch aus mittleren Regionen des sozialen Raumes (Diagramm 2).

4.3 Durchführung der Befragung

Für die beiden Dyaden wurden vier Leitfäden erstellt, die auf die spezifische Situation der Schweiz zugeschnitten *und* in den zentralen Themen auf die Vergleichsstudie abgestimmt sein mussten (siehe Einleitung).

Um eine gegenseitige Beeinflussung der Aussagen in der Interviewsituation auszuschließen und ein (möglichst) freies Sprechen zu ermöglichen, wurden Eltern und Kinder getrennt befragt, wobei ihnen Anonymität zugesichert wurde. Im vorliegenden Fall bedeutete das vor allem, dass man sich gegenüber dem andern Teil der Dyade zu vollständigem Stillschweigen verpflichtete. Es gab Befragte, die Angst hatten, dass der andere Familienangehörige erfahren könnte, was man über ihn gesagt hat und die Beziehung sich dadurch verschlechtern würde. „Sie fragen mich sehr persönliche Sachen", meint eine Tochter. „Das würde unser Verhältnis erschweren, wenn meine Mutter das erfahren würde. Denn das Verhältnis zwischen mir und meiner Mutter ist nicht immer gut gewesen. Und ich möchte das nicht noch mehr belasten. F: Ich erzähle den Müttern generell nicht, was die Töchter gesagt haben und umgekehrt. A: Ja, das ist mir ein Anliegen. Gut."

Die meisten Interviews wurden bei den Befragten zu Hause durchgeführt, was eine weitere, wichtige Informationsquelle zum sozialen Milieu darstellte. Nicht alle waren jedoch bereit, das Interview in den eigenen vier Wänden zu machen, worauf wir an einen neutraleren Ort ausgewichen sind.

Der größte Teil der Gespräche wurde vom Autor selbst realisiert. Weil es bei Leitfadeninterviews heikel sein kann, externe Interviewer einzusetzen, die mit dem Thema nur wenig vertraut sind. Und weil die direkte Begegnung mit den Befragten für die Auswertung und die Analyse der Gespräche von unschätzbarem Wert ist. Fünf Gespräche wurden von Sylvie Johner-Kobi geführt, die auch an der Suche nach Studienteilnehmern beteiligt war. Und für zwei Interviews mit Eltern, die aus Italien zugewandert sind, wurde eine italienischsprechende Frau hinzugezogen. Diese Eltern aus dem unteren Bereich des sozialen Raumes bestanden darauf, gemeinsam befragt zu werden. Vermutlich auch deshalb, weil sie sich nur so zugetraut haben, diese ungewohnte Situation, die häufig als eine Art Prüfung empfunden wird, meistern zu können. „Meine Mutter war völlig im Stress, weil Sie kommen und so", meinte ein Sohn nach dem Interview.

Die Gespräche waren unterschiedlich lang. Bei den „Älteren" waren sie kürzer als bei den „Jüngeren", wo ein Gespräch etwa zwei Stunden dauerte. Bei zwei

Interviews war eine zusätzliche Sitzung notwendig, um alle Themen ansprechen zu können. Als Zeichen der Wertschätzung wurde den Befragten nach dem Gespräch ein kleines Geschenk überreicht.

In soziologischen Interviews werden oftmals Themen angesprochen, die für die Befragten normativ belastet sind, womit die Gefahr verbunden ist, dass man eher sagt, was der Norm entspricht als was tatsächlich der Fall ist. Diese Gefahr besteht zum Beispiel bereits da, wo danach gefragt wird, was man alles für den kranken Elternteil macht. Dem haben wir entgegenzuwirken versucht, indem wir explizit gemacht haben, dass man die Frage nicht normativ missverstehen soll. Worauf eine Befragte – nicht ganz unberechtigt – bemerkte: „Aber es hat immer noch diesen Hauch." Für die Eltern gehörte zu dieser Art von Fragen, welches Verhältnis sie zu ihren Kindern haben. Vor allem die *älteren* Mütter und Väter haben diese Frage teilweise als etwas indiskret empfunden. Allein die Frage schien für sie ihre Frag-würdigkeit als Eltern zu implizieren. Was sie manchmal mit der kurzen Bemer-kung aus der Welt zu schaffen suchten, dass das Verhältnis selbstverständlich gut sei. Auch Fragen nach den Gründen eines Verhaltens können normativ verstanden werden (vgl. Karrer 1998). Wo nach Gründen gefragt wird, wird etwas fragwürdig, was als Zeichen der Missbilligung interpretiert werden kann. Deshalb haben wir bei solchen Fragen immer erwähnt, dass wir lediglich verstehen möchten, warum man etwas tut.

Ein Interview ist eine außeralltägliche, quasi offizielle Situation, in der man ge-wöhnlich versucht, dem fremden Fragesteller gegenüber eine möglichst gute Figur abzugeben (Bourdieu 2010, S. 339 ff.). Was dazu führen kann, dass man Dinge verschweigt, die einen in ein schiefes Licht rücken könnten. Das ist insbesondere bei Fragen zur Familie der Fall. „Die Familie" als normative und performative Kategorie (Bourdieu 1998, S. 126 ff.) beeinflusst auch die Darstellung der Familie nach außen: was man wie preisgibt und was man lieber für sich behält. „Die Rollen der Eltern", schreibt Peter Heintz (1968, S. 217), „nehmen oft eine Art Doppelge-sicht an – ein Gesicht, das für den äußeren, und ein anderes, das für den inneren Gebrauch bestimmt ist."

Solche Barrieren können am ehesten mit einer relativ offenen Befragung auf-gebrochen werden, sofern es gelingt, sein Gegenüber so zum Reden zu bringen, dass die Interviewsituation vorübergehend in Vergessenheit gerät. So meinte eine befragte Mutter nach dem Gespräch: „Ich habe Ihnen viel mehr gesagt, als ich Ihnen sagen wollte." Weil ihr das spürbar unangenehm war, versuchte sie einige Dinge, über die sie spontan gesprochen hatte, nach dem Interview wieder etwas zurechtzurücken und in ein „positiveres" Licht zu stellen.

Dass wir mit unserer Befragung ein Stück weit in die Privatsphäre der Familie eingedrungen sind, war auch für andere Befragte nicht immer ganz einfach. „Ich muss sagen, für mich ist es viel persönlicher gewesen als ich erwartet habe", resümiert eine Tochter das Gespräch. „Und manchmal habe ich gefunden: ja, will ich Ihnen das sagen oder nicht. Weil ich kenne Sie ja nicht. Wenn Sie aber sagen, es ist absolut anonymisiert. Und es ist für eine Studie. Dann kann ich das akzeptieren. Aber es ist für mich also sehr persönlich und manchmal auch grenzwertig gewesen. Weil das sind so Sachen, die ich grundsätzlich nicht gern nach außen trage. Weil ich finde, das ist meines. F: Ja. Es ist zum Teil schwierig, Leute für Interviews zu finden. A: Ja, das glaube ich. Jetzt im Nachhinein noch mehr als vorher. Also nicht dass ich es nicht... Ich würde es wieder machen, das ist okay."

4.4 Auswertung

Die Gespräche wurden auf Tonband aufgenommen und möglichst wortgetreu transkribiert. Weil es sich bei der Transkription bereits um einen grundlegenden Schritt im Auswertungsprozess handelt (vgl. auch Hildenbrand 1999), habe ich den größten Teil der Interviews selbst in eine WORD-Datei übertragen

Die Umwandlung der mündlichen Rede in einen schriftlichen Text erfordert sowohl eine Übersetzungs- wie auch eine Interpretationsleistung (Bourdieu 1997, S. 797 ff.). Das ist in besonderem Maße der Fall, wenn das Schweizerdeutsche ins Hochdeutsche übertragen werden muss. Bei besonders charakteristischen Ausdrücken ist das manchmal nicht möglich, ohne ihnen ihre Kraft (und ihren Saft) zu nehmen, weil es sich beim Hochdeutschen um eine geglättete und domestizierte Sprache handelt. Deshalb wurden solche Ausdrücke im Schweizerdeutschen belassen und in Klammern erläutert.

Die Auswertung erfolgte mittels einer qualitativen Inhaltsanalyse und umfasste drei Schritte:

1. Die Interviews wurden aufgrund eines theoriegeleiteten, am Material entwickelten Kategoriensystems mit dem Computerprogramm ‚MAXQDA' codiert.
2. Anschließend wurde für jede Dyade eine Fallanalyse erstellt und die Aussagen der Befragten zu den verschiedenen Themen beschrieben und vergleichend analysiert.
3. Auf der Grundlage dieser Fallanalysen wurde dann nach charakteristischen Gemeinsamkeiten und Unterschieden gefragt. Einerseits ging es darum, typische Muster herauszuschälen. Und andererseits musste dem Umstand Rechnung getragen werden, dass es zwischen den Befragten soziologisch bedeutsame Unterschiede gibt: Unterschiede der Position im sozialen Raum und des Geschlechts sowie Unterschiede der Beziehungskonstellationen, in denen sie sich bewegen.

4.4.1 Zentrale Punkte des Analysekonzepts

Wenn wir gleich versuchen werden, ein paar allgemeine Maximen zu skizzieren, die der Analyse zugrunde liegen, gilt es zu bedenken, dass auch eine wissenschaftliche Untersuchung das Produkt eines Habitus ist, eines praktischen Sinns, „qui s'acquiert par l'expérience prolongée du jeu scientifique avec ses *régularités* autant que ses règles" (Bourdieu 2001, S. 83). Die wissenschaftliche Praxis beruht nur zum Teil auf einer bewussten Umsetzung von expliziten Regeln. Sie enthält immer auch „intuitive" und „schöpferische" Momente, die nur schwer in allgemeinen Rezepten auszudrücken sind. „Cette maîtrise pratique est une sorte de '*connaisseurship*' (un art de connaisseur), qui peut être communiqué par l'exemple, et non par des préceptes" (Bourdieu 2001, S. 79). [5]

Die allgemeinen „Prinzipien", die im Folgenden aufgeführt sind, haben wir nachträglich rekonstruiert. Sie waren für uns zwar handlungsleitend, aber nicht in dem Sinne, dass wir in jeder Phase der Analyse in voller Bewusstheit danach gehandelt haben.

Merkmale des „Analysekonzepts"

- Bei der Analyse des empirischen Materials geht es nicht nur darum, festzustellen, was der Fall ist, sondern was es „im Zusammenhang der Erkenntnis bedeutet" (Cassirer 1990, S. 32). Beides springt nicht ins Auge, sondern muss mit Hilfe theoretischer Bezüge sichtbar gemacht werden.
- Die empirische Realität bildet ein „Ordnungsgefüge", in dem es „nichts Einzelnes, Losgelöstes, an sich Seiendes gibt" (Cassirer 1993, S. 205). Jedes Element ist in einen Verflechtungszusammenhang sozialer Beziehungen eingebettet, der ihre Eigenschaften hervorbringt. „Qualität gewinnen Elemente nur dadurch, dass sie relational in Anspruch genommen, also aufeinander bezogen werden" (Luhmann 1987, S. 42; vgl. auch Bachelard 1988, S. 160).
- „Das Reale ist relational" (Bourdieu 1998, S. 15), weshalb es relational gedacht und analysiert werden muss. Die Sicht- und Verhaltensweisen von Akteuren können zum Beispiel nicht allein aus ihren sozialen Eigenschaften erklärt werden. Von Bedeutung ist die Gesamtkonfiguration sozialer Beziehungen, also das gesamte Kräftefeld, das auf sie einwirkt. Der Begriff des sozialen Feldes beinhaltet diese spezifische „Art des Begreifens" (Blumer 2013, S. 45), die ein Denken in Substanzen durch ein Denken in Relationen ersetzt.

---

[5] In Publikationen wird das gewöhnlich nicht erwähnt. Aufgrund einer Art „doppelten Bewusstseins" weiß man es zwar, will es aber nicht wissen (Bourdieu 2001). Stattdessen stellt man das Vorgehen so dar, als ob man jederzeit in bewusster Übereinstimmung mit methodischen Regeln gehandelt hätte.

- Statt von situativen und relationalen Gegebenheiten zu abstrahieren und nach dem gemeinsamen Durchschnitt möglichst vieler Fälle zu fragen, geht es in der vorliegenden Untersuchung um die Rekonstruktion des Verhaltens von vergleichsweise wenigen Akteuren in konkreten sozialen Konstellationen.
- Dabei ist nicht allein von Interesse, was häufiger vorkommt, sondern auch was vergleichsweise selten ist und von einer (statistischen) „Regel" abweicht. Das „Allgemeine" wird weniger als etwas Quantitatives gesehen, was zum „Besonderen" aufgrund der Bildung eines Durchschnitts hinzukommt, sondern als ein *konstitutives* Moment von allem, „was der Fall ist". Beim „Besonderen" und „Allgemeinen" handelt sich also nicht um zwei verschiedene Elemente, sondern um zwei Gesichtspunkte, die zusammengehören und erst durch den jeweils andern ihren Sinn erhalten (vgl. Cassirer 1990, S. 18 ff.).
- Anstelle der Frage, wie häufig etwas auftritt, geht es eher darum, was innerhalb eines Raumes des Möglichen auftreten *kann* (Vgl. Hirschman 1997, S. 67 f.) und welche Bedeutung es durch diesen Bezug erhält.
- Statt die Mannigfaltigkeit des konkreten Materials durch Abstraktion auszudünnen und nach Maßgabe der Ähnlichkeit auf allgemeine Kategorien zusammenzuziehen (Lewin 1981, S. 236 ff.; Cassirer 1990, S. 15), wird stärker versucht, das Vielfältige zu verknüpfen, zueinander in Beziehung zu setzen und in seinem „Relationszusammenhang" verstehbar zu machen. Während in der ersten Variante zusammengehört, was gleiche Eigenschaften hat, gehört in der zweiten zusammen, was Resultat des gleichen Mechanismus ist. Das, was auf den ersten Blick verschieden scheint, kann Ausdruck ein und desselben Relationszusammenhanges sein. Und das vermeintlich Gleiche kann je nach Relationszusammenhang etwas völlig Unterschiedliches bedeuten.
- Aus dieser Sicht trifft es nicht zu, dass ein komplexer Gegenstand eine Fülle von Begriffen erfordert, wie Anselm Strauss (1991, S. 31) meint. Die Vielfalt der Erscheinungen kann mit relativ wenigen Grundbegriffen analysiert werden, sofern sie sich als „Konstruktionselemente" eignen (Lewin 1982, S. 76; Heintz 1982, S. 7 ff.).
- Die theoretische Rekonstruktion des Konkreten – als „Totalität von vielen Bestimmungen und Beziehungen" (Marx 1974, S. 21) – kann auch Einsichten in lebensweltliche Zusammenhänge vermitteln, die in soziologischen Untersuchungen allzu oft verloren gehen. Weshalb wir heute vor der paradoxen Situation stehen, dass wir zwar über immer mehr empirische Untersuchungen verfügen, aber immer weniger über Lebenswelten Bescheid wissen (Bourgois 2010).
- Aufgrund von statistischen Untersuchungen, *die für die Beantwortung vieler Fragen unerlässlich sind*, lässt sich zu einzelnen Fällen lediglich sagen, ob sie

der Regel entsprechen oder aber zu den Ausnahmen gehören, die die Regel bestätigen. „Das Geschehen des einzelnen Falles" in einer bestimmten Situation erklären kann man nicht (Lewin 1981, S. 267). Demgegenüber erlaubt eine Untersuchung wie die folgende zwar nicht, Ergebnisse auf statistischer Basis zu verallgemeinern. Die exemplarische Analyse konkreter Fälle innerhalb spezifischer Konfigurationen kann einem jedoch die Mittel an die Hand geben, andere Varianten des Möglichen vergleichend zu analysieren und aus dem Unterschied zu verstehen (vgl. Bourdieu 1974, S. 31; Bourdieu und Wacquant 1996, S. 106). Das kann insbesondere für jene Leserinnen und Leser von Nutzen sein, die Menschen und ihr Verhalten aus sozialen Zusammenhängen verstehen möchten und weniger an der Frage interessiert sind, ob dieses oder jenes Verhalten einem statistischen Durchschnitt entspricht oder nicht (vgl. auch Lewin 1982, S. 157).

• Ob eine relationale Analyse richtig ist oder nicht, dafür lassen sich von den Interviewprotokollen keine *direkten* Belege erwarten (Bourdieu 1974, S. 133), etwa in der Art, dass sie von den Befragten selbst explizit bestätigt würden. Die Belege, die sich finden lassen, sind lediglich indirekter Art. Eine „einzelne Beobachtung", schreibt Panofsky (1978, S. 63 f.) kann dann als „Tatsache" gelten, „wenn sie sich auf andere, analoge Beobachtungen dergestalt beziehen lässt, dass die ganze Reihe einen Sinn ergibt. Dieser Sinn ist daher vollständig als Kontrolle auf die Interpretation einer neuen Einzelbeobachtung innerhalb desselben Phänomenbereichs anwendbar. Weigert sich jedoch diese neue Einzelbeobachtung eindeutig, sich entsprechend dem ‚Sinn' der Reihe interpretieren zu lassen und erweist sich ein Irrtum als unmöglich, ist der ‚Sinn' der Reihe so umzuformulieren, dass er die neue Einzelbeobachtung mit umschließt." Aufgrund einer „alten, einsichtigen Regel", dass Wahrheiten in Zusammenhängen auftreten, Irrtümer hingegen isoliert, sieht auch Luhmann (1987, S. 90 f.) einen Indikator für die Wahrheit einer Analyse darin, wenn es ihr gelingt, (plausible) Zusammenhänge in ganz heterogenen und verschiedenartigen Erscheinungen aufzuzeigen. Nicht in dem Sinne, dass sie „der Realität ‚entspricht', wohl aber, dass sie Realität greift."

• Wofür allgemeine Bedeutung beansprucht werden kann, ist nicht dieses oder jenes Beispiel, dieses oder jenes Phänomen, sondern die Zusammenhänge und Mechanismen, die ihnen zugrunde liegen und deren Realisierung sie darstellen. „Das Reale ist (…) nur eine Realisierung", wie Bachelard (1980, S. 74) schreibt (vgl. auch Luhmann 1987, S. 33).

Bei den aufgeführten Punkten handelt es sich lediglich um einige allgemeine Hinweise und mehr um einen Versuch als um ein fertiges Konzept. Trotzdem liegt ihnen die Überzeugung zugrunde, dass es möglich ist, „eine Soziologie der (soziologisch konstruierten) Individuen [zu] entwickeln – und dessen, was sie in ganz besonderen Situationen tun" (Bourdieu 2014, S. 49).

4.5 Darstellung der Ergebnisse

Bei der Darstellung der Ergebnisse war insbesondere darauf zu achten, dass keine Rückschlüsse auf die Befragten möglich sind. Ein Risiko, das bei qualitativen Untersuchungen besonders groß ist, weil die Analyse relativ nahe an den Personen bleibt. Deshalb haben wir nicht nur die Namen der Befragten geändert,[6] sondern zum Teil auch andere Angaben anonymisiert, indem wir sie soziologisch möglichst bedeutungsgleich ersetzt haben.

Die Verwendung von „Eigennamen" sollte nicht darüber hinwegtäuschen, dass es sich nicht um Individuen im alltäglichen Sinne, sondern um soziologisch konstruierte Akteure handelt. Die Pseudonyme fungieren lediglich als Markierungs- und Orientierungszeichen innerhalb eines Raumes von Unterschieden (vgl. Bourdieu 1988, S. 59 ff.). Es handelt sich also nicht nur um andere Namen, sie bezeichnen auch etwas anderes als die herkömmlichen Geburtsnamen. Ist man sich dieser Differenz nicht bewusst, kann das eine Lesart des Textes befördern, die jede Beschreibung eines gesellschaftlich bewerteten Sachverhalts als bewertende Äußerung des Soziologen missversteht und eine Feststellung über einen Akteur als Aussage „ad personam" liest oder gar als persönliche Denunziation auffasst.

Die Darstellung der empirischen Befunde gestaltet sich wie folgt: Zuerst werden die Ergebnisse der Befragung der erwerbslosen Jungen und ihrer Eltern beschrieben und die Prozesse innerhalb dieser Konfiguration analysiert. Daran anschließend werden die Resultate der Analyse der zweiten Konfiguration präsentiert: Wie nehmen alte, chronisch-kranke Eltern und ihre Kinder, die sich um sie kümmern, die Situation wahr, wie gehen sie damit um und welche sozialen Mechanismen sind in der Beziehung wirksam.

Am Schluss werden dann in vergleichender Perspektive Unterschiede und Gemeinsamkeiten der beiden Konfigurationen herausgearbeitet und zentrale Ergebnisse der Untersuchung zusammengefasst.

---

[6] Der Einfachheit halber haben wir den Eltern und ihren Kindern die gleichen fingierten Namen gegeben.

Literatur

Bachelard, Gaston (1980) [1940]. *Die Philosophie des Nein. Versuch einer Philosophie des neuen wissenschaftlichen Geistes.* Frankfurt am Main: Suhrkamp
Bachelard, Gaston (1988) [1934]. *Der neue wissenschaftliche Geist.* Frankfurt am Main: Suhrkamp
Blumer, Herbert (2013). *Symbolischer Interaktionismus. Aufsätze zu einer Wissenschaft der Interpretation.* Berlin: Suhrkamp
Bourdieu, Pierre (1974). *Zur Soziologie der symbolischen Formen.* Frankfurt am Main: Suhrkamp
Bourdieu, Pierre (1988). *Homo Academicus.* Frankfurt am Main: Suhrkamp
Bourdieu, Pierre (1991) [1968]. *Soziologie als Beruf. Wissenschaftstheoretische Voraussetzungen soziologischer Erkenntnis.* Berlin/New York: de Gruyter
Bourdieu, Pierre & Loïc Wacquant (1996). *Reflexive Anthropologie.* Frankfurt am Main: Suhrkamp
Bourdieu, Pierre et al. (1997). *Das Elend der Welt. Zeugnisse und Diagnosen des alltäglichen Leidens an der Gesellschaft.* Konstanz: UVK Universitätsverlag
Bourdieu, Pierre (1998). *Praktische Vernunft. Zur Theorie des Handelns.* Frankfurt am Main: Suhrkamp
Bourdieu, Pierre (2001). *Science de la science et réflexivité.* Paris: Editions raisons d'agir
Bourdieu, Pierre (2010). *Algerische Skizzen.* Berlin: Suhrkamp
Bourdieu, Pierre (2014). *Über den Staat. Vorlesungen am Collège de France 1989–1992.* Berlin: Suhrkamp
Bourgois, Philippe (2010). *In search of respect. Selling crack in El Barrio.* New York: Cambridge University Press
Cassirer, Ernst (1990) [1910]. *Substanzbegriff und Funktionsbegriff. Untersuchungen über die Grundfragen der Erkenntniskritik.* Darmstadt: Wissenschaftliche Buchgesellschaft
Cassirer, Ernst (1993) [1939]. Was ist „Subjektivismus"? In: Cassirer, Ernst, *Erkenntnis, Begriff, Kultur* (S. 199–229). Felix Meiner Verlag: Hamburg
Elias, Norbert (1970). *Was ist Soziologie?* München: Juventa Verlag
Heintz, Peter (1968). *Einführung in die soziologische Theorie.* Stuttgart: Enke
Heintz, Peter (1982). *Ungleiche Verteilung, Macht und Legitimität. Möglichkeiten und Grenzen der strukturtheoretischen Analyse.* Diessenhofen: Rüegger
Hildenbrand, Bruno (1999). *Fallrekonstruktive Familienforschung.* Opladen: Leske und Budrich
Hirschman, Albert O. (1997). *Tischgemeinschaft. Zwischen öffentlicher und privater Sphäre.* Wien: Passagen-Verlag
Höpflinger, François (2011). Kontextfaktoren in der Schweiz. In: Roth, Claudia et al., *Belastete Generationenbeziehungen im interkulturellen Vergleich (Europa-Afrika)* (Kapitel 2). Forschungsbericht Universität Luzern
Karrer, Dieter (1998). *Die Last des Unterschieds. Biographie, Lebensführung und Habitus von Arbeitern und Angestellten im Vergleich* (2. Aufl. 2000). Wiesbaden: Westdeutscher Verlag
Karrer, Dieter (2009). *Der Umgang mit dementen Angehörigen. Über den Einfluss sozialer Unterschiede.* Wiesbaden: Verlag für Sozialwissenschaften

Kaufmann, Jean Claude (1997). Schmutzige Wäsche. In: Beck, Ulrich (Hrsg.), *Kinder der Freiheit* (S. 217–255). Frankfurt am Main: Suhrkamp

Kopp, Johannes, & Steinbach, Anja (2009). Generationenbeziehungen. Ein Test der intergenerational-stake-Hypothese. *Kölner Zeitschrift für Soziologie und Sozialpsychologie 2,* 283–294

Lévi-Strauss, Claude (1978). *Strukturale Anthropologie I*. Frankfurt am Main: Suhrkamp

Lewin, Kurt (1981). *Wissenschaftstheorie I*. Werkausgabe Band 1. Hrsg. Carl-Friedrich Graumann. Bern: Huber und Stuttgart: Klett-Cotta

Lewin, Kurt (1982) [1951]. *Feldtheorie*. Werkausgabe Band 4. Hrsg. Carl-Friedrich Graumann. Bern: Huber und Stuttgart: Klett-Cotta

Luhmann, Niklas (1987). *Soziale Systeme. Grundriss einer allgemeinen Theorie*. Frankfurt am Main: Suhrkamp

Lüscher, Kurt (2000). Die Ambivalenz von Generationenbeziehungen – eine allgemeine heuristische Hypothese. In: Kohli, Martin, & Szydlik, Marc (Hrsg.), *Generationen in Familie und Gesellschaft* (S. 138–161). Opladen: Leske und Budrich

Mannheim, Karl (1964) [1928]. Das Problem der Generationen. In: Mannheim, Karl, *Wissenssoziologie. Auswahl aus dem Werk* (S. 509–565). Hrsg. Kurt H. Wolf, Neuwied/Berlin: Luchterhand

Marx, Karl (1974) [1857–1858]. *Grundrisse der Kritik der politischen Ökonomie*. Berlin: Dietz Verlag

Marx, Karl (1978) [1859]. Vorwort zur Kritik der Politischen Ökonomie. In: *Marx Engels Werke Band 13* (S. 7–11). Berlin: Dietz Verlag,

Panofsky, Erwin (1978). *Sinn und Deutung in der bildenden Kunst*. Köln: Dumont

Perrig-Chiello, Pasqualina, Höpflinger, François, & Schnegg, Brigitte (2010). *Pflegende Angehörige von älteren Menschen in der Schweiz*. SwissAgeCare-2010. Schlussbericht

Pillemer, Karl, & Müller-Johnson, Katrin (2007). Generationenambivalenzen. Ein neuer Zugang zur Erforschung familialer Generationenbeziehungen. In: Lettke, F. & Lange, A. (Hrsg.), *Generationen und Familien* (S. 130–161). Frankfurt am Main: Suhrkamp

Sozialbericht 2012. *Fokus Generationen*. Hrsg. Bühlmann, Felix & Schmid Botkine, Céline. Zürich: Seismo

Steinbach, Anja (2008). Intergenerational solidarity and ambivalence: types of relationships in German families. *Journal of Comparative Family Studies 39*, 115–127

Strauss, Anselm (1991). *Grundlagen qualitativer Sozialforschung*. München: Wilhelm Fink Verlag

Konfiguration „Erwerbslose Kinder, die bei den Eltern leben" 5

5.1 Einleitung

Der Übergang von der Jugend in die Erwachsenenphase ist in modernen Gesellschaften gekennzeichnet durch eine Konzentration verschiedener Statusübergänge (Konietzka 2010): dem Übergang vom schulischen zum ökonomischen Feld, vom Elternhaus in eine eigene Wohnung und in eine Partnerschaft oder Ehe.

Es handelt sich um eine *kritische* Phase auch deshalb, weil sich in diesem Zeitraum sehr stark entscheidet, welchen Verlauf das weitere Leben nimmt. Wobei der Passage vom schulischen ins ökonomische Feld eine grundlegende Bedeutung zukommt, weil der Eintritt in ein Normalarbeitsverhältnis eine wichtige Quelle der sozialen Absicherung, der sozialen Teilhabe und der sozialen Anerkennung bildet (Buchholz und Blossfeld 2009, S. 125).

War der Übergang in den sechziger und siebziger Jahren aufgrund der guten ökonomischen Bedingungen relativ problemlos möglich, ist er in den vergangenen Jahrzehnten zunehmend problematisch und unsicherer geworden (Buchholz und Blossfeld 2009, S. 132). Was die soziale Orientierung an der Gegenwart „akzentuiert hat" (Luhmann 1989, S. 234).

Der Übergang ins Erwachsenenalter hat sich zu einem „diversifizierten Prozess" (Buchmann 1989) gradueller und partieller Integration entwickelt, wodurch unvollständige und inkonsistente Statuskonfigurationen bei jungen Erwachsenen zugenommen haben.

Zwar haben der Anspruch auf ein „eigenes Leben" (Beck et al. 1995) und damit verbundene Werte wie Selbständigkeit, Selbstbestimmung und Selbstverwirklichung aufgrund von gesellschaftlichen Individualisierungsprozessen an Bedeu-

© Springer Fachmedien Wiesbaden 2015
D. Karrer, *Familie und belastete Generationenbeziehungen*,
DOI 10.1007/978-3-658-06878-3_5

tung gewonnen, das Erreichen der sozialen Voraussetzungen, die es dafür braucht –
eine Arbeitsstelle, eigenes Geld, eigene Wohnung – ist in den letzten Jahren jedoch
wieder deutlich schwieriger und riskanter geworden.

Statt einer Herauslösung (Beck 1986) kommt es bei Teilen der Jungen zu einer
erneuten Rückbindung an die Herkunftsfamilie (Koppetsch 2010). Man ist wieder
vermehrt auf die Hilfe der Eltern angewiesen und gezwungen, länger als geplant
im Elternhaus zu bleiben oder dahin zurückzukehren, weil man nicht in der Lage
ist, eine eigenständige ökonomische Existenz aufzubauen und ein eigenständiges
Leben zu führen. Während dieser Zustand für die einen zeitlich befristet und vorübergehend ist, droht er bei andern chronisch zu werden.

Daraus ergeben sich neue Ambivalenzen und Spannungsfelder. Stellt die Familie unter Bedingungen der Individualisierung oftmals den letzten Anker dar, auf
den man sich verlassen kann, tendieren Individualisierung und „Nahweltbedarf"
auch zum Widerspruch, „da gerade die Nahwelt dem Individuum weniger Entfal-
tungsspielraum lässt als die rechtlich oder monetär, politisch oder wissenschaftlich
fixierten Makromechanismen unpersönlicher Art" (Luhmann 1988, S. 17).

Im Unterschied zu Ländern wie Italien oder Spanien ist die beschriebene Entwicklung in der Schweiz (noch) vergleichsweise wenig ausgeprägt. Aus zwei
Gründen:

• Die Jugendarbeitslosigkeit hat in den letzten Jahren zugenommen, ist bis jetzt
  im europäischen Vergleich aber vergleichsweise gering geblieben. Auch in der
  Schweiz haben Jüngere das höchste Risiko, arbeitslos zu werden. Sie finden jedoch nach einiger Zeit vergleichsweise häufig wieder eine Stelle (Sozialbericht
  2012, S. 50). Wenn auch vermehrt nur zeitlich befristet. Was sich dann zu prekären Lebensläufen verfestigen kann, in denen sich Phasen der Erwerbstätigkeit
  und Phasen der Erwerbslosigkeit ablösen.[1]
• Formen sozialstaatlicher Unterstützung und der vergleichsweise hohe Lebens-
  standard ermöglichen es den Betroffenen in der Schweiz eher als in ärmeren
  Ländern, unabhängig von den Eltern zu wohnen, auch wenn man auf ihre finanzielle Hilfe angewiesen ist.

Allerdings ist anzunehmen, dass bei einer Verschärfung der wirtschaftlichen Krise
und einer Austrocknung des Wohnungsmarktes die Tendenz einer Rückbindung an
die Herkunftsfamilie auch in der Schweiz zunehmen wird.

---

[1] Das weist auch auf einen bislang vernachlässigten Aspekt hin: Status und Sicherheit hängen
nicht allein vom Beruf, sondern auch vom Beschäftigungsverhältnis ab (Mau 2012, S. 89).

Maßgebend für die folgende Analyse dieser Konfiguration ist jedoch weniger die Häufigkeit ihres Vorkommens als „das Maß an Einsicht", das sie „in den fraglichen Bedingungszusammenhang" (Lewin 1982, S. 192) belasteter Generationenbeziehungen ermöglicht. Im Vordergrund der Studie stehen nicht quantitative, sondern qualitative Aspekte. Es wird danach gefragt, was die Situation für die Familienangehörigen und ihre Beziehungen bedeutet und welche Prozesse und Mechanismen dabei zum Tragen kommen. Wobei zu berücksichtigen bleibt, dass die lebensweltliche Bedeutung eines Phänomens immer auch vom Ausmaß seiner Verbreitung abhängt.

Das Kapitel stützt sich auf die Auswertung der Gespräche, die wir mit zehn erwachsenen Töchtern und Söhnen sowie elf Müttern und Vätern über die Situation geführt haben. Es sind die betroffenen Akteure, ihre Erfahrungen, Sicht- und Verhaltensweisen, die im Zentrum der Analyse stehen. Nicht in ihrer individuellen Singularität, sondern in ihren sozialen Relationszusammenhängen, also in dem „was im Individuum das Individuum überschreitet" (Durkheim 1981, S. 597). In jedem noch so einzigartigen Individuum existieren „überindividuelle Dispositionen", die „in kollektiver Weise" funktionieren (Bourdieu 2001, S. 201). Und aus soziologischer Sicht sind Akteure Konfigurationen von relational bestimmten sozialen Attributen (vgl. auch Bachelard 1988, S. 147), zu denen neben dem Habitus und anderem auch die feldbezogenen Mitgliedschafts- und Positionsprofile gehören. Oder in der Terminologie von Lewin ausgedrückt: die verschiedenen Regionen des Lebensraumes.

Jede (einschneidende) Veränderung in einem Lebensbereich wirkt sich auch auf die andern Bereiche aus und führt zu einer Veränderung der Gesamtkonfiguration und des damit verbundenen Balanceverhältnisses. Was vorher mehr oder weniger aufeinander abgestimmt war, gerät nun vermehrt auseinander. Das führt zu Spannungen, die für die Betroffenen mit einem erheblichen Leidensdruck verbunden sein können.

So bedeutet seinen Job zu verlieren, dass sich die ganze Konfiguration verändert, die einen Akteur ausmacht, und seine ganze Lebenswelt in Mitleidenschaft gezogen wird. Das legt nahe, nicht einzelne Aspekte isoliert zu betrachten, sondern die Situation möglichst ganzheitlich zu analysieren.

5.2 Die Situation aus der Perspektive der Kinder

Die befragten Töchter und Söhne sind mit zwei Problematiken konfrontiert: Sie sind erwerbslos. Und sie sind gezwungen, bei den Eltern zu leben und von ihnen unterstützt zu werden, weil sie nicht in der (sozialen) Lage sind, ein eigenständiges Leben zu führen. Bei manchen spielen – mehr oder weniger stark – auch gesundheitliche Aspekte eine Rolle (vgl. auch Leibfried et al. 1995). Was vermuten lässt, dass in der Schweiz vergleichsweise häufig nicht allein ökonomische Gründe für das Zustandekommen dieser Konfiguration von Bedeutung sind, sondern auch Einschränkungen des persönlichen Arbeitsvermögens.[2] „In der Schweiz muss man arbeiten können, man muss belastbar sein, sonst ist man niemand. Das ist schon so", meint eine junge Befragte.

5.2.1   Was Erwerbslosigkeit bedeutet und wie man damit umgeht

Eine moderne, kapitalistische Gesellschaft ist in verschiedene soziale Felder differenziert, die nach einer eigenen, spezifischen Logik funktionieren. Erwerbslos ist, wer keinen formellen Mitgliedschaftsstatus im ausdifferenzierten ökonomischen Feld besitzt und damit auch nicht über die Mittel verfügt, um seinen Lebensunterhalt selbständig bestreiten zu können. Wer sich selbst als arbeitslos wahrnimmt, denkt im Bezugsrahmen einer kapitalistischen Ökonomie (vgl. Bourdieu 2010, S. 297 ff.), in der Arbeitsmöglichkeiten und Zugang zu Lebensunterhalt „ohne Vertrag" kaum noch möglich sind (Luhmann 1998, S. 828).

Erwerbslosigkeit lässt sich soziologisch als eine Form der Statusunvollständigkeit beschreiben, die in einer reichen Gesellschaft wie der Schweiz, wo die Erwerbslosenquote vergleichsweise tief[3]und die Arbeitsmoral hoch ist[4], für die Betroffenen mit großen Spannungen verbunden ist (vgl. Frey und Frey Marti 2010, S. 63 ff.). Diese Spannungen erleben die befragten jungen Frauen nicht weniger als die Männer, weil sie im Gefolge des Aufbrechens der traditionellen Geschlechterrollen einen ebenso ausgeprägten Anspruch auf ein eigenes Leben haben.

„Man geht durch die Hölle" Frau Luna (24 J.), die seit ihrem 17. Lebensjahr an einem Schleudertrauma leidet und nach ihrer Ausbildung zur medizinischen Praxisassistentin keine Arbeit gefunden hat, beschreibt ihre Arbeitslosigkeit rückblickend als einschneidenden und traumatischen Bruch in ihrem Leben: „Man ist daheim gehockt, die Mutter am Arbeiten, alle am Arbeiten. Man ist allein gewesen.

---

[2] Manchmal ist nur schwer auseinanderzuhalten, was an den erwähnten gesundheitlichen Beeinträchtigungen Grund und was Begründung für die Schwierigkeiten ist, die man hat.

[3] Bis vor noch nicht allzu langer Zeit herrschte in der Schweiz die Meinung vor, Arbeitslosigkeit sei vor allem ein Problem des Auslands (vgl. Streckeisen 2012, S. 62).

[4] Alfred Willener (1979) hat das mit dem schönen Titel „l'héroïne travail" auf den Punkt gebracht.

Also man geht wirklich.... durch die Hölle. Also in dem Sinn: man macht sich Gedanken, die man sich eigentlich gar nicht machen sollte. (...) Früher habe ich immer gefunden, ich verstehe das nicht, wenn jemand Selbstmord macht. Ich habe das nie verstanden. Was ich eigentlich auch heute nicht wirklich verstehe, aber ein kleines bisschen. Ich muss sagen, hätte ich nicht so einen starken Charakter... Ich habe eigentlich einen sehr starken Charakter und mich hat es recht umgehauen. Also sehr sogar. Also meine Mutter hat mich nicht mehr erkannt. ‚Du bist nicht mehr du. Du bist nicht mehr meine Tochter'. Also irgendwie bist du weg. (...) Irgendwie habe ich trotzdem das Gefühl gehabt, ich bin für meine Mutter eine Last, auch wenn sie immer sagt, nein, es ist nicht so. (...) Ich habe die Zukunft nicht mehr gesehen. Ich habe ihr gesagt, was soll ich noch. Ein, zwei, drei, vier Jahre: wer nimmt mich jetzt noch? Du machst Bewerbungen und nur noch Absagen, Absagen, Absagen. Ich meine, es ist logisch. Die sehen: zwei Jahre nicht mehr gearbeitet, was macht denn die? (...) Man denkt dann schon, wofür bin ich überhaupt noch da? Für was lebe ich überhaupt? Was ist der Sinn in meinem Leben?"

In einer Phase, wo man das ganze Leben noch vor sich hat und die Zukunft von zentraler Bedeutung ist, scheint die Zeit still zu stehen und es keine Zukunft mehr zu geben (vgl. auch Aeppli und Ragni 2009). Man hat Angst, sein Leben nicht auf die Reihe zu kriegen und auf Dauer „aus der Gesellschaft raus zu fallen."[5] Solche Ängste gründen auch darin, dass die Übergangsphase in eine berufliche Laufbahn entscheidend für den weiteren Lebensverlauf ist und Brüche und Leerstellen im „Lebenslauf" sich nachhaltig negativ auswirken in einer Gesellschaft, in welcher der Zugang zu Positionen im ökonomischen Feld stark formalisiert ist. Weil Vertrauenswürdigkeit unter Bedingungen, wo man sich nicht persönlich kennt, kategorial zugeschrieben wird (Offe 2001), führt Erwerbslosigkeit zu einer Einbuße an Vertrauenskapital[6], was sich bei der Suche nach einem Arbeitsplatz ebenso auswirken kann wie auf dem Wohnungsmarkt. Wodurch man Gefahr läuft, in einen sich wechselseitig verstärkenden Prozess des sozialen Ausschlusses zu geraten.

Man verliert gewissermaßen den Boden unter seinen Füßen und hat das Gefühl, „sozial in einem Niemandsland lokalisiert zu sein" (Lewin 1982, S. 199). Man gerät in eine Position des Dazwischen, die nicht definiert ist und auch keine anerkannte soziale Identität zur Verfügung stellt. Als „Wesen ohne semantische

---

[5] Der Wahrnehmung liegt die Unterscheidung von „Drinnen" und „Draußen" zugrunde. Ohne es zu merken, schreibt Bachelard (1987, S. 211), „macht man daraus eine Basis von Bildern, die sämtliche Gedanken des Positiven und des Negativen beherrschen." Mit „Drinnen" und „Draußen" verbunden ist die Vorstellung von „Sein und Nichtsein."

[6] „Die über eine Reputation als ‚vertrauenswürdig' aktivierbaren Ressourcen und Leistungen anderer Akteure sei als das Vertrauenskapital eines Akteurs bezeichnet" (Esser 2000a, S. 252).

Sicherheit" (Boltanski 2010, S. 123) hat man keine oder zumindest keine eindeutige Antwort auf die Frage, wer oder was man ist. Eine Frage, mit der man dauernd konfrontiert wird in einer Gesellschaft, wo das häufig weder bekannt noch sichtbar ist (Luhmann 1998, S. 627). Auch der Übergangsstatus, den der Sozialstaat anbietet, ist kein Ersatz, weil es sich um einen defizitären und nicht vorzeigbaren Zustand handelt, mit dem man sich keine Anerkennung verschaffen kann.

Aufgrund dieser Statusunsicherheit steht man „sozial nicht auf festem Grund", was sich in einer tiefgreifenden Verunsicherung und einer Instabilität der Person äußern kann (Lewin 1982, S. 194 f.). Früher sei sie viel positiver gewesen, meint eine Befragte. „Und dann ist das passiert. Dann habe ich alles nur noch negativ gesehen. Nur negativ. Dann passiert das und dann passiert das." Das Leben wird zu einer Art Drahtseilakt, bei dem beständig der Absturz droht. Weil das, was einmal geschehen ist, immer wieder geschehen kann.

Erwerbslosigkeit ist häufig auch mit dem Gefühl verbunden, zu nichts mehr nütze zu sein. Was vereinzelt dazu führen kann, dass man in einen blinden Aktivismus verfällt und Beschäftigung zumindest vorzugeben versucht. Auch wenn man keine Arbeit hat, bleibt sie im Alltag dauernd präsent und bestimmt das Erleben der Betroffenen weiter, was sich zum Beispiel darin zeigen kann, dass der Leidensdruck an Werktagen, wo alle arbeiten, stärker ist als am Wochenende.

Plötzlich hat man viel Zeit, die als Freizeit jedoch illegitim ist. „Wenn du arbeitslos bist, schämst du dich noch dafür, dass du so viel Freizeit hast. Und das ist ein bisschen das Paradoxe, dann schämst du dich eigentlich wie hinauszugehen, denkst: ja, der darf mich nicht sehen, und ja, was denkt jetzt der wieder? (…) Das ist anders, wenn du einen Job hast. Dann weißt du am Abend, dass du etwas gemacht hast und kannst dementsprechend sagen… ja, stolz auf dich sein, ja, dass du acht Stunden gearbeitet hast und siehst, was du geleistet hast." Muße muss man sich verdienen. Sonst droht sie unter den gegebenen Bedingungen zum Müßiggang zu werden.

Die erwerbslose Zeit wird häufig als leere, als verlorene Zeit erlebt.[7] Der Alltag, der vorher durch festgelegte Zeiten geregelt war, gerät aus den Fugen. Und Werte wie Pünktlichkeit verlieren an Bedeutung. „Einmal stehst du ein wenig früher auf, einmal schläfst du halt aus. Ja, und wenn du arbeitest, dann kannst du halt nicht so lange pennen, wie du willst, dann hast du eben das strikte… du weißt, um sechs

---

[7] Das Gefühl der leeren, verlorenen Zeit ist an bestimmte gesellschaftliche Bedingungen gebunden, wie Bourdieu (2010, S. 248) für Algerien gezeigt hat. „Der Übergang zur Geldwirtschaft geht mit der Entdeckung einher, dass Zeit verloren werden kann, das heißt mit der Entdeckung des Gegensatzes von leerer oder verlorener Zeit und ausgefüllter oder vollwertiger Zeit. Das sind der Logik der vorkapitalistischen Ökonomie faktisch und substantiell fremde Begriffe."

Uhr musst du raus, dann und dann auf den Zug, oder. Und das ist eben, wenn du arbeitslos bist, nicht so. Teils gehst du halt bis früh am Morgen in den Ausgang. Und dann schläfst du bis am Mittag aus, Nachmittag oder so" (Herr Burkart, 24-jährig).

Die Zeit kann bleiern werden und ihre Gerichtetheit verlieren, was durch die Schaffung neuer „Zeitvektoren" (Bourdieu 2001) zumindest zum Teil behoben werden kann: indem man als Sportfan auf das nächste Spiel hin fiebert oder als Lottoteilnehmer „von Ziehung zu Ziehung" lebt.

Der Verlust des Mitgliedschaftsstatus im ökonomischen Feld tangiert nicht nur einen Teil der Identität der Betroffenen, sondern tendiert dazu, sich auf die ganze Person zu verallgemeinern: „Das ganze Ich scheint wertlos, von Fehlern behaftet, mit einem Makel versehen zu sein" (Neckel 1993, S. 127).

Das Selbstwertgefühl kann sich so stark verringern, dass man Mühe hat, an ein Vorstellungsgespräch zu gehen. Und weil die Kräfte, die von einer bedrückenden Situation ausgehen, sich in den Körper eingraben, kann, trotz aller Versuche sich zusammenzunehmen und Haltung zu bewahren, die „gedrückte Ausstrahlung" etwas ganz anderes signalisieren und eine Botschaft vermitteln, die man gerade vermeiden möchte (Hahn 2010). Was die Chancen verringert, in einer Welt wieder Fuß fassen zu können, in der expressive Kompetenzen wie Begeisterungsfähigkeit und positives Denken zunehmend an Bedeutung gewinnen (vgl. Koppetsch 2010, S. 235).

Die Vulnerabilität des Einzelnen nimmt zu. Und er wird auch ausnutzbarer. Das lässt sich am Beispiel jener jungen Frau illustrieren, die in ihrer Verzweiflung einen Job ohne Arbeitsvertrag angenommen hat. Was sich bitter gerächt hat: Für drei Monate Arbeit wurden ihr lediglich 200 Franken ausbezahlt. Trotz dieser Erfahrung hat sie später erneut eine Arbeit angenommen, ohne vertraglich abgesichert zu sein – und ist erneut ausgenutzt worden. „Ich habe es wieder gemacht. Einfach nur, weil: ein Job ist ein Job. Nehmen, was kommt."

Erwerbslosigkeit kann auch gleichgültig machen. Außerhalb des zentralen Spiels stehend, gibt es wenig, was auf dem Spiel steht. „Wenn du arbeitslos bist, dann hast du auch nichts zu verlieren. Klar hast du eine Familie daheim, aber du hast nicht irgendetwas, das auf dem Spiel steht in dem Sinn. Ich meine, ich bin jetzt immer einer gewesen, der.... Ja, ganz banal gesagt: Sterben musst du sowieso. Wenn nicht heute oder morgen, dann übermorgen. So in dem Stil." Das kann dazu führen, dass man sich gehen lässt. „Es ist mir egal gewesen, an einem Joint zu ziehen oder ob ich einen Suff gehabt habe. Am andern Morgen musste ich ohnehin nicht aufstehen. (…) Du hast halt nichts zu verlieren" (Herr Noll, 26 J.).

Finanzielle Einschränkungen und die Bedeutung der Arbeit Die Erwerbslosigkeit ist für alle Befragten mit finanziellen Einschränkungen verbunden. Wobei das Problem nicht so sehr darin besteht, dass man bestimmte Güter „für sich genommen" nicht konsumieren kann („goods are not ends"), sondern dass soziale Beziehungen und soziale Zugehörigkeiten beeinträchtigt werden, die mit den Gütern verbunden sind (Douglas und Ney 1998, S. 53). Man kann nicht dabei sein und deshalb auch nicht mitreden. Man fällt gegenüber den Gleichaltrigen ab, was das Gefühl verstärken kann, nicht mithalten zu können und irgendwie „daneben" zu sein. „Ja", meint eine Befragte, „ich bin erwachsen und kann mir nicht mal eine Hütte leisten, nicht mal ein Auto leisten. Ich bin erwachsen und muss jeden Rappen umdrehen. (…) Und ja: Kommst du mit, machen wir eine Reise, fahren wir mit dem Bus nach Rimini für ein Wochenende? Ja, nein, sorry, ich kann nicht, ich muss aufs Geld schauen. (…) Sachen, die du hättest erleben können mit Kollegen und so. Nein, das kannst du dir nicht leisten, das kannst du nicht machen."

Trotzdem scheinen die finanziellen Beschränkungen des Konsums für die meisten Befragten nicht das größte Problem zu sein. Das hängt auch damit zusammen, dass man in jungen Jahren noch weniger an ein bestimmtes Niveau eines Lebensstils gebunden ist, an dem später oftmals auch noch eine ganze Familie und ein Freundeskreis hängen. Und eine Rolle spielt, dass unter Sozialstaatsbedingungen die Verfügung über finanzielle Mittel und der Besitz eines Arbeitsplatzes – zumindest bis zu einem gewissen Grad – entkoppelt sind (Deutschmann 2009, S. 232 f.).

Oftmals einschneidender als die finanziellen Einbußen scheint man zu empfinden, dass man keine Stelle hat („Ein Job ist ein Job") und all die Statusprobleme, die damit verbunden sind.[8] In ihrem Bekanntenkreis, meint eine junge Frau, habe sie sich weniger wegen des Geldes ausgeschlossen gefühlt. „Was für mich viel schlimmer gewesen ist: wenn wir zusammen eins trinken gegangen sind und die erzählt so vom Job, die erzählt dort vom Job. Da habe ich mich ausgeschlossen gefühlt. Dann ist es mir jeweils schlecht gegangen. Da wäre ich am liebsten wieder nach Hause, weil ich das Gefühl gehabt habe, ich kann gar nichts erzählen, ich habe gar nichts erlebt. Dann fange ich jeweils wieder an zu studieren. Das hat mir wehgetan. Aber so Situationen wegen dem Geld, da habe ich mich weniger ausgeschlossen gefühlt." Natürlich sei Geld ein Problem. „Man kann ja nicht ohne leben. Und da in der Schweiz schon grad gar nicht. Aber was es mit der Psyche macht, das ist irgendwo durch noch viel schlimmer."

Der Wert einer Erwerbsarbeit besteht nicht allein in „offenkundigen Gewinnen" wie dem Lohn. Ihr Wert besteht auch darin, beschäftigt zu sein, gebraucht zu werden und für andere zu zählen. Sie vermittelt das Gefühl, jemand zu sein, dazu zu gehören und eine Daseinsberechtigung zu haben. Und sie schützt einen da-

---

[8] Auch der Lohn hat – was bereits Marx gesehen hat – nicht allein eine finanzielle, sondern immer auch eine statusbezogene Komponente. „In ihm materialisiert sich auch die soziale Wertschätzung", die einer Arbeit bzw. einer Arbeitskraft entgegengebracht wird (Neckel 1993, S. 134).

vor, in Gleichgültigkeit und Depression abzugleiten (vgl. Bourdieu 2001, S. 309). Das wird auch von Frey und Frey Marti (2010, S. 95) bestätigt: „Arbeitslose sind wesentlich weniger glücklich als andere, selbst wenn alle übrigen Einflussfaktoren wie ein tieferes Einkommen rechnerisch ausgeklammert werden. Ein Job ist glücksstiftend, und zwar über die Tatsache hinaus, dass damit auch Einkommen erzielt wird."

Keine Stelle zu haben ist eine Form der Statusunvollständigkeit, die einen gewissermaßen zu einer unvollständigen, defizitären Person macht. Wobei man unter diesem Statusdefizit stärker leidet, wenn im sozialen Umfeld alle über einen Arbeitsplatz verfügen als wenn nahe Bezugspersonen ebenfalls erwerbslos sind (vgl. dazu auch Frey und Frey Marti 2010, S. 70 f.). Was „Erwerbslosigkeit" für die Betroffenen bedeutet, ist also nicht nur abhängig von den gesellschaftlichen Verhältnissen, sondern auch von den direkten sozialen Beziehungen, in die man eingebunden ist.

Die Aussagen in den Interviews zeigen, welches Gewicht die Arbeit im Leben dieser Jungen hat. Was gerade dann in besonderem Maße spürbar wird, wenn man keine Arbeit hat (Levy 1996). „Es hat sich eine Tür geöffnet für mich jetzt", sagt die junge Frau Luna, die mittlerweile wieder eine Stelle gefunden hat. „Es ist noch lustig, wie sich mit einem Job das ganze Leben verändern kann. Durch einen Job. (…) Auch die Körperhaltung ist völlig anders als früher. Und lustig ist: Viele Leute, die eigentlich gar nichts gewusst haben, sagen: ‚Du hast dich verändert, geht es gut, du siehst besser aus, ist irgendetwas gewesen'? Dann sag ich: nein, nein, es geht mir gerade gut. (…) Du stehst gerader, du stehst besser auf dem Boden, du stehst…" Auch die Depressionen seien verschwunden. „Ich bin ein anderer Mensch."

„Self-blame" Wer ohne Arbeit ist, wird oftmals das Gefühl nicht los, an seiner Situation selbst schuld zu sein. Weshalb man sich immer wieder die Frage stellt, was man denn falsch gemacht hat. Diese „Individualisierung" des Problems liegt umso näher, als Erwerbslosigkeit in der Schweiz vergleichsweise selten und lebensweltlich wenig sichtbar ist[9], so dass man leicht den Eindruck gewinnen kann, als einziger betroffen zu sein. „Irgendwie gibt man sich selber eben halt dann schon die Schuld. (…) Ich habe auch niemanden gekannt, der in so einer Situation ist. Da hat man immer das Gefühl, alle arbeiten und ich nicht. Und ah… (Stöhnen)."

Die Verwandlung von „Außenursachen in Eigenschuld" (Beck 1986) macht auch verstehbar, warum es Befragte gibt, die von Depressionen oder gar Selbsttötungsphantasien berichten. „Wenn ich nicht feige wäre, wäre ich nicht mehr da",

---

[9] „Die Zahlen sind da. Aber man weiß nicht, wo die Menschen sind" (Beck 1997, S. 193).

meint ein Befragter. „Ich habe mir schon ‚jenste' [verschiedenste] Sachen überlegt, wie und wo. (…) Es müsste einfach etwas Sicheres sein."[10]

Die persönliche Zurechnung der Situation kann einen auch daran hindern, sich für seine Rechte einzusetzen. „Ja, man gibt sich schon ein wenig die Schuld", meint eine Befragte. „Ich konnte wegen dem ja auch nicht wirklich kämpfen um meine Rechte, dass sich etwas ändern wird." Für andere könne sie einstehen. Doch als es um sie selbst gegangen sei, habe sie es nicht gekonnt.

5.2.1.1 Entlastungs- und Bewältigungsstrategien

In dieser Situation kann man auf verschiedene Strategien zurückgreifen, um sich zu entlasten. Wobei das, was der nachträglichen Analyse als Strategie erscheint, nicht unbedingt auch die bewusste Absicht und das strategische Kalkül der Akteure gewesen sein muss.

Krankheit als Entlastung Einige Befragte erwähnen eine (aktuelle oder frühere) Krankheit, die ihre Probleme zumindest mit verursacht habe. Man rekurriert also auf ein zugewiesenes Merkmal, wofür man nichts kann und entlastet sich so zumindest zum Teil von der Zurechnung der Schwierigkeiten auf die eigene Person.[11] Am direktesten zeigt sich dieser Zusammenhang bei jenem Befragten, der meint, seit seine psychischen Beeinträchtigungen einen Namen hätten und er wisse, dass er krank sei, habe er auch weniger Schuldgefühle, dass er nicht arbeite und kein eigenständiges Leben führe. Denn er habe gar „keine andere Wahl im Moment."

Krankheit ist nicht nur mit Verlusten, sondern auch mit Gewinnen verbunden: Würde die Krankheit plötzlich verschwinden, könnte das die Situation nicht nur erleichtern, sondern zumindest am Anfang auch erschweren, weil nun plötzlich die „Entschuldigung für den Misserfolg" fehlt (Goffman 1975).

Verortung seiner Situation innerhalb eines übergeordneten Sinnbezugs Wenn man über die habituellen Voraussetzungen verfügt, kann man sich auch entlasten, indem man seine Situation in einem übergeordneten Sinnrahmen verortet. Wodurch das, wofür man sich selbst verantwortlich fühlt, (auch) zu dem wird, was sein musste. Was deutlich macht, dass auch Interpretationen durch Ambivalenz geprägt sein können.

---

[10] „Die Suizidrate kann laut zwei neuen Studien in wirtschaftlich harten Zeiten um 8 bis 15 % steigen. Dabei nehmen sich Männer weit häufiger das Leben als Frauen, wenn sie ihre Arbeit verlieren" (Tages-Anzeiger vom 16. August 2012, S. 32).

[11] Nicht jede Krankheit eignet sich dafür in gleichem Maße. Während „somatische" Krankheiten diese Entlastungsfunktion in der Regel haben, ist das bei „psychischen" Erkrankungen weniger und bei Suchtkrankheiten fast gar nicht der Fall, weil sie häufig als selbstverschuldet gesehen werden.

Für eine erwerbslose medizinische Praxisassistentin ist es „nicht die Religion", die ihr hilft, sondern „der Glaube". „Dass alles einen Grund hat, warum das passieren musste. (…) Man sieht immer das Negative: warum passiert das gerade mir. Da muss man eh umdenken, sonst ziehst du es noch mehr an. Ich finde, aus jeder Situation im Leben lernt man etwas. Und manchmal überlege ich, was ich da jetzt lernen musste (…) Ich finde schon, es hat alles sein müssen." Ihre „Spiritualität" unterscheidet sich von traditionellen religiösen Orientierungen, wie sie eher ältere Befragte vertreten, durch ihre stärkere Individuumszentriertheit.[12] Und sie erinnert an jenes Denken, das Stenger (1993) in seiner Analyse esoterischer Strömungen beschrieben hat: Nichts in meinem Leben geschieht zufällig und ohne dass es für mich eine Bewandtnis hat. Und auch das Negative ist letztlich positiv, weil es mich in meiner persönlichen Entwicklung weiterbringt. Indem man seiner Situation eine Bedeutung und einen Sinn verleiht, wird erträglicher, was sonst nur schwer zu ertragen wäre. Denn sinnvoll erscheinendes Leiden ist leichter auszuhalten als sinnloses, wie Hahn et al. (1996) festgestellt haben (vgl. auch Karrer 2009).

Scham und Kaschierungsstrategien Erwerbslosigkeit ist eine „diskreditierbare Eigenschaft" (Goffman 1975), die mit dem Ruf verbunden ist, „nicht arbeiten zu wollen" und ein „Däumchendreher und Faulenzer" zu sein, wie ein Betroffener das ausgedrückt hat.[13] Wobei Motivation und Leistungsbereitschaft bei den jungen Arbeitslosen häufiger in Frage gestellt werden als bei den älteren (Mau 2012, S. 202).

Die meisten Befragten schämen sich, keine Stelle zu haben und versuchen einer möglichen Diskreditierung entgegenzuwirken, indem sie ihre Situation so weit als möglich zu kaschieren suchen. Wenn sie Leute getroffen habe, erzählt eine Befragte, „dann ist man am Tisch gehockt mit der Hoffnung, dass sie mich nicht fragen, was ich mache." Und wenn dann doch jemand gefragt habe, sei sie „gut im Ausweichen" gewesen. Um unangenehmen Fragen aus dem Weg zu gehen, sei sie auch nicht mehr gern aus dem Haus gegangen. „In der Schweiz ist es halt so: die erste Frage ist ‚wie geht's?' Und die zweite ‚was machst du beruflich?' Ich bin den

---

[12] Der Sinnbezug wird stärker vom Einzelnen aus und auf den Einzelnen bezogen gedacht. Es kommt das zum Ausdruck, was Ulrich Beck (2008, S. 42) als „Entkoppelung von (institutioneller) Religion und (subjektivem) Glauben" beschrieben hat (vgl. auch Karrer 2009).

[13] In einer deutschen Untersuchung stimmten 52,3 % der Befragten der Aussage zu: „Die meisten Arbeitslosen hierzulande könnten einen Arbeitsplatz finden, wenn sie wirklich wollten" (Sachweh et al. 2009). Bei den nicht arbeitslosen Befragten waren 53,8 % dieser Meinung. Bei den Arbeitslosen waren es zwar weniger, aber immerhin 35,6 % stimmten der Aussage ebenfalls zu.

ganzen Tag da in der Wohnung gewesen. Ich bin nicht raus." Die Nachbarn hätten wahrscheinlich gedacht, dass sie arbeite.[14]

„Scham – das ist wie eine Mauer"

Die Scham und der Versuch, seine diskreditierbare Situation zu vertuschen, das zeigt sich besonders ausgeprägt und besonders eindrücklich beim 45-jährigen Herrn Rossi, der aufgrund psychischer Probleme seit langem arbeitslos ist und seit ein paar Jahren – auf Initiative des Chefs seines Vaters – eine Rente der ‚IV' [Invalidenversicherung] bekommt. Davor ist er über einen langen Zeitraum nur von seinen Eltern unterstützt worden: „Ich bin froh, dass ich eine habe. Aber von meinem Typ her wäre ich nie eine Rente beantragen gegangen. Ich kann das nicht. Das ist wie Betteln. Also wenn sie mir die Rente plötzlich abstellen würden – ich würde nicht selber agieren. Ich würde vielleicht zum Hausarzt gehen. Aber selber, das geht nicht." Herr Rossi hat große Mühe damit, dass er nicht arbeitet und eine Invalidenrente bezieht. Weshalb er seine Situation, wo immer er kann, zu verstecken sucht. „Die Leute dürfen das nicht wissen. Wenn ich zum Beispiel zum Mechaniker fahre, das Auto bringe, Service und so, dann bin ich froh, dass ich ein Handy habe. Dann können sie nicht wissen, wo ich bin. Vorher habe ich kein Handy gehabt. Und wenn ich die Nummer angegeben habe von daheim: Ist denn der immer daheim, arbeitet denn der nicht? Ja, sie dürfen das nicht wissen. Früher habe ich immer Angst gehabt, dass gewisse Fragen kommen. Also das ist ein riesiger Stress gewesen, das Auto zu bringen. Also extrem. Das ist eine Gefahrensituation. Sobald sie wissen, was los ist, kann ich nicht mehr dorthin. Dann habe ich mein Gesicht verloren. Dann ist fertig." Auf die Frage, ob er sich denn schäme, Rentenbezüger zu sein, meint er: „Ja natürlich! Schon. Klar."

Er hat einen Ausweis, mit dem er Vergünstigungen bekommen könnte. Den würde er aber nie brauchen, weil er sich dann als IV-Rentner zu erkennen geben müsste. „Man wird ja auch abgestempelt. Das ist ja auch nicht normal. Das hört man ja. Und das sieht man ja, wenn die SVP [rechtsstehende Partei] redet: ‚Sozialschmarotzer' und so weiter. Ich weiß, dass ich kein Schmarotzer bin. Und trotzdem: wenn die Leute das erfahren, wissen sie ja nicht, wer ich bin, oder. Dann denken sie: ja, der arbeitet nicht. Und wenn ich zum Beispiel zu einem neuen Arzt gehe, dann muss ich dort ja auch etwas ausfüllen. Schon das Problem, wenn

---

[14] In den dreißiger Jahren schämten sich die Betroffenen weniger, weil sie meinten, „sie seien völlig unfähig und hätten sich ihre Probleme selbst zuzuschreiben." Die meisten schämten sich „eher für ihr Elend" (Lazarsfeld und Zawadzki 2007, S. 180). Auch damals entwickelte man Strategien, seine Situation zu verbergen, wie die Studie von Elder (1999, S. 53 f.) zeigt. Ein Befragter erinnerte sich, dass seine Eltern das Haus neu streichen ließen, obwohl sie kaum Geld hatten, um Essen zu kaufen. Der Zustand des Hauses war für alle sichtbar, „aber keiner konnte sehen, welches Essen aufgetragen wurde" (Heinz 2001, S. 148).

Arbeitgeber steht, dann kann ich dort nichts angeben. (…) Ich gehe ja seit zehn Jahren nicht mehr zum Zahnarzt. Ich schaue einfach immer, dass meine Zähne keine Löcher bekommen. Dort hat mich auch einer: ‚Sind Sie IV-Rentner?' Da hätte ich lieber einen Schlag bekommen als so eine Bemerkung, oder. Die werden auch schnell misstrauisch, ob man zahlen kann oder nicht. (…) Ich habe mal eine Sendung gesehen, wo einer einfach hin stehen konnte und sagen: ‚Ich bin IV-Rentner'. Das könnte ich nicht! Mich so präsentieren in einer Fernsehsendung, die alle Leute in der Schweiz sehen. Nein! Wenn ich rausgehe, muss ich sicher sein, dass so wenige Leute wie möglich wissen von meiner Situation. Dass es die Leute nicht wissen! Sonst habe ich ein Problem. Wenn ich weiß: der weiß es, der weiß es, jeder weiß es. Dann kann ich nicht mehr ruhig herumlaufen. Wenn ich vorher schon einen Stress gehabt habe und dann wissen sie das noch, dann ist der Laden völlig unten. Da drüben hat es eine Familie gehabt, da in der Nachbarschaft, die sind jetzt gestorben, aber das hat mich Jahre lang beschäftigt, weil ich genau gewusst habe, wie sie denken. Das ist halt typisch, halt diese Mentalität, SVP, so schätze ich sie ein. Ich habe immer die Schwierigkeit gehabt, da raus zu gehen, weil ich genau gewusst habe, die Frau weiß Bescheid. Und sie sieht mich. Bis ich dann um die Kurve gewesen bin, dann ist es mir langsam besser gegangen. Aber raus zu gehen, das habe ich nicht immer geschafft. Wie oft musste ich mich frustriert wieder ausziehen, weil es mir schlecht gegangen ist. (…) Schamgefühle sind schon etwas Ekliges. Das ist wie eine Mauer." Er geht den Menschen aus dem Weg, verlässt die Wohnung nur am Abend („erst wenn die Leute fertig gearbeitet haben") und fährt nächtelang mit dem Auto herum, einem mobilen „Gehäuse" (Goffman 1982), in dem man sich draußen bewegen und doch drinnen sein kann.

Um nicht in Verdacht zu geraten, ein Sozialschmarotzer zu sein, parkt er sein Auto nie vor dem Haus, sondern „weit weg". „Damit mich die Leute nicht im Auto sehen. In meiner Situation als IV-Rentner sollte man kein Auto haben, finde ich. Würde ich arbeiten, wäre das Problem gelöst. Dann könnte ich auch mit einem dicken Schlitten kommen. Aber so lange die Situation so ist, ist das einfach so."

Analog zur Heuchelei „als Huldigung des Lasters an die Tugend" (Bourdieu 1998, S. 169) können Scham und Kaschierungsversuche als eine Art Verbeugung vor der Geltung gesellschaftlicher Normen verstanden werden. Wer kein Problem mit seiner Situation hätte, liefe Gefahr, als dreist und unverschämt abgestempelt zu werden. Wer sich hingegen schämt, zeigt, dass er sich nicht aus allem verabschiedet hat. Dass er immer noch teilnimmt und nicht teilnahmslos geworden ist.

Darum bemüht, sich nicht zu erkennen zu geben, zieht man sich zurück und geht Kontakten aus dem Weg, in denen das eigene Image[15] bedroht werden könnte

---

[15] Das soziale Image ist eine „Anleihe von der Gesellschaft; es wird einem entzogen, es sei denn, man verhält sich dessen würdig. Anerkannte Eigenschaften und ihre Beziehung zum

(Goffman 1986, S. 21). Man versucht, sich möglichst unsichtbar zu machen („Vor Scham im Boden versinken"), was in letzter Konsequenz bedeuten kann, dass man aus dem Leben verschwindet.

Die Angst vor Diskreditierung kann auch dazu führen, dass man lose Kontakte vorzieht, wie sie etwa im Internet zu finden sind. So meint ein Befragter, über seine Situation könne er leichter mit Leuten reden, „die man nicht kennt, wo man sonst nichts mit denen zu tun hat. (…) Wo ich diese Angst nicht haben muss, dass ich mich jetzt einem Risiko aussetze, indem ich auf irgendeine Art eine Schwäche zeige oder mich irgendwie bloßstelle" (vgl. dazu Simmel 1983, S. 145 f.) In ihrem Status besonders gefährdet, versuchen vor allem die jungen Männer nach außen gelassen zu bleiben und die Fassade zu wahren. Ihr Sohn, meint eine Mutter, sei ohnehin nicht jemand, „der über seine Sorgen oder über seine Probleme redet. Ich glaube auch nicht mit seinen Kollegen. Überhaupt nicht. (…) Das kann man auch nicht. Man muss ja cool sein, oder. (…) Einfach als Schutz auch. Ich denke, dass er sehr empfindlich ist. Und dann will man sich nicht so verletzbar machen."

Unter seinesgleichen bleiben als Strategie der Spannungsreduktion Um den sozialen Druck zu verringern, kann man seine Kontakte auch auf Leute beschränken, die in der gleichen Situation sind. Wenn ihr Sohn mit Leuten rede, hänge er nicht an die große Glocke, dass er nicht arbeite, weil er sich geniere, sagt eine Mutter. Die Kollegen, mit denen er verkehre, seien meistens in einer ähnlichen Situation. „Die arbeiten alle auch nicht. Und ein großer Teil ist auch daheim."[16] Weshalb man nicht fürchten muss, dauernd mit seiner defizitären Lage konfrontiert zu werden.

Solche homogenen persönlichen Netzwerke können einerseits Statusspannungen reduzieren, andererseits jedoch auch mit dazu beitragen, dass man in seiner Situation hängen bleibt, weil es weniger Anreize gibt, sie zu verändern und die Kontakte – zumindest unter dem Aspekt der Informationsbeschaffung – weitgehend redundant sind, vor allem dann, wenn sich alle untereinander kennen (Esser 2000a, S. 248).

Statussubstituierungsstrategien Das Statusdefizit, das mit der Erwerbslosigkeit verbunden ist, kann man auch zu kompensieren versuchen, indem man auf andere Ressourcen zurückgreift, die in subkulturellen Zusammenhängen statusbildend sind und ein Kapital darstellen (vgl. dazu allgemein Heintz 1982).

Image machen aus jedem Menschen seinen eigenen Gefängniswärter; dies ist ein fundamentaler sozialer Zwang, auch wenn jeder Mensch seine Zelle gern mag" (Goffman 1986, S. 15).
[16] Zum gleichen Ergebnis kommen auch Frey und Frey Marti (2010, S. 71).

- „Mein Porsche ist mein Ruf in der Szene"

Die Arbeit zu verlieren, ist eine Form der Kränkung, die einen auch sensibler macht für andere Formen der Missachtung, vor allem die jungen Männer. Diesem Achtungsdefizit kann man begegnen, indem man die Werte, die einen zum Verlierer machen, in ihrer Bedeutung herabsetzt und stattdessen alternative Statusmerkmale betont. Was den Statusdruck verringern und einem erlauben kann, der Situation mit mehr Selbstbewusstsein zu begegnen.

Herr Noll (26 J.), der eine Lehre gemacht hat und seine Stelle schon einige Male verloren hat, empfand jede Entlassung, die ihm widerfahren ist, als einen Akt der Demütigung. Und wenn seine Mutter auch noch Druck aufsetzte, eine Arbeit zu suchen, fühlte er sich „als Mann und als Person nicht respektiert". Er vertrage es schlecht, „wenn man mich unter meinem Wert verkaufen will."

Seine Achtungsdefizite konnte er – zumindest vorübergehend – durch die Mitgliedschaft in der Hooliganszene ausgleichen, wo statt der herkömmlichen ganz andere Statuskriterien gegolten haben. Da sei es um etwas anderes gegangen: „Zusammenhalt, Adrenalinstoß, Stehenbleiben". Statt wegzulaufen wie eine „Memme", wenn es hart auf hart kommt. „Auch Sachen wie ‚Selbstmordaktionen' zum Beispiel, allein gegen eine Gruppe in völliger Überzahl, haben mich fasziniert." Man habe diese Aktionen auch gefilmt. „Dann hat man genau gesehen, wer was gemacht hat und ob der wirklich so mutig gewesen ist und so vielen auf die Schnauze gegeben hat, wie er gesagt hat. Und ich habe ein paar Mal relativ gut dabei abgeschnitten und habe natürlich auch ein bisschen einen Ruf gehabt, einen guten Ruf in dieser Szene. Und das hat mich motiviert, noch mehr Gas zu geben."

Der Ruf in der Szene hat ihm einen subkulturellen Status verliehen. „Das ist auch geil, wenn die Leute nachher über einen reden. Ja, schau, der hat den und den so und so umgehauen, er hat überhaupt nichts gekannt." Es kursierte eine Art „inoffiziellen Rangliste", die dadurch zustande kam, dass man von Leuten gehört hat. Und es gab auch T-Shirts mit dem Aufdruck: „Wir gehören zu dieser krassen Hooligangruppe und solche Späße." Mut, Taten statt Worte und Gruppenloyalität seien in der Szene wichtig gewesen: vor den andern hin stehen und sich gemeinsam prügeln. „Man hat sich dann gut gefühlt. Du bist füreinander da." Dass er arbeitslos gewesen sei, habe hingegen keine Rolle gespielt. Viele andere seien das auch gewesen. „Da kann man sich nicht mit Gucci Kleidern und viel Geld profilieren, das geht nicht. Da musst du boxen, um dich zu profilieren." Als er drei Monate in den Knast musste, habe das seinem Ruf in der Szene eher genützt als geschadet („Du musst aufpassen, der hat schon gesessen"). Deshalb sei er anfänglich „sogar noch stolz gewesen."

Seine Arbeitslosigkeit war in der Szene nicht nur kein Mangel, indirekt hat sie sogar eher zu seiner angesehenen Position beigetragen, weil er weniger zu verlieren hatte. Er habe mehr riskiert als jemand mit Familie oder einem guten Beruf: „Wir haben auch einen Banker gehabt, der ist jetzt gar nie nach vorne gegangen. Der hat einfach immer eine große Klappe gehabt. Der hat das nur als Trittbrett gebraucht, um Frauen abzuschleppen. Es hat so zwei, drei Frauen gegeben, eine Art Groupies, die dann wirklich so herumgereicht worden sind zwischen den Leuten. Das ist noch krass gewesen eigentlich. Voll." Auch für ihn, der Frauen gegenüber immer etwas gehemmt gewesen ist, war das „Hoolsein" eine Art Flirtkapital. „Mein Porsche in der Garage ist mein Ruf in der Szene, so in dem Stil."

Mit der Zeit seien sie das Ganze dann zunehmend strategisch angegangen. „Wirklich wie Akademiker sind wir hingehockt und haben uns überlegt, wie können wir die Basler schlagen. (…) Und dann ist Kampfsport das Naheliegende gewesen. Weil Waffen ja verpönt sind. (…) Das ist recht innovativ gewesen von uns für diese Zeit. Mittlerweile ist es recht im Kommen, dass diese ‚Hools' Kampfsport machen." Sie waren eine Art Akademiker der Gewalt und Pioniere ihrer Professionalisierung. Was deutlich macht, dass herkömmliche Hierarchisierungsprinzipien ihre Wirksamkeit doch nicht ganz eingebüßt haben.

Das regelmäßige Training habe seinem Leben wieder eine Struktur gegeben und etwas, worauf er sich freuen konnte. Auch körperlich habe er sich attraktiver gefühlt. „Und ich habe natürlich etwas zu tun gehabt." An den Trainingstagen habe er auch nicht gekifft. „Das passt nicht zusammen." Durch den Kampfsport sei es ihm schließlich gelungen, „aus der Aggressivität raus zu kommen" und die Hooliganszene zu verlassen. „‚Hoolsein', Arbeitslossein, das sind ja wie keine Identitäten eigentlich. (…) Ich habe zwar gewusst, okay, ich bin gut, aber ich habe nicht gewusst: wer bin ich, was will ich, wie will ich? Ich glaube eher so ein bisschen Ratlosigkeit in dem Sinn. Okay, du bist erwachsen, du hast aber noch das ganze Erwachsenenleben vor dir. Was machst du? Was machst du aus deinem Leben? F: Das ist nicht Leben füllend. A: Ja genau. Voll, ja. Überhaupt nicht. Das ist ein Hobby, ein etwas dämliches noch dazu." Die Überwindung dieser Lebensphase und die damit gewonnene Distanz haben ihm auch erlaubt, sich selbst bis zu einem gewissen Grad zu objektivieren und aus einer analytischen Perspektive über seine Situation zu sprechen.

- Suchtmittelkonsum und Promiskuität als Statusstrategie

Drogenmissbrauch kann eine zentrale Ursache dafür sein, dass es einem schwer fällt, im Leben Tritt zu fassen. Andererseits können Erwerbs- und Perspektivlosigkeit auch die Barrieren für verschiedene Formen des Drogenkonsums herabsetzen, weil man weniger zu verlieren hat. Zudem lassen sie einen vorübergehend eine Realität vergessen, die man als drückend erlebt.

Als Copingstrategie kommt dem Suchtverhalten aber auch noch eine andere Bedeutung zu: Es kann als Kapital der Zugehörigkeit fungieren, mit dem man seine Statusunsicherheit und Statusdefizite kompensieren kann. Das Trinken, meint eine Befragte, gebe ihr „Sicherheit. Das Gefühl, ich werde interessanter. Ich sei lustiger. Ich sei unbesiegbar. Das gibt mir aber auch Sex, dieses Gefühl. Ähnlich wie beim Trinken. Das gibt mir auch ein gewisses Stück weit Macht. Das Gefühl von begehrt sein, von dabei sein. Einfach solche Sachen. Von dem her: Sicherheit." Wenn sie in Bars herumhängt und ein promiskuitives Leben führt, dann auch um sich jene Anerkennung zu holen, die sie allgemein in ihrem Leben so schmerzlich vermisst.

Solche Verhaltensweisen können kurzfristig entlastend wirken, bergen aber auch die Gefahr, dass man in eine Spirale des Abstiegs gerät und die Situation sich immer weiter verschlechtert. „Ich habe viele Suchtprobleme, die selbst verschuldet sind. Und das ist halt schon auch etwas, das einen nicht vorwärts kommen lässt." Wobei dann auch nicht mehr klar zu unterscheiden ist, was Ursache und was Wirkung ist.

- „Ein Leben als Denker" – Transformation eines Defizits in Status

Wenn die Situation als praktisch unveränderbar erlebt wird, kann man auch dazu neigen, aus der Not eine Tugend zu machen und ein Defizit in eine Statusressource umzumünzen. Herr Rossi, der aufgrund seiner psychischen Probleme seit mehr als zwanzig Jahren nicht mehr in der Lage ist, seinen Beruf als Elektriker auszuüben, liest viel über psychische Krankheiten – in der Hoffnung, die Symptome werden sich bessern, wenn er sie verstehen lernt und er dann möglicherweise wieder im Stande sein würde, ein normales Leben zu führen. „Was bleibt mir anderes übrig."

Auch wenn die Erfolgschancen gering sind und der 45-jährige selbst nicht daran glauben mag, hat er durch die Auseinandersetzung mit seiner Situation Lernprozesse gemacht, die ihn quasi zum innerfamiliären „Intellektuellen" werden ließen. Während er aus dieser Position von seinen „beschränkten Eltern" spricht, sind diese stolz auf die Fähigkeiten ihres Sohnes. Er schreibe ganze Hefte voll. Und er lese viele Bücher. Ein Psychiater habe gesagt, dass ihr Sohn „ein Leben als Denker" führe. „Man sagt ja", meint Herr Rossi, „Leiden als Chance. (…) Äußerlich hat sich nichts verändert, aber innerlich schon."

Seine intellektuelle Auseinandersetzung mit seiner Krankheit versteht er auch als Zeichen, dass er sich mit seiner Situation nicht einfach abfindet und auf der faulen Haut liegt, sondern etwas ändern möchte. So lange er sein Bestes gebe, um aus seiner Situation rauszukommen, „muss ich mich auch nicht schämen dafür."

Er weicht zwar von der Norm ab, erweist ihr aber trotzdem seine Reverenz. „Verlangt wird ja nicht", schreibt Bourdieu (1998, S. 168 f.), „dass man absolut nur tut, was sich gehört, sondern dass man zumindest Anzeichen dafür erkennen lässt, dass man sich bemüht, es zu tun. Erwartet wird von den sozialen Akteuren nicht, dass sie sich vollkommen an die Regeln halten, sondern dass sie sich an die Regeln zu halten versuchen, dass sie sichtbare Anzeichen dafür erkennen lassen, dass sie sich, wenn sie könnten, an die Regel halten würden."

So unterschiedlich die beschriebenen Statusstrategien auf den ersten Blick sein mögen, liegt ihnen doch der gleiche Zusammenhang bzw. der gleiche Mechanismus zugrunde: die Substituierung von Status. Unter diesem Gesichtspunkt sind die verschiedenen Reaktionen „funktional äquivalent" (Luhmann 1970, S. 9 ff.).

Verallgemeinerbar ist nicht diese oder jene Reaktion. Einen zweiten Herrn Rossi gibt es mit hoher Wahrscheinlichkeit nicht. Von allgemeiner Relevanz ist der Mechanismus, der zu den Reaktionen führt und ihnen als „Problemlösung" die gleiche Bedeutung bzw. die gleiche Funktion verleiht (Luhmann 1987, S. 33).

5.2.1.2   Staatliche Hilfsangebote und Barrieren der Inanspruchnahme

Eine grundlegende Differenz zu sehr armen Ländern wie Burkina Faso besteht darin, dass es in der Schweiz verschiedene Formen sozialstaatlicher Unterstützung gibt. Im Unterschied zu persönlich-familialen Hilfeleistungen unterliegen staatliche Sicherungsformen stärker formalen und allgemein verbindlichen Regeln. Das macht Unterstützung verlässlicher und auch weniger anfällig für persönliche Willkür. „Unter der Bedingung eines etablierten Rechtssystems mit verankerten Anrechten (…) kann der individuelle Anspruch unabhängig von persönlichen Animositäten, Beziehungen (…) geltend gemacht werden, so lange die definierten Zugangsbedingungen erfüllt sind" (Beck und Sopp 1997, S. 14 f.). Probleme werden allerdings nur wahrgenommen, soweit sie in das sozialstaatliche Raster fallen, Notlagen sich an Fallgruppen anschließen lassen und „organisierte Routinen zu ihrer Lösung bereitstehen" (Luhmann 1975, S. 143).

Sozialstaatliche Sicherungsformen tragen dazu bei, dass Erwerbslosigkeit lebensweltlich weitgehend unsichtbar bleibt und stärker als individuelles denn als kollektives Schicksal erlebt wird. Historisch wurde das Problem gewissermaßen von der Straße in die Gänge der Ämter verlegt, wo die Betroffenen ihre individuellen Ansprüche geltend machen können und ihre Situation „in den individualisierenden Rechtskategorien des ‚Einzelfalles' bearbeitet wird" (Beck 1986, S. 133; vgl. auch Schultheis und Herold 2010).

Während die herkömmliche Sozialversicherung von Fragen der Moral (Selbstverschulden) auf Fragen des Rechts (Anspruchsberechtigung) umgestellt hat, ist in neuerer Zeit eine Remoralisierung des Wohlfahrtsstaates zu beobachten (Lessenich 2009). Ausdruck davon ist die Figur des Sozialschmarotzers und die Zunahme von Schuld- und Versagenssemantiken durch eine ausgeprägtere Betonung von Eigenverantwortlichkeit und Eigeninitiative im Gefolge einer „aktivierenden Sozialpolitik" (Deutschmann 2009, S. 233), die nach der Einschätzung von Streckeisen (2012) in der Schweiz besonders forciert wird.

Wie werden diese Formen staatlicher Unterstützung von den Befragten wahrgenommen und worin besteht ihre Bedeutung für die Betroffenen?

Die meisten haben sich gegen die Inanspruchnahme staatlicher Unterstützungsleistungen gewehrt, vor allem aus Furcht „als mindere Person" abgestempelt zu werden. Diese Hürde besteht beim Arbeitsamt, was darin zum Ausdruck kommt, dass die Zahl der gemeldeten Arbeitslosen deutlich tiefer ist als die Zahl der Stellensuchenden (vgl. Streckeisen 2012, S. 52). Und die Hürde ist dann besonders hoch, wenn nur noch der Gang zum Sozialamt bleibt. Das wird auch durch Schätzungen bestätigt, die davon ausgehen, dass bis zu fünfzig Prozent der Anspruchsberechtigten in der Schweiz keine Sozialhilfe beanspruchen, im ländlichen Raum sogar bis zu achtzig Prozent (vgl. Streckeisen 2012, S. 55).[17]

Eine Befragte hat sich lange geweigert, Hilfe beim Sozialamt zu suchen. Sie habe zuerst ihre gesamten Ersparnisse aufgebraucht, weil sie sich geschämt habe. „Also es weiß es heute noch niemand außer meine Mutter, meine beste Kollegin, und jetzt mein Freund seit einer Woche. Ich habe es vorher nicht gesagt. Nicht mal mein Vater [der von der Familie getrennt lebt] weiß es. Ich wollte nicht aufs Sozialamt. Meine Mutter hat mich gezwungen: ‚Du musst. Es geht nicht anders'."

Daneben gibt es Befragte, denen die Inanspruchnahme staatlicher Unterstützung leichter fällt. Herr Noll (26 J.) zum Beispiel versichert, keine Mühe damit gehabt zu haben, stempeln zu gehen. „Außer dass mir der Mitarbeiter vom Arbeitsamt immer im Nacken gewesen ist überhaupt nicht, nein. Also ich habe mich nicht geniert. Ich habe meine Bewerbungen etwas angewidert gemacht und die Auflagen erfüllt. Und ja nicht mehr als erfüllt. Nein, ich habe mich da nicht irgendwie… Du, ich meine, ich gehe arbeiten, ich zahle meine Arbeitslosenversicherung ein. Wenn ich arbeitslos werde, habe ich ein Anrecht darauf. Ich muss mich doch nicht schämen, das zurückzufordern. Ich weiß schon, dass viele Probleme damit haben. Aber ich verstehe das nicht. Sorry, ich zahle das ein. Ich gebe ja dem Staat etwas, soll er mir etwas zurückgeben, wenn ich es brauche."

Allerdings haben Lazarsfeld und Zawadzki (2007, S. 181) darauf hingewiesen, dass „trotz der rationalen Einsicht", dass man sich nur holt, was einem zusteht, die „emotionale Reaktion ein Gefühl der Demütigung" sein kann. Und Schamgefühle

---

[17] Zu ähnlichen Schätzungen kommen Buhr und Leibfried (2009, S. 110) für Deutschland.

kann man auch verleugnen, weil man sich seiner Scham schämt. Sie wird als ein Zeichen der Schwäche empfunden, die sich mit dem (vor allem männlichen) Anspruch auf Souveränität nur schlecht verträgt.[18] Was im Extremfall dazu führen kann, dass man lieber riskiert als Schmarotzer zu gelten als sich eine Blöße zu geben (Neckel und Sutterlüty 2005).[19]

Während ein Teil der Befragten keine staatliche Hilfe in Anspruch nimmt und ausschließlich von den Eltern unterstützt wird, sind die Arbeitslosengeld- und Sozialhilfebezüger in Arbeitsintegrationsprogrammen engagiert, die ihnen den Einstieg in den Arbeitsmarkt erleichtern sollen. Auch wenn eine Studie (Aeppli und Ragni 2009) die Nützlichkeit solcher Programme in Frage gestellt hat, sind die Beteiligten selbst der Meinung, dadurch überhaupt wieder eine Perspektive erhalten zu haben. „Seitdem ich im Programm bin", meint ein junger Mann, „bin ich wieder ein bisschen motivierter als da, wo ich zu Hause rumgehängt bin und noch keinen geregelten Tagesablauf gehabt habe." Er bekomme Selbstbestätigung und irgendwie mache ihn das „wieder ein bisschen glücklicher. Du kannst dir selber sagen: siehst du, ich kann ja arbeiten, es geht.... Woran du halt vorher gezweifelt hast." Man schöpft wieder Hoffnung, aus seiner Situation rauskommen zu können. Wobei man aufgrund der erlebten biographischen Brüche nun stärker sicherheitsorientiert denkt und Experimente meidet (vgl. auch Leibfried et al. 1995, S. 168). „Wenn ich einen Job habe, dann halte ich den so fest, wie ich kann. Sagen, es passt mir hier nicht mehr, kündigen und denken, ich finde dann schon etwas, das könnte ich jetzt nie. Ich würde zuerst suchen und erst wenn ich den Vertrag in der Hand habe, würde ich kündigen. Vorher nicht."[20] Die Erfahrung der Unsicherheit hat auch bei einigen dieser Jungen die Vorsicht verstärkt und sich in einem Ethos der Anpassung niedergeschlagen (Beaud und Pialoux 2004; Castel 2011).

Die Teilnahme an Integrationsprogrammen kann auch dazu beitragen, dass man besser dazu stehen kann, vom Sozialamt unterstützt zu werden, weil man etwas

---

[18] „In dem Maße, wie Individualität selbst zur Leistung geworden ist, wird vom einzelnen Rollensicherheit, Kreativität, Initiative, Selbstbewusstsein verlangt. Scham nimmt in diesem Zusammenhang den Charakter einer heimlichen Emotion an, die ihren eigenen Ausdruck bestraft, weil er sich mit dem Individualitätscode so wenig verträgt" (Neckel 1993, S. 139; vgl. auch Frevert 2013).

[19] Der Mechanismus, lieber als Schmarotzer denn als schwach zu erscheinen, ist von Philipp Bourgois (2010, S. 289) auch bei randständigen Männern im New Yorker ‚El Barrio' festgestellt worden. „Following street culture's celebration of the gigolo image, he converted the shame of his inability to maintain a household into a celebration of the street art of being an economic parasite, cacheteando [freeloading] off his girlfriends."

[20] Dieser auf Sicherheit bedachte Habitus kann allerdings in Konflikt geraten mit den Anforderungen einer Wirtschaft, in der immer mehr Flexibilität und Risikobereitschaft erwartet wird, wie Boltanski und Chiapello (2003) gezeigt haben.

tut und „nicht blöde zu Hause herumhockt und nichts macht", wie eine Befragte meint. Und Integrationsangebote können auch helfen, einen stabilen und realistischen Orientierungs- und Erwartungshorizont aufzubauen, während man sonst unter Umständen Gefahr läuft, in eine Situation der Anomie abzugleiten. Dass man seiner Situation völlig orientierungslos gegenübersteht und in den Tag hinein lebt, was bei zwei Befragten aus sozial benachteiligten Familien der Fall ist. Oder Dingen nachhängt, die den eigenen Möglichkeiten nicht entsprechen, was sich eher bei zwei Befragten findet, die aus „Mittelschichtfamilien" stammen.

„Wenn man keine Perspektive hat, dann lebt man so vor sich hin" Herr Totti (31) und Herr Känzig (22) stammen beide aus dem unteren Bereich des sozialen Raumes. Ihre Situation ließ sich nur aus zweiter Hand rekonstruieren, weil beide nicht bereit waren, darüber zu sprechen. Ihre Geschichte erinnert an ein Grundprinzip der Feldtheorie: dass es in einem „Spiel" ein Mindestmaß an (wahrgenommenen) Chancen braucht, um Lust zu haben, daran teilzunehmen (Bourdieu 2014, S. 621).

Beide leben in den Tag hinein. Und beide haben es aufgegeben, Hilfe zu suchen. „Er glaubt nicht mehr daran, dass ihm geholfen werden kann. Er hat sich aufgegeben", stellt die Schwester von Herrn Totti resigniert fest. Und auch Frau Känzig hat das Gefühl, dass ihr Sohn mit 22 Jahren bereits kapituliert hat. „Ich meine, das ist auch eine Scheißsituation, wenn man irgendwie das Gefühl hat, man hat überhaupt keine Zukunft, mit 22. Mit 50 gut, da muss man nicht mehr groß viel wollen. Da hat man einen großen Teil des Lebens hinter sich. Aber mit 22. (...) Ich meine, er hat ja keine Perspektive. Er kann ja nicht eine Lebensplanung machen, wenn er überhaupt nichts hat als Perspektive. Dann lebt man so vor sich hin. (...) Jetzt hängt er einfach so in der Luft." Wenn sie ihn frage, wie er sich sein weiteres Leben vorstellt, sage er: „Puh, ich lebe jetzt und ich genieße es so wie es kommt. Er plant nicht groß. Er sagt: ich lebe einfach jetzt. Ich meine, er kann auch nicht groß planen. Was will er planen, wenn man nichts zum Planen hat."

Während sich der eine an der Gegenwart festhält, weil er den Glauben an die Zukunft verloren hat, ist der andere völlig verstummt und hat sich in seine eigene Welt zurückgezogen, an der er niemanden teilhaben lässt. „Er verbarrikadiert sich seit Jahren in seinem Zimmer". Offensichtlich leidet er an psychischen Problemen. Aber weder die Eltern noch die Schwester wissen, was er hat und wie man ihm helfen könnte. „Ich weiß nicht, was los ist. Keine Ahnung. Ich würde es gern wissen. Irgendetwas belastet meinen Bruder. Als ob er irgendwie auf etwas warten würde." Eine Zeitlang habe er „auch so ein bisschen ,schizo' getönt: er gehe nach Hollywood und so komisches Zeug."

Manchmal scheint nur noch der Rückzug auf einen engen und geschützten Raum zu bleiben, um sich dem sozialen Druck und den negativen Klassifikationen entziehen zu können und ein Stück jener Sicherheit und Ordnung in sein Leben zurückzubringen, die einem durch die prekäre Situation abhandengekommen sind. Andererseits kann dieser Rückzug dazu führen, dass man sich immer mehr von jener „Welt draußen" entfernt, auf die man eigentlich zugehen müsste, um sich behaupten zu können.

Seiner Situation begegnet man zunehmend fatalistisch. Was nicht nur ein Ausdruck geringer Möglichkeiten ist, sondern auch Schutz vor Enttäuschungen und persönlichen Kränkungen bietet. Und je isolierter man ist, umso mehr kann man sich irgendwelchen Phantasiegebilden hingeben und exzentrischen Gedankengängen nachhängen (Douglas 1996, S. 186 f.). Wobei der Verlust an Realitätssinn nicht nur ein Produkt der sozialen Abkopplung ist, sondern auch ein Resultat der „hoffnungslosen" Lage, in der man sich befindet. In einer Situation, wo nichts mehr geht, sind „die Aspirationen unstet, von der Realität abgekoppelt und zuweilen wie verrückt, so als würde dann, wenn nichts wirklich möglich ist, alles möglich" (Bourdieu 1997, S. 290). Das Leben wird zu einer Art „Glücksspiel", bei dem nur noch der Zufall bleibt, auf den man hoffen kann, bei dem aber auch kein Zufall ausgeschlossen ist.

Wenn man sich aus Scham zurückzieht und nichts gegen seine Situation unternimmt, kann das selbst wieder beschämend sein. Man droht in eine Spirale der Scham zu geraten, was es zunehmend schwierig macht, aus seiner Passivität herauszukommen und sich externe Hilfe zu suchen.

Trotz der Möglichkeit staatlicher Hilfe, und trotz mancher Vorteile, die diese von außen gesehen haben mag[21], ziehen es beide Betroffene vor, von den Eltern unterstützt zu werden. Beide haben sich ihr Leben so eingerichtet, dass die kurzfristigen psychischen Kosten geringer sind, wenn sie in ihrer Deckung verbleiben als wenn sie um öffentliche Unterstützung nachsuchen. Denn das würde heißen, dass sie sich mit ihrer Situation und ihren Problemen konfrontieren müssten, was ihnen auch deshalb wenig attraktiv erscheint, weil sie an einen Erfolg der Hilfe nicht (mehr) glauben mögen. Ihr Sohn, meint Frau Känzig (52 J.), sei mal in der Beratung „bei so einer Frau gewesen. Und die hat dann mit ihm geredet. Und dort hat er sogar geweint, weil er in so einer blöden Situation sei. Aber viel ist da auch nicht gegangen."

Nicht ganz auszuschließen ist, dass man seine Chancen noch geringer einschätzt als sie ohnehin schon sind (Heintz 1982), um seine Lage vor sich und an-

---

[21] Beck und Sopp (1997, S. 14) gehen davon aus, dass die „Abhängigkeit von abstrakten Organisationen" als weniger belastend wahrgenommen wird, weil sie verlässlicher sind, „nur einzelne Facetten der Person betreffen" und mehr Spielräume eröffnen als persönliche Abhängigkeiten.

deren rechtfertigen zu können. Denn „Ohnmacht ist ohne Makel", wie Cornelia
Koppetsch (2010) angemerkt hat.

Strategien der Verkennung – Kinder aus „Mittelschichtfamilien" Auch zwei
Befragte aus Familien, die im mittleren, kulturellen Bereich des sozialen Raumes
positioniert sind (die Familien Keller und Stich: vgl. Diagramm 2 im Anhang),
nehmen keine staatliche Unterstützung in Anspruch. Ihre Situation ist aber eine
völlig andere.

Im Unterschied zu Befragten, die aus Familien stammen, wo sich Eltern und
Geschwister ebenfalls in einer sozial benachteiligten Situation befinden, ist die
Fallhöhe bei den Nachkommen von Eltern aus der bildungsbasierten „Mittelschicht" deutlich größer. Sie leiden nicht nur unter Statusunvollständigkeitsspannungen, sondern stärker auch unter Rangspannungen: Zum einen den Eltern gegenüber, im Vergleich zu denen man einen sozialen Abstieg gemacht hat. „Wenn
ich wieder etwas von mir oder von früher erzähle, dann merke ich: oha, jetzt hast
du wieder das Falsche gesagt", meint Herr Stich (56 J.) über seine beiden Söhne.
„Sie wollen keinen Vergleich hören mit früher. Ja nicht! (...) Das ist offensichtlich
ein Druck. Das wollen sie nicht hören. Oder wo sie dann sagen: früher war es so
und heute ist heute. (...) Bei mir ist es natürlich schon so gewesen: Ich bin kein
Senkrechtstarter, aber ich bin kontinuierlich immer diese Linie rauf gefahren und
habe relativ schnell mein Diplom gemacht, bin schnell auf eigenen Beinen gewesen, habe schnell mein eigenes Geld gehabt. Und eine Freundin früh. Einfach alles
relativ früh."

Rangspannungen kann man auch Geschwistern gegenüber empfinden, die
schulisch und beruflich erfolgreicher sind. Was dann verstärkt der Fall ist, wenn
der „Erfolglosere" ein Mann und die „Erfolgreichere" eine Frau ist. Weil die traditionelle Geschlechterordnung auf den Kopf gestellt, im Habitus des Betroffenen
aber nach wie vor wirksam ist.

Der Statusdruck in der Familie ist deshalb besonders nachhaltig, weil man diese
Beziehungen weniger als jene zu Freunden oder Bekannten aufkünden kann, um
sich zu entlasten. Und er verweist darauf, dass es sich bei den Laufbahnen der
Geschwister vornehmlich um individuelle und nicht so sehr um gemeinschaftliche
Projekte handelt. Zwar können Geschwister am „Erfolg" des anderen partizipieren,
durch den Vergleich aber auch gehörig unter Druck geraten.

Es könne schon sein, meint Herr Stich, dass sein Sohn gegenüber dem Bruder „ein bisschen Minderwertigkeitsgefühle" habe. „Das ist schon möglich, dass
er etwas drunter...[bricht den Satz ab]. Dass er denkt, der Bruder ist der, der es
durchdenkt und ich bin eigentlich eher so ein wenig der Mechaniker." Bei andern Sachen sei es dann aber er, „der der Mutigere ist." Die schwächere Position

in dieser ungleichgewichtigen Figuration lässt sich auch hier ausgleichen, indem man auf andere Statusmerkmale zurückgreift, von denen man mehr besitzt als der andere: handwerkliches Geschick, Mut oder Männlichkeit zum Beispiel. Womit man ein Verhältnis der Unterlegenheit in eine zumindest partielle Überlegenheit verwandeln kann.

Geprägt wird man nicht nur durch die soziale Stellung der Eltern, sondern auch durch die Position, die man innerhalb der Geschwisterfiguration einnimmt. Auch sie kann, vermittelt über den Habitus, eine Laufbahn beeinflussen. Was man ist, kann und was man sich zutraut ist auch abhängig von dem, was der Bruder oder die Schwester sind und können. Auch in der Familie muss man sich Positionen suchen, die noch nicht besetzt sind.

Aufgrund des ausgeprägten Statusdrucks, der auch vorhanden sein kann, ohne dass die Eltern Druck aufsetzen, können diese Kinder aus besser gestellten Familien nicht nur dazu neigen, ihre Situation zu vertuschen. Sie neigen auch dazu, sie zu verkennen, indem sie ihre prekäre Lage nicht so sehr als erlitten, sondern als gewählt darstellen. So kann man die vielen Wechsel und Brüche, die man erlebt hat, als Ausdruck eines „plötzlichen Desinteresses" und einer Entscheidung gegen das langweilig Gewordene interpretieren. Um dann im Laufe des Gesprächs einzuräumen, dass auch Versagensängste eine Rolle spielen. Er sei vermutlich jemand, der aussteige, bevor es kritisch werde, meint der 27-jährige Herr Stich, der in seinem bisherigen Leben einiges angefangen, aber nur wenig wirklich durchgezogen hat. „Statt dass ich mich da blöd hinstelle, ziehe ich mich lieber ganz zurück."[22]

Beide Befragte führen eine Art Versuchs- und Bastelleben. Und sie tendieren zu jenen Bereichen des sozialen Raumes, wo die Eintrittsbedingungen nur wenig formalisiert sind. Wo es, anders als in etablierten Berufen, keine sichere Zukunft gibt, aber auch keine noch so ambitionierte Hoffnung auf eine berufliche Zukunft ausgeschlossen ist (Bourdieu 1988, S. 561). Mehr Ausdruck von Ratlosigkeit als von gezielt getroffenen Wahlen kann man versuchen, eine Existenz im Eventbereich aufzubauen oder kurzzeitig eine Kunstausbildung machen. Was möglich ist, weil man über die entsprechenden herkunftsbedingten Dispositionen verfügt und von den Eltern unterstützt wird. Diese Hilfe erlaubt einem auch, trotz prekärer Lage ein Leben ohne staatliche Unterstützung zu führen und damit jenen Klassifikationen zu entgehen, welche die „eigene Erfolglosigkeit" gewissermaßen amtlich beglaubigen würde.

Das lässt sich am Beispiel von Herrn Keller (33 J.) verdeutlichen, der in einer Lehrerfamilie aufgewachsen ist. Er hat mit Mühe eine manuelle Lehre in einem ge-

---

[22] Ein soziologisches Interview kann beim Befragten (wie auch beim Befrager) einen Prozess der Sozioanalyse in Gang setzen.

stalterischen Berufsfeld gemacht[23], während seine ältere Schwester studiert und an einer renommierten Hochschule im Ausland promoviert hat. Eine familiale Konstellation, die fast zwangsläufig zu Statusspannungen führen muss, unabhängig vom Verhalten der Bezugspersonen. Wobei Statusprobleme in der Erzählung von Herrn Keller vor allem als Authentizitäts- und Selbstbestimmungsprobleme erscheinen.

Im Unterschied zur Laufbahn des Sohnes sei die Laufbahn der Tochter „geradeaus gegangen oder steil nach oben", meint die Mutter. Früher habe er manchmal gesagt: „‚Die Studenten meinen immer, sie wissen alles besser'. Also eine gewisse Aggressivität. Und sie ist natürlich... bei ihr denkt und schwatzt es so schnell, er kommt gar nicht nach. Er ist der Langsamere."

Auch wenn er im Gespräch findet, seine Schwester sei halt „so ein wenig die Akademische", und er halt „mehr der Kreative und Musische" geworden, weist vieles darauf hin, dass er immer etwas gelitten hat unter der Diskrepanz zwischen seinem Beruf und seinen durch die familiale Konstellation bedingten Ansprüchen, die sich stärker nach oben orientieren. „Ich bin nie der gewesen, der wirklich mit dem Job zufrieden gewesen ist. (…) Also mein Potential ist eigentlich das, dass ich dauernd Ideen habe, für alles und jedes. Und eigentlich nicht der bin, der unten dann eigentlich ausführt." Das hat dazu geführt, dass er sich immer wieder anspruchsvolle Jobs gesucht hat, in denen er aber nicht reüssieren konnte, weil er offensichtlich überfordert war, wie auch seine Mutter vermutet. Er hingegen sieht den Grund darin, dass sein Umfeld überfordert war. „Ich bewege mich irgendwie in meiner Umwelt wie ein paar Jahre zu früh. Wenn ich irgendwo angestellt bin, dass ich vielfach die Leute überfordere mit meinen Ideen, mit meinen Ansichten oder mit meinen Emotionen, Gefühlen, was auch immer. Dass die gar noch nicht so weit sind wie ich. (…) Ich bin vielfach auch nicht verstanden worden. Und dass die Strukturen vielfach ein wenig festgefahren sind. Und ich halt ein Freier bin, ein Kreativer, der diese Auswüchse auch braucht." Mit der Zurechnung seiner „Erfolglosigkeit" auf sein Umfeld kann er nicht nur seine individuelle Souveränität gegenüber den Entlassungen behaupten. Es erlaubt ihm auch, seine Ziele aufrechtzuerhalten und weiter zu verfolgen.

Niemand kann so einfach aus seiner Haut schlüpfen. So betont er immer wieder, dass er sich nicht verbiegen könne. Statt seine beruflichen Ansprüche seinen Möglichkeiten anzupassen, versucht Herr Keller verzweifelt, die Situation seinen Ansprüchen anzupassen und sich eine selbständige Existenz zu basteln, ohne dass es ihm aber (bis jetzt) gelungen ist, eine materielle Basis dafür zu schaffen. Er hat nach eigenen Aussagen zwar viel Energie und Zeit in die Planung verschiedener „Projekte" investiert, aber nichts realisiert. Und praktisch nichts verdient. Er be-

---

[23] Die Lehrabschlussprüfung hat er das erste Mal nicht bestanden.

kräftigt jedoch immer wieder, er sei „auf dem Weg", es zu schaffen. Es sei nur eine Frage der Zeit. Es handelt sich hier um eine spezifische Variante von „auf die Zukunft hin leben", wie sie von Bourdieu (1988) beschrieben worden ist. Fort-während „unterwegs", wird das, *was er wirklich ist,* aus seiner Sicht „erst in der Zukunft zum Tragen kommen." „Ich weiß, für mich stimmt es mal. Ich habe ein Ziel und werde es erreichen. Das ist mein Antrieb. Deshalb geht es immer wieder vorwärts, egal was passiert."

Er bezeichnet sich als „erwerbslos, nicht arbeitslos" und lehnt es ab, staatliche Unterstützungsleistungen in Anspruch zu nehmen. Zum einen, weil er fürchtet, stigmatisiert zu werden: „als schlechter Mensch vielleicht oder mindere Person oder minder bewertet". Zum andern auch deshalb, weil das seiner eigenen Wahr-nehmung (und Verkennung) der Situation entgegenlaufen würde. „Ich möchte mir das eigentlich nicht mehr antun, weil durch das meine ganze Denkweise und das Potential, das ich habe und das ich umsetzen möchte, eingeschränkt werden. Also ich kann nicht mehr so sein, wie ich eigentlich bin."

Wenn er vorgibt, „Gestalter", „Manager" oder „Unternehmer" zu sein, täuscht er aus Sicht der Mutter nicht nur seine Umgebung, er macht sich auch selbst etwas vor. „Er scheint mehr als er ist. Gerade finanziell: er kommt mit dem Auto ange-fahren, hat seine Label-Klamotten, seine Käppi und das Handy, keine Sache und so. Und dabei hat er gar kein Geld. Er täuscht sich auf eine Art selber. Und bei den anderen sieht das aus: ,Ah, der hat es'. Die sehen gar nicht dahinter, bis sie es dann vielleicht merken. Er ist nicht ehrlich. Er sagt Sachen, die einfach nicht stimmen." Während er im Feld der Ökonomie bisher nicht Fuß fassen konnte, versucht er wenigstens im Feld der Lebensstile die Position zu markieren, die er prätendiert. Was dazu geführt hat, dass er in die Schulden geraten ist. Durchmogeln kann er sich allerdings nur eine begrenzte Zeit, was vermutlich mit ein Grund ist, warum seine Kontakte und Beziehungen nur von kurzer Dauer sind (vgl. Goffman 1975).

Doch auch wenn er nach eigenen Worten „bisher nichts erreicht" hat, so gibt ihm die teleologische Sicht seines Lebens die Zuversicht, dass sich mit der Zeit alles zum Guten wenden wird. Darin wird er auch von einer Art Beraterin bestärkt, zu der er regelmäßig geht. „Ich denke, die Zukunft spricht für mich dann mal. Meine ,Coachin' sagt auch: Schau, es wechselt. Es braucht vielleicht jetzt noch ein wenig Geduld, Arbeit und ein wenig Verständnis. Aber irgendwann bin ich dann völlig integriert und kann meine Ziele, meine Träume, meine Visionen oder was auch immer so umsetzen, dass ich mich dann auch glücklich fühle und glücklich bin und es auch finanziell mal einen rechten Sprung vorwärts geht. Daran halte ich mich fest. Diesen Glauben habe ich noch. Den verliere ich auch nicht."

Eine doppelte Wahrheit

Wenn sein Verhalten aus einer Perspektive von außen als Täuschung erscheint, heißt das nicht, dass Täuschung auch die Intention seines Handelns ist. Er möchte lediglich „jemand sein". Oder genauer: Er möchte der sein, der er *eigentlich* ist. Was nur funktioniert, so lange er daran glaubt und sich darüber hinwegtäuscht, dass er seiner Umgebung und sich selbst *auch* etwas vormacht.

Ist sein Verhalten das Resultat einer „doppelten Wahrheit", liegt seiner Selbsttäuschung das zugrunde, was Bourdieu (2001a, S. 51) „double-conscience" genannt hat: Man weiß es zwar, will und kann es aber nicht wissen. Man muss es verkennen, weil sonst alles in Frage gestellt wäre. Indem man daran glaubt, rettet man sich „vor Selbstverachtung und Selbstvernichtung". Und ähnlich wie die Heuchelei als „Huldigung an die Tugend" kann die Selbsttäuschung als „eine Huldigung an das Wahrheitsbedürfnis" verstanden werden (Simmel 2008a, S. 94). Durch die Überzeugung, wahrhaftig zu sein, kann man sich das Gefühl von Authentizität und innerer Einheit bewahren, was bei einer bewussten Täuschung nicht möglich wäre.

Bei der Darstellung eines solchen Falles besteht die Gefahr, dass der Leser als (ab-)wertend missversteht, was als soziologische Beschreibung gedacht ist. Um derartigen Lesarten entgegenzutreten, die dem Einzelnen anlasten, was für die Soziologie eine nachvollziehbare Reaktion auf den Druck sozialer Bedingungen darstellt, sei daran erinnert, dass wir alle dazu neigen, uns selbst zu täuschen und Situationen, die wir als besonders drückend erleben, zu verdrängen oder zu verkennen. Weil das Leben sonst manchmal nur schwer zu ertragen wäre.

Die Aufgabe der Soziologie besteht jedoch darin, solche Verkennungen aufzubrechen und die Realitäten möglichst ungeschminkt darzustellen, was von außen manchmal als hart und anmaßend empfunden werden kann und sicherlich ein Grund ist, warum die Soziologie auf so viel Widerstand stößt. Wobei nicht verschwiegen werden soll, dass auch die wissenschaftliche Praxis Formen der „selfdeception" unterliegen kann (Bourdieu 2001a, S. 47 ff.).

Die bisherige Analyse hat deutlich gemacht, dass hinter dem Zustandsbegriff der Erwerbslosigkeit verschiedene prekäre Verläufe mit unterschiedlichen Lebensrealitäten stehen können, die u. a. durch die Position im sozialen Raum beeinflusst sind. Alle haben jedoch dazu geführt, dass die Befragten in eine Situation der Abhängigkeit geraten sind, die sie wieder verstärkt an die Herkunftsfamilie bindet. Was das für die betroffenen Töchter und Söhne bedeutet und wie sie damit umgehen, soll nun im nächsten Abschnitt analysiert werden.

5.2.2   Das abhängige Leben bei den Eltern

Der Übergang in die Erwachsenenphase ist gewöhnlich auch mit einer räumlichen Veränderung verbunden: Dem Auszug aus dem Elternhaus und dem Bezug einer eigenen Wohnung, wo man fortan sein eigenes Leben führt. Im untersuchten Fall misslingt auch diese Statuspassage. Entweder muss man länger als geplant bei den Eltern wohnen bleiben oder man ist gezwungen, wieder zu ihnen zurückzukehren, weil man nicht in der Lage ist, (finanziell) auf eigenen Füßen zu stehen und auf die Unterstützung der Eltern angewiesen ist.

Statusunvollständigkeit und Spannungen Dass man im Erwachsenenalter bei den Eltern lebt, lässt sich soziologisch als eine weitere Form der Statusunvollständigkeit sehen, die für die Betroffenen mit zusätzlichen Spannungen verbunden ist. Nicht nur weil sie vom gesellschaftlich geltenden Fahrplan abweichen, sondern weil sie diesen Fahrplan auch selbst inkorporiert haben und über einen Sinn verfügen, was in einem bestimmten Alter „normal" ist und anerkanntermaßen erwartet werden kann. Erst das führt dazu, dass sie ihre Situation als defizitär empfinden.

Dass sie daheim wohne, meint eine Befragte, erzähle sie den Leuten nur ungern. „Weil ich denke: ‚Gottfried Stutz' [Himmelherrgott], ich bin 26. Also von dem her finde ich das nicht unbedingt sehr löblich und sehr erwachsen und sehr: du hast das Leben gepackt. Mehr so, weil ich mich selber wie als Versager fühle. (…) Dass ich es nicht geschafft habe, etwas durchzuziehen, jetzt einen Job zu haben, wo ich anständig verdiene, wirklich selbständig zu sein. Jetzt, wo ich spätestens im Alter sein müsste, wo ich wirklich selbständig bin. Und ich bin's nicht. Ich finde es selber grauenhaft: Dreißigjährige, die noch daheim wohnen, das ist für mich immer so der Horror gewesen."

Insbesondere in *subkulturellen* Zusammenhängen kann einem das Eingeständnis schwer fallen, dass man immer noch bei den Eltern wohnt. Während die Tatsache, dass man keinen Job hat oder keiner geregelten Arbeit nachgeht, hier weniger schwer wiegt. „Ich würde jetzt in einer Bar niemandem erzählen, ich wohne daheim. (…) Das muss nicht jeder wissen."

Die Situation wird allerdings nicht von allen Betroffenen als gleich problematisch empfunden. Sie ist schwieriger für Ältere als für Jüngere. Schwieriger für die, die zu den Eltern zurückkehren müssen als für jene, die noch nicht ausgezogen sind, weil sie einen Status verlieren, den die andern noch gar nicht hatten. Und sie ist für Männer noch problematischer als für Frauen, weil der Status der Männlichkeit eng mit der Fähigkeit verknüpft ist, auf eigenen Füßen zu stehen, vor allem in den unteren Regionen des sozialen Raumes (Karrer 1998).

In Frage gestellte Männlichkeit

Wer als Erwachsener zu Hause lebt, also in der „weiblichen Welt" verbleibt, kann schnell in den Ruf geraten, ein „Muttersöhnchen" und kein richtiger Mann zu sein. Was die Chancen auf dem „Beziehungsmarkt" empfindlich beeinträchtigen kann. „Ja, das ist ganz klar so", meint ein Befragter. „Also es ist mir schon peinlich zu sagen, ich wohne daheim. Das macht keinen guten Eindruck bei den Frauen. Also von dem her ist es schon nicht so der Hit."[24]

Das kann dazu führen, dass man es Frauen gegenüber gerne verschweigt oder ihnen – wie im Fall von Herrn Rossi – ganz aus dem Weg geht, um nicht mit unangenehmen Fragen konfrontiert zu werden. „Leute, die ich nicht kenne, die dürfen nicht wissen, dass ich daheim wohne und dass ich nicht arbeite. Das sind die zwei Punkte. Beides gleich. Mit fünfundvierzig ist das halt peinlich: Wo wohnst du? Bei den Eltern. Gut, es kommt ja auch nie diese Frage, eigentlich. Wer sollte mich das schon fragen. Ich lerne ja auch niemand Neues kennen. (…) Wenn ich zum Beispiel eine Frau möchte, irgendwann muss man ja einen Schritt weitergehen. Aber dort fängt mein Problem an. Ich will ja ehrlich sein. Was erzähle ich ihr, wenn sie mich fragt, so und so. Also ich kann nicht sagen, was ich arbeite. Und dass ich daheim wohne (…) Zuerst müsste ich meine Situation bereinigen. Und dann kann ich mal an Frauen denken."

Während Herr Rossi aufgrund seines Alters damit rechnen muss, allein zu bleiben, gibt es bei den jüngeren Befragten die Angst, später „mal ganz alleine dazustehen", falls man den Weg in ein normales Leben nicht finden sollte. Herr Stich (27 J.) spricht das lediglich indirekt an, indem er die Metapher eines abgeschiedenen Lebens in einer Berghütte verwendet. „Welche Frau kommt dann mit zu so einer Hütte. Und findet sich so abgeschieden damit ab, dass sie nicht einkaufen gehen kann."

Die Befürchtungen dieser Jungen beziehen sich weniger darauf, nicht heiraten zu können, weil die Ehe als verbindliche Norm an Bedeutung eingebüßt hat. Man sorgt sich eher, keine feste Partnerin zu finden. Womit man auch in dieser Hinsicht statusunvollständig wäre. „Ganz allein zu sein, wäre glaub schon hart. (…) Das ist schon ein bisschen eine Schreckvision." Auch deshalb, weil dem Alleinsein etwas Beschämendes anhaftet.

Die Sorge, allein zu bleiben, äußern lediglich befragte Männer, nicht aber Frauen, was den empirischen Regularitäten entspricht: Während statusdefizitäre Frauen in der Regel sogar leichter einen Mann finden als erfolgreiche, verhält es sich bei den Männern tendenziell umgekehrt (vgl. Wirth 2000, S. 133).

Die befragten jungen Frauen fürchten eher, sich in Zukunft keine Familie leisten zu können. Wobei bemerkenswert ist, dass sie die Gründung einer Familie von ihrem eigenen Leben abhängig machen (vgl. Beck-Gernsheim 1994, S. 122 ff.) und sich nicht auf den Verdienst eines Partners verlassen, wie das in früheren Ge-

---

[24] Je später junge Erwachsene finanziell unabhängig werden, umso größer ist die Wahrscheinlichkeit, dass sie keinen Partner haben. Wer finanziell abhängig ist, ist auch weniger attraktiv (Lauterbach 2007, S. 182). Was allerdings stärker für Männer als für Frauen gelten dürfte, zumindest in den sozialen Milieus, um die es hier geht.

nerationen häufiger der Fall war. „So in drei, vier Jahren hätte ich schon gerne Kinder", sagt Frau Luna. „Aber ich weiß nicht, ob ich das in drei, vier Jahren überhaupt machen kann. Ob das Geld reicht. Wenn ein Kind da ist und du dann den Job verlierst. Eben, so weit sollte man eigentlich gar nicht denken, dass es wieder passiert." Um eine Familie gründen zu können, braucht es auch Planungssicherheit und Vertrauen in die Zukunft. Beides ist schwer erschüttert worden.

Finanzielle Abhängigkeit und Formen der Verkennung und Verbrämung Man lebt vor allem aus finanziellen Gründen zu Hause[25], was man aber nur ungern zugibt und auch hier zu eigentlichen Formen der Selbstverkennung führen kann. So meint der verschuldete Herr Keller, ausschlaggebend gewesen sei „eigentlich im Grunde genommen nicht das Finanzielle, sondern auf eine Art auch eine Bequemlichkeit von mir." Und nächsten Monat sei er ohnehin wieder weg. Ein halbes Jahr nach dem Interview hat er aber immer noch bei den Eltern gewohnt.

Dass man von den Eltern finanziell unterstützt wird, wird von den meisten Befragten heruntergespielt, weil einem das „peinlich" ist. Als ich eine junge Frau direkt danach frage, meint sie zunächst: „Also unterstützt… Finanziell nicht. Meine Mutter hat mir sicher auch schon Geld gegeben. Aber eigentlich ist sie meistens von sich aus gekommen. Nicht dass ich fragen musste. Ich habe große Mühe, um Hilfe zu fragen. Und Geld schon grad gar nicht. Und meistens ist es auch gleich wieder zurückgegangen". Um nur etwas später auf meine Nachfrage hin zu schildern, dass die Mutter den größten Teil der Lebenshaltungskosten bestreitet. „Das Essen übernimmt eigentlich sie. Es ist selten, dass ich mal zahle. Und Telefon, Miete auch."

Wie es leichter fällt zu sagen, dass man bekommt, ohne darum gebeten zu haben, kann man offenbar auch leichter zugeben, dass man statt direkt mit Geld vermittelt über Güter unterstützt wird, weil der finanzielle Charakter des Transfers dadurch weniger offensichtlich ist.

Um Geld zu bitten, wäre gewissermaßen mit einer doppelten Herabsetzung verbunden: durch die Bitte und durch das Geld, dem *in persönlichen Beziehungen* eine entwertende Wirkung zukommt, worauf insbesondere Simmel (1989b, S. 514, 1989a, S. 58)[26] hingewiesen hat: Geld ist unpersönlich und gekennzeichnet durch eine „jede Herzensbeziehung ausschließende Sachlichkeit, die ihm als reinem Mittel eignet". Geld ist „gemein, weil es das Äquivalent für all und jedes ist". Und

---

[25] Herr Rossi wäre auch aufgrund seiner psychischen Probleme nicht in der Lage, in einer eigenen Wohnung zu leben. Und möglicherweise gilt das auch für Herrn Totti.

[26] „Immerhin bleibt es eine verwunderliche Erscheinung, dass man die höchsten Opfer eines andern: Leben, Leiden, Ehre und alles andere, meint ohne Schädigung der Ehre annehmen zu können, aber ja kein Geldgeschenk" (Simmel 1989a, S. 58).

Geld wird auch eher mit dem Gemeinen verbunden: Wer um Geld fragt, dem werden schneller unlautere und eigennützige Motive unterstellt.[27]

Um nicht bloß als Nutznießer zu erscheinen, kann man das Ungleichgewicht der nichtreziproken (Tausch-)Beziehung auch abzumildern versuchen, indem man darauf hinweist, dass man nicht nur zum eigenen Vorteil daheim wohnt, sondern auch die Eltern davon profitieren. Oder man kann Wert darauf legen, sich wenigstens ein bisschen an den gemeinsamen Kosten zu beteiligen, um zu signalisieren, dass man sich revanchieren würde, wenn man könnte. Was einem in der Familie zumindest einen gewissen Status verleiht, „au lieu de n'être ‚rien'", wie eine Befragte in einer französischen Untersuchung zitiert wird (Ribert 2005). Das macht auch verständlich, warum Herr Rossi so sehr darauf bestanden hat, einen Teil der Kosten mit zu tragen, obwohl die Eltern das eigentlich gar nicht wollten.

Gefühle der Schuld und des Versagens den Eltern gegenüber Trotz all dieser Versuche hat man „Schuldgefühle einfach so als Nichtsnutz da zu sein und den Eltern auf der Tasche zu liegen". Man empfindet Schuld, weil man Schuldner ist (vgl. Nietzsche 1991, S. 292 ff.). Was nicht allein eine Form der Ehrerbietung an die Institution der Reziprozität darstellt, sondern auch eine Form der Abgeltung. Auch Leiden kann als Gegenwert fungieren, mit dem sich Schulden abtragen oder zumindest mildern lassen.

Als Verletzung der Reziprozität kann auch der berufliche Misserfolg empfunden werden, weil man nicht in der Lage ist, den Eltern etwas von dem zurückzugeben, was sie an Mitteln und Hoffnungen in einen investiert haben. Was in besonderem Maße für jene gilt, die aus der Mitte stammen.

Man wird das Gefühl nicht los, die Eltern zu enttäuschen – vor allem den Vater, an dem vor allem die männlichen Befragten ihr „Scheitern" messen. Denn es ist primär die Position des Vaters, die reproduziert und übertroffen werden soll (vgl. Bourdieu 1997, S. 651 ff.). Einer schämt sich, „kein richtiger Sohn zu sein. Der Vater kann ja nicht stolz sein auf einen." Ein anderer fühlt sich als Versager und erträgt es nur schlecht, wenn sein Vater davon spricht, wie er sein Leben früher gemeistert hat. Und einer hat sogar den Eindruck, dass sich seine Eltern für ihn schämen. „Ich habe immer das Gefühl, ihnen ist es peinlich, dass sie die Eltern sind von mir."

---

[27] Simmel (1989b, S. 530) war es auch, der darauf hingewiesen hat, dass es leichter fällt, Naturalien zu stehlen als Geld. „Und auch der Betrug um Geld – namentlich in kleinen Summen – wird als ein besonders gemeines Verbrechen angesehen, das den Täter gesellschaftlich tiefer herabsetzt als Taten, die viel schlimmere moralische Gesunkenheit bezeugen" (Simmel 1989a, S. 58).

Das ist deshalb besonders schmerzhaft, weil man stark von der Anerkennung der Eltern abhängig ist. Was sich bei jener Befragten zeigt, die Angst hat, „dass meinen Eltern etwas passiert, bevor ich mein Leben ändern konnte. Ich würde mich noch freuen, wenn sie mal eine Wende in die richtige Richtung sehen würden, dass ich auf den richtigen Weg gekommen bin." Dann könnte sie den Eltern nicht nur zeigen, dass sie trotz aller Schwierigkeiten jemand geworden ist. Sie könnte ihnen gegenüber auch ihre „Schuld(en)" abtragen und damit jene Würde wiedergewinnen, die sie ihrem Empfinden nach durch ihre Abhängigkeit verloren hat.

Der Druck der familiären Nähe Solche (Status-)Spannungen erlebt man umso stärker, als man mit den Eltern unter einem Dach lebt und täglich mit ihnen konfrontiert ist. Unter diesen Bedingungen ist es schwieriger, etwas zu verheimlichen oder etwas vorzugeben, was man nicht ist. Und man kann seine Situation auch weniger verdrängen. Weil es sich bei der Familie – mit Luhmann (1990, S. 203) gesprochen – um ein „System mit enthemmter Kommunikation" handelt, muss man dauernd damit rechnen, mit unangenehmen Fragen und Vorwürfen konfrontiert zu werden. Was in andern Feldern als eine Form des zu nahe Tretens empfunden würde. „Wenn ich dann natürlich zwei- oder dreimal pro Woche oder pro Tag von meinem Vater hören muss: Wie ist es mit dem Verdienst und was machst du, dann nerve ich mich und laufe davon", meint Herr Keller. Und Herr Noll sagt genervt: „Sie sagen es dir die ganze Zeit, weil du bist immer daheim, sie sehen dich immer: ‚Geh arbeiten. Such dir einen Job. Mach das, mach das, mach das'. Das ist das Problem gewesen. ‚Mach, such, geh, hol, du bist jung, du kannst'. Blabla. Nochmals eins reingebrannt, nochmals eins reingebrannt. ‚Kannst du nicht wenigstens staubsaugen gehen, den Rasen mähen'. Blabla. Also wirklich auf eine Art und Weise, die ich… Heute würde ich mir das nicht mehr gefallen lassen."[28]
      Dieser Druck ist in Familien, wo sich die Eltern in einer ähnlichen Situation befinden wie die Kinder, deutlich reduziert (vgl. auch Frey und Frey Marti 2010, S. 70 f.). Was – wie wir noch sehen werden – auch deshalb der Fall ist, weil die Kinder diesen Eltern die Legitimität absprechen, ihnen Vorwürfe zu machen.

Inkongruenz der Bezugswelten und Identitätskonflikte Kehrt man zu den Eltern zurück, werden auch unterschiedliche Formen der Lebensführung, die vorher räumlich ausdifferenziert waren, stärker miteinander konfrontiert. Was nicht nur zu Konflikten mit den Eltern, sondern auch zu persönlichen Krisen führen kann. So dass man sich – im eigentlichen Sinne des Wortes („Krisis") – zu einer Entscheidung zwischen den verschiedenen Lebensformen gedrängt fühlt.

---

[28] Hinnehmen würde er das heute auch deshalb nicht mehr, weil er sich nicht mehr in der damaligen Position der Abhängigkeit befindet.

Das ist der Fall bei einer Befragten, die aus einem tief religiösen Milieu stammt *und* in einer Szene verkehrt, in der Suchtmittel und Promiskuität zu mehr oder weniger akzeptierten Formen des Lebensstils gehören. Was sie Kräften aussetzt, die in entgegengesetzter Richtung wirken, nicht nur als Zumutungen von außen, sondern auch innerhalb ihres Habitus, in dem beide Welten koexistieren.

Während sie diesen Gegensatz vor ihrer Rückkehr zu den Eltern noch einigermaßen flexibel handhaben konnte und je nach Kontext mal die eine oder die andere Seite ihrer Person in den Vordergrund rückte, sieht sie sich nun verstärkt einer Crosspressure-Situation (vgl. Esser 2000b, S. 450 f.) ausgesetzt, die sie zu zerreißen droht. „Ja, es ist eine totale Schizophrenie. Bis heute. Ich weiß, es wird der Punkt kommen, wo ich mich wie entscheiden muss. (…) Diese Zerrissenheit, die schlägt mir auf die Psyche. Also wirklich."

Eine Entscheidung fällt auch deshalb schwer, weil sie mit beiden Bezügen durch positive (und negative) Valenzen verbunden ist und aus beiden Bezügen einen quasi kompensatorischen Nutzen zieht. Ist die Partyszene ein Ort, der ihr vorübergehend ein Gefühl von Zugehörigkeit und Anerkennung verschafft und ihr Bedürfnis nach einem freien und ungebundenen Leben jenseits moralisch-religiöser Bevormundung befriedigt, vermitteln ihr die religiösen Wahrnehmungsmuster das Gefühl, dass das, was sie tut, unrecht und schmutzig ist – und zugleich die Gewissheit, dass sie trotzdem nicht verloren ist. „Jesus hat gezahlt für mich. Gott sieht ihn, wenn er mich anschaut. Ich bin durch sein Opfer rein geworden, obwohl ich so dreckig bin. Obwohl ich viele Fehler mache, habe ich Vergebung. Es ist ein Geschenk. Und manchmal trete ich das Geschenk mit Füßen, auf eine Art." Deshalb fühle sie sich bisweilen unwürdig, in die Kirche zu gehen. „Was aber absolut nicht die Lehre ist, an die ich eigentlich glaube. Weil es heißt, er ist gekommen für die Kranken, nicht für die Gesunden." Auch wenn sie es nach meritorischen Vorstellungen nicht verdient hat, ist sie trotz allem ein Kind Gottes. Mehr noch: Der Prophezeiung nach werden die herkömmlichen Hierarchien sogar auf den Kopf gestellt: „Die Letzten werden die Ersten sein". Ein ungeheurer Satz für jene, die daran glauben.

Auf dem Hintergrund des Konzepts des „Geschehensdifferentials" (Lewin 1981, S. 262 ff.), könnte man ihre Religiosität und das Verkehren in der promiskuitiven Partyszene noch in einem weiteren Sinne als interdependent sehen: mit ihrer Religiosität und ihrer Selbstanklage kann sie einen Teil der Schuld gegenüber den Eltern mit Anpassung (und Buße) begleichen. Was den Anpassungsdruck verringert und ihr die Möglichkeit verschafft, sich wieder unangepasster zu verhalten. Das heißt allerdings nicht, dass diese Logik, die sich aus einer analytischen Distanz ex post formulieren lässt, auch die bewusste Intention ihres Handelns ist.

Die Konfrontation mit früheren Zuschreibungen Lebt man wieder bei den Eltern, läuft man auch Gefahr, wieder mit jenen Zuschreibungen belegt zu werden, die man glaubte mit dem Auszug hinter sich gelassen zu haben. Fortgehen birgt ja, wie Goffman (1975) gezeigt hat, immer auch die Möglichkeit, unangenehme Zuschreibungen loszuwerden und sich sozial gewissermaßen neu zu erschaffen. Man geht neue Beziehungen ein, in denen man ein anderer werden kann, nicht zuletzt deshalb, weil man auch anders wahrgenommen wird. Die Familie aus der man stammt hingegen kann für solche Veränderungen wenig empfänglich sein, weil man sich lange kennt und die Bilder, die man voneinander hat, mehr oder weniger gemacht sind. Und Eltern können daran auch deshalb festhalten, weil mit der Anerkennung der Veränderung auch die eigene Position verändert würde und jene eingespielte Sicherheit verlorenginge, die man in der Beziehung hatte (vgl. auch Goffman 1982, S. 473 f.).

So können sich befragte Kinder darüber beklagen, dass man als der behandelt wird, der man einmal war, worauf man besonders sensibel reagiert, wenn man Wert darauf legt, ein ganz anderer geworden zu sein. Einer nervt sich, dass die Eltern die Entwicklung, die er gemacht hat, gar nicht zur Kenntnis nehmen, sondern ihn immer noch als „den kleinen Thomas von früher" sehen, der schon damals „das und das falsch gemacht hat. Aber ich bin gar nicht mehr der von vor zehn Jahren." Wenn man nicht mehr daheim wohne, sei das weniger ein Problem. Es sei jedoch etwas anderes „wenn du so nah zusammen bist."

Es kann jedoch auch sein, dass man nicht nur als der von früher wahrgenommen wird, sondern unter den gegebenen Bedingungen auch selbst wieder in alte Verhaltensmuster zurückfällt. Was einen ahnen lässt, dass man vielleicht doch nicht so ganz anders geworden ist, wie man geglaubt hat. Was auch die Vehemenz erklären würde, mit der man sich aufregt.

Durch die Rückkehr ins Elternhaus können auch Konflikte wieder zum Vorschein kommen, die durch die räumliche Trennung lediglich ausgesetzt und verdrängt, aber nicht gelöst worden sind. „Ich bin gegangen vor zehn Jahren, aber gewisse Konflikte sind immer noch genau die gleichen. Einfach eine räumliche Trennung ist passiert, aber die Probleme sind teils noch ganz ähnlich."

„45-jährig und immer noch Kind" – Statusinkonsistenz und Spannungen Die Situation der daheimlebenden Töchter und Söhne ist gekennzeichnet durch Statusinkonsistenz, die mit erheblichen Spannungen verbunden sein kann. Erwachsen aufgrund des chronologischen Alters und der damit verbundenen Rechte, und ausgestattet mit dem Habitus und dem Selbstverständnis eines Erwachsenen, wird man zurückgeworfen auf die abhängige Position des Kindes, in der die Eltern einem wieder in das eigene Leben hineinreden können. Was vor allem dann ein

Problem ist, wenn völlig unterschiedliche Vorstellungen bestehen, wie man leben sollte. „Eine Katastrophe ist das für mich", sagt die 26-jährige Frau Tschopp. „Da ich nicht das Leben führe, das meine Eltern gern hätten, kommt noch erschwerend hinzu, dass ich von ihnen abhängig bin. Ich habe dann noch weniger Legitimation, um so zu leben, wie ich will. Ich möchte gern, dass mir niemand reinreden darf. Aber ich bin in der Position, wo sie mir rein reden können."

Die Unterstützung, die man von den Eltern bekommt, schafft Verbindlichkeiten, die binden (Bourdieu 2001, S. 254). Es wird erwartet, dass man sich denen gegenüber dankbar erweist, die einem geben: indem man Anpassungsbereitschaft zeigt und sie nicht enttäuscht. Undankbarkeit würde als Respektlosigkeit und als (zusätzliche) Verletzung der Reziprozität empfunden (vgl. auch Blau 2005). Von daher hat Großzügigkeit – ob beabsichtigt oder nicht – immer auch etwas Besitzergreifendes (Bourdieu 2001, S. 255). Sie stiftet eine Phase legitimer Herrschaft, die für die Beschenkten mit einer Einschränkung ihrer Freiheit verbunden ist. Dazu kommt, dass die räumliche Nähe die eigene Lebensführung für die Eltern nun auch wieder sichtbarer und damit auch kontrollierbarer macht. Was umso mehr nervt, als man – befördert durch gesellschaftliche Individualisierungsprozesse – einen ausgeprägten Anspruch auf ein eigenes Leben hat.

Der Verlust an eigenem Raum Eine eigene Wohnung ist eine der grundlegenden Voraussetzungen eines eigenen Lebens (vgl. Beck et al. 1995, S. 41 ff.). Muss man sie aufgeben und ins Elternhaus zurückkehren, büßt man weitgehend die Verfügung über den Raum ein, in dem man wohnt. Und man gerät wieder verstärkt in den Einflussbereich der elterlichen Klassifikationssysteme. Denn es sind die Eltern, die den privaten Lebensraum kontrollieren und die damit verbundenen Grenzen des Möglichen definieren.

Da räumliche Reservate immer auch Informationsreservate sind (Goffman 1982, S. 69), verliert man ein Stück weit auch die Kontrolle darüber, welche Informationen man andern zugänglich machen möchte. Unter Bedingungen der räumlichen Nähe kann auch der Körper ungewollt zum „Lieferanten von Botschaften" werden (Hahn 2010, S. 134) und Wahrheiten offenbaren, die jedes Dementi sinnlos machen. Wer „aus jeder Pore nach Alkohol" riecht oder „glasige Augen" hat, kann der Entdeckung durch die Eltern nur entgehen, indem er wegbleibt. „Viele Male ist sie eben nicht heimgekommen, weil sie nicht wollte, dass wir das merken, oder. Sie ist dann dem ausgewichen", erzählt eine Mutter.

Mit der eigenen Wohnung verliert man einen Teil seiner Intimsphäre: jene „Hinterbühne" im Sinne von Goffman (1983), wo man auch mal „aus der Rolle fallen" und Dinge tun und lassen kann, ohne fürchten zu müssen, dass das gleich wieder zum Thema wird oder das eigene Image beschädigt werden könnte. „Es ist ja nicht mein Daheim in dem Sinn", meint ein Befragter. „Ich kann mich da nicht so ausleben, wie ich eigentlich möchte. (…) Man ist nicht so frei".

Weil man bei den Eltern praktisch unter Dauerbeobachtung steht, kann man sich über seine Außenwirkung nicht völlig hinwegsetzen, sondern muss auch hier bis zu einem gewissen Grad darauf bedacht sein, den „Gefahren der Spontaneität" (Luhmann 1970a, S. 100) durch Selbstkontrolle und Selbstdarstellung zu begegnen. Wobei Versuche der Imagepflege unter den Bedingungen familiärer Nähe vergleichsweise leicht durchschaubar und auf Dauer nur schwer durchzuhalten sind. Wie im Fall jenes Befragten, der in seinem Zimmer Arbeitseifer signalisiert, während die Eltern eher den Verdacht hegen, dass er häufig vor dem Fernseher sitzt.

Allgemein lässt sich sagen, dass mit der eigenen Wohnung ein Teil jener Bereiche verloren geht, die Goffman (1982, S. 70) „Territorien des Selbst" genannt hat. Was eine weitere Form von Statusverlust darstellt. Denn das Ausmaß, in dem man über seinen eigenen Raum verfügt, seinen Lebensort wählen und über den physischen Abstand zu andern bestimmen kann, hängt nicht nur von der Position im sozialen Raum ab, sondern ist auch selbst ein Statusmerkmal (vgl. dazu Bourdieu 1997, S. 159 ff.).

Ein Leben „mehr neben- als miteinander" Räumliche Annäherung ist nicht zwangsläufig mit sozialer Annäherung verbunden. So kann man zwar mit den Eltern unter einem Dach leben, ihnen aber so viel wie möglich aus dem Weg gehen und ein Leben mehr neben als mit ihnen führen. Das ist nicht nur Ausdruck einer distanzierten Beziehung. Es kann auch als Versuch interpretiert werden, unangenehmen Fragen auszuweichen, (Status-)Spannungen zu reduzieren und zumindest einen Rest an eigenem Leben zu behaupten. „Wir verbringen eigentlich keine Zeit zusammen", sagt Frau Känzig über ihren Sohn. „Wenn er daheim ist, ist er in seinem Zimmer. (…) Er bockt dann auch, wenn man ihn irgendwie fragt: eben, wie stellst du dir das eigentlich vor, was hast du das Gefühl, wie das weiter funktioniert? Dann blockt er einfach ab. Und wenn ich ihm sage, mach mal etwas, dann sagt er: ‚Stress mich nicht!' Das ist das, was ich immer wieder höre, seit vier Jahren. Es sind jetzt vier Jahre, wo er nichts macht. Er sagt immer: Stress mich nicht. Und wenn er den ganzen Tag schläft, so mehr oder weniger, aufsteht, duscht und fortgeht, dann sehe ich ihn gar nicht so viel. Er ist entweder im Bett oder weg."

Auch Frau Keller meint, ihr Sohn zeige wenig Interesse an einem gemeinsamen Leben, sondern ziehe sich stark zurück. „Wenn wir Besuch haben, kommt er vielleicht Hallo sagen oder er erscheint gar nicht oder verschwindet wieder. Also keinerlei Interesse." Was die Mutter aus einer Innenperspektive als Mangel an Familienbezug individualisiert, stellt sich aus soziologischer Sicht von außen eher als Versuch dar, sich nicht auf eine Begegnung einzulassen, die für das eigene Image riskant sein könnte, weil eine der ersten Fragen wahrscheinlich die ist, was man denn im Moment (beruflich) so macht. Und wenn er nicht gemeinsam mit den Eltern isst, geht er einer Situation aus dem Weg, in der man sich normalerweise austauscht und Probleme anspricht. Das ist es jedoch nicht allein: Er verweigert sich damit auch einem „Angliederungsritus" (van Gennep 1986), womit er indirekt zum Ausdruck bringt, dass der Aufenthalt lediglich vorübergehender Natur ist. Er verbleibt gewissermaßen auf der „Schwelle" (vgl. Turner 2005), als ob er sich dagegen wehren wollte, den Statuswechsel, der mit dem „Eintreten" verbunden ist, ganz zu vollziehen und sein Dasein damit unter „ein neues Vorzeichen" zu stellen (Duby 1990).

Unter den Bedingungen familiärer Nähe ist Ausweichen allerdings nicht möglich, ohne sich wiederum erklären zu müssen. Was dazu führen kann, dass man sich völlig zurückzieht und in den schützenden „Mantel des Schweigens" hüllt (vgl. Luhmann 1987, S. 310).

Das Verhältnis zu den Eltern und die ambivalente Bedeutung der Familie Das heißt nicht, dass alle befragten Kinder ein belastetes Verhältnis zu ihren Eltern haben. Aufgrund der Interviews lässt sich vermuten, dass bei jenen, die immer daheim gelebt haben, die Beziehung zu den Eltern sich eher unkomplizierter gestaltet als bei jenen, die ausgezogen waren und wieder zurückkehren mussten. Auffallend ist, dass alle Befragten, die noch beide Elternteile haben, ein engeres Verhältnis zur Mutter pflegen. „Zum Vater habe ich eigentlich keine richtige Beziehung. (…) Wir stehen irgendwie immer auf Kriegsfuß", meint Herr Rossi.

Man hat das Gefühl, mehr Verständnis von der Mutter zu bekommen, während der Vater stärker die Instanz verkörpert, die Erwartungen äußert und Vorwürfe macht, zumindest was den Beruf betrifft. „Es kann doch nicht sein, dass du keine Stelle findest. Und es kann doch nicht sein – so… Er hat immer etwas zu meckern", sagt eine junge Frau über ihren Vater, der von der Familie getrennt lebt.[29]

Die Familie hat für die meisten eine ambivalente Bedeutung. Zum einen ist sie ein Ort der Sicherheit, der Dauer und der Verlässlichkeit, ein Ort der „Zugehörigkeits-Gewissheit", wie Popitz (1992, S. 150) das genannt hat. Man schätzt, dass man die Beziehung zu den Eltern nur schwer verlieren kann und sie „immer da sind, wenn etwas ist." Andererseits ist die Familie aber auch eine Instanz, die einen einengt, kontrolliert und dem eigenen Leben Grenzen setzt. Und bekommt man als (ganze) Person vergleichsweise viel Aufmerksamkeit, wird man andererseits auch mit vielen Fragen konfrontiert, denen man lieber aus dem Weg gehen würde (vgl. Luhmann 1990, S. 196 ff.).

---

[29] Auch Aquilino und Supple (1991) kommen in ihrer Studie über das Zusammenleben von Eltern und erwachsenen Kindern zum Ergebnis, dass die Kinder ein besseres Verhältnis zu ihren Müttern als zu ihren Vätern haben und die Beziehung zwischen Müttern und Töchtern besonders eng ist.

Kann die Familie einerseits den Statusdruck erhöhen, ist sie andererseits auch der (ersehnte) Ort, wo die Leistungsabhängigkeit von sozialer Anerkennung und Zuwendung außer Kraft gesetzt ist. Wobei dieses Moment in der Beziehung zu den Großeltern möglicherweise stärker zum Tragen kommt als in der Beziehung zu den Eltern. Wie auch das folgende Beispiel vermuten lässt: Für den 26-jährigen Herrn Noll stellt die Familie eine Art Gegenwelt dar, wo man sich nicht beweisen und nichts Besonderes „bieten muss", um akzeptiert zu sein und dazuzugehören. „Irgendwie, du kommst heim, du hast Leute, die dich gern haben, die mit dir verwandt sind, wo du weißt, die gehören zu dir. Wenn ich eine Frau kennenlerne und die heirate, dann habe ich mich für sie entschieden. Dann ist die nicht für mich vorbestimmt. Aber meine Familie, meine Familie ist etwas anderes. Die gehört zu mir, das ist mein Gut, wir sind zusammen aufgewachsen, das ist etwas anderes. (…) Ich finde, Familie verbindet. Auch meine Großmutter: Ich meine, ich sehe sie nicht oft, aber ich habe sie sehr gern. Ich fühle mich einfach wohl." Familie gebe ihm eine Grundsicherheit „und ja: Geborgenheit". Wenn er zu seiner Großmutter gehe, sei das für ihn „ein zweites Stück Heimat. Dort fühle ich mich daheim. Es ist krass. (…) Ich weiß, ich kann mit denen an den Tisch sitzen, ich muss nicht mal… Weißt du, wenn du mit irgendjemandem ausgehst, dann gibt es so Redepausen, dann sucht man krampfhaft nach einem Thema und so. Und wenn ich dort bin, habe ich nicht das Gefühl, ich muss jetzt etwas sagen und so. Ich kann mich einfach so wohlfühlen."

Das macht auch verstehbar, warum in Zeiten der Krise, der sozialen Unsicherheit und des vermehrten (Status-)Drucks, der auf den Einzelnen lastet, die Sehnsucht nach „Familie" wieder größer geworden ist.

5.3 Die Situation aus der Perspektive der Eltern

Die Eltern nehmen in dieser familialen Konfiguration die helfende Position ein: sie stehen den Kindern, die bei ihnen wohnen, emotional und mit Ratschlägen bei, unterstützen sie jedoch vorwiegend finanziell. Wobei die Form, wie dies geschieht und wie es erlebt wird, geprägt ist durch die spezifische Struktur des familialen Feldes.

5.3.1 Die Form der (materiellen) Unterstützung

Die finanzielle Unterstützung der Eltern erfolgt vor allem zweckgebunden und in Form von (gekauften) Gebrauchsgütern. „Ich zahle die Miete, das Telefon und das Essen. Gewissermaßen Kost und Logis. Diese Grundlage hat er", sagt eine Mutter.

Gibt man Geld direkt, dann nicht als regelmäßigen festen Betrag, sondern punktuell und situationsbezogen (vgl. auch Ribert 2005).

Diese Art der Unterstützung ist für die intergenerationellen Beziehungen in verschiedener Hinsicht von Bedeutung:

- Eine Unterstützung in Form von regelmäßigen und größeren Geldbeträgen wür-
  de die Hilfe sichtbarer machen, während lediglich punktuell gegebene kleinere
  Summen eher als freiwillige und beiläufige Geschenke erscheinen können. Was
  für den, der bekommt, weniger verletzend ist und dem, der gibt, eher erlaubt,
  seine Unabhängigkeit zu wahren. „Les dons ne se demandent pas" (Ribert 2005,
  S. 6).
- Einer Unterstützung mit Geld haftet zwangsläufig der Geist der Berechnung an.
  Der Empfänger wird zum Schuldner, dessen Schuld eindeutig zu beziffern ist.
  Geld zählt sich. Und es verpflichtet auch stärker, die Schuld zu begleichen. Die
  Forderung nach einer (genauen) Begleichung der Schuld würde den familiären
  Beziehungen jedoch widersprechen. „Vouloir être quitte, c'est refuser le lien"
  (Ribert 2005, S. 12). Bei einer Unterstützung mit Gebrauchsgütern hingegen
  ist das ungleiche Tauschverhältnis weniger eindeutig. Die zusätzlichen Kosten
  sind für den, der gibt, weniger merklich („Ob man jetzt für einen oder zwei
  kocht"). Und bei dem, der bekommt, ist die Position des Schuldners weniger
  augenfällig, weshalb man eher die Fiktion aufrechterhalten kann, mehr oder
  weniger auch allein zurechtzukommen.
- Wird man mit Gütern und kleineren, punktuellen Geldbeträgen unterstützt, lässt
  sich auch leichter von der Position des Beschenkten zur Position des Schenkenden wechseln, indem man sich mit kleinen Gegengaben revanchiert, während
  das bei größeren Geldbeträgen, wo die Position des Schuldners festgeschrie-
  ben ist, viel weniger möglich ist. „Ja eben", meint Herr Burkart (24 J.), „es
  ist einfach so, dass mich teilweise meine Mutter unterstützt, wenn ich halt, ja,
  einfach halt für den Bus und Zug kein Geld habe. Oder eben, meistens kocht sie
  mir etwas, und ich wärme das dann in der Mikrowelle auf. Solche Dinge halt.
  Aber eben: wenn ich dann sozusagen wie wieder ein bisschen etwas habe, etwas
  gespart habe, dann gebe ich ihr gerne auch wieder einmal etwas zurück. Also
  sozusagen, dass wir irgendwie im Gleichgewicht bleiben, nicht, dass es ihr so
  vorkommt, als würde sie nur, ja... (…) dass ich sie ausnützen würde, oder dass
  sie die Bank spielen müsste (lacht)." So lässt sich auch eher die Vorstellung
  eines symmetrischen Verhältnisses aufrechterhalten. Weil der Wille zur Gegenleistung wichtiger ist als die Höhe der Gegenleistung.
- Die Unterstützung mit Gebrauchsgütern („Kost und Logis") und der punktuellen Zahlung von Rechnungen (Zahnarzt zum Beispiel) ist an bestimmte Zwecke
  gebunden. Das sichert den Eltern auch ein Maß an sozialer Kontrolle, das bei

einem Geldbetrag zur freien Verfügung nicht gegeben ist. Denn Geld als „allgemeines Äquivalent" (Marx 1973 [1890]) kann für ganz verschiedene Zwecke verwendet werden, auch für Zwecke, die der Gebende missbilligt. So meint eine Mutter, sie habe immer ein „ungutes Gefühl", wenn sie ihrer Tochter Geld gebe, weil sie fürchte, damit ihre Sucht zu finanzieren.[30] Zudem wird Geld ganz generell mit der Sorge verbunden, dass man es leichtfertig ausgibt, weil es keinen eigenen materiellen Gebrauchswert hat: „It has no ‚value in use', but only ‚in exchange'" (Parsons 1967, S. 306). Und man befürchtet, dass es dem besonders leicht von der Hand geht, „der nicht weiß, woher das Geld kommt", weil er es nicht selbst erarbeiten musste.

Die beschriebene Art der materiellen Unterstützung entspricht der Logik der Gabe und der familiären Beziehungen. Und im Unterschied zu einer direkten finanziellen Hilfe trägt sie auch eher zu einer Entproblematisierung und Entspannung der intergenerationellen Beziehungen bei.

5.3.2 Im Vordergrund stehen nicht die finanziellen Belastungen

Obwohl einige Kosten anfallen, sind es in der Regel nicht die finanziellen Belastungen, die für die Eltern im Vordergrund stehen. Was einen mehr umtreibt ist die Sorge, ob der Sohn oder die Tochter es jemals schaffen werden, ihr Leben auf die Reihe zu bekommen. In ihrem Umfeld, meint eine Mutter, sage man ihr immer: „Das ist sicher eine Megabelastung für dich. Die Leute reden dann immer von einer finanziellen Belastung. Und mich hat das eigentlich nicht finanziell belastet. Ich meine, ob man da jetzt für zwei kocht oder für eine kocht, die Kosten sind nicht viel höher. Klar habe ich sie auch sonst zwischendurch unterstützen müssen. (Leise) Gewisse Dinge habe ich für sie gekauft. Aber für mich ist das mein Kind. Und bei Zehnjährigen schaut man auch nicht, wenn sie ein paar Hosen brauchen. (…) Mich belastet eher ihre Situation. Die Unsicherheit: Wie geht es weiter? Kommt sie aus dem Ganzen mal raus?"

Dass die finanzielle Belastung nicht an erster Stelle steht, hängt auch damit zusammen, dass ein Teil der betroffenen Söhne und Töchter staatliche Unterstützung erhält und in jenen Fällen, wo das nicht der Fall ist, die Eltern zum Teil über

---

[30] Die gleiche Befürchtung kann sich auf staatlicher Ebene zeigen, wenn Bedürftige Warencoupons oder Essensmarken statt Geld erhalten (sog. „charity cash", vgl. Zelizer 1994). Oder wenn man einem Bettler auf der Straße lieber etwas zu Essen kauft als ihm Geld zu geben.

genügend Mittel verfügen, um die anfallenden Kosten *vorübergehend* tragen zu können.

Doch selbst jene Eltern, die nur über sehr wenig Geld verfügen und den Sohn oder die Tochter ohne jegliche Unterstützung durchbringen müssen, sagen mehrheitlich, dass die finanziellen Belastungen nicht am wichtigsten sind. „Ja bestimmt, sicher" müssten sie auf vieles verzichten, meint Frau Totti (64 J.). Wenn ihnen mal etwas passieren würde, hätten sie „nicht mal 100 € für ein Taxi". Doch das Finanzielle sei nicht das Hauptproblem. Um ihrem Sohn zu helfen, würde sie auch noch das letzte Geld hergeben. Das lässt vermuten, dass auch noch ein kulturelles Moment mit hineinspielt, das mit der spezifischen Logik familiärer Beziehungen zusammenhängt, die wir in Kap. 3 beschrieben haben.

„Das ist mein Kind"

Die Eltern-Kind-Beziehung gilt als Liebesbeziehung, die sich nicht aufrechnen und nicht in Geld ausdrücken lässt. So weigert sich Frau Luna (42 J.), bei der Steuererklärung Abzüge für die Unterstützung ihrer Tochter zu machen, weil sie ein „schlechtes Gewissen" hätte. „Das habe ich noch nie gemacht. F: Warum haben Sie das nie gemacht? A: Weil ich das gerne mache und das kann man nicht irgendwie wertmäßig... [ausdrücken]." Wenn sich Frau Luna ihrem Kind gegenüber jeder ökonomischen Berechnung verweigert, dann erweist sie sich damit als Mutter, deren Aufgabe, deren Selbstverständnis und deren Stolz darin besteht, für ihr Kind da zu sein, ohne nach den Kosten zu fragen. Ähnlich wie die Eltern von Herrn Rossi, die sich anfänglich sogar dagegen gewehrt haben, dass er sich an den Ausgaben für Essen und Miete beteiligt.

Zu sagen, dass Geld das zentrale Problem ist, hieße sich dem Verdacht auszusetzen, ein berechnendes Verhältnis zum eigenen Kind zu haben. Geld ist ja, wie Esser (2000, S. 343 f.) bemerkt hat, „nicht nur ein Medium der Transaktion von Gütern, sondern auch ein *Zeichen*. Geld *definiert* die Situation auch *kulturell* und erfüllt sie mit einem ganz bestimmten sozialen Sinn. (...) Geld ist damit stets auch ein *Symbol* für eine bestimmte ‚soziale Beziehung'." Geld wird mit Wirtschaft, Eigennutz, Egoismus, Rationalität und kalter Berechnung verbunden – und nicht mit Liebe, Altruismus und emotionaler Nähe, die das Bild der Familie prägen. Und beim Geld hört bekanntlich auch die Freundschaft auf.

Aus dem gleichen Grund würde man die gegenseitigen Leistungen auch nicht vertraglich regeln. Verträge untergraben das Selbstverständliche. Sie sind eine Form der Berechnung aus Misstrauen, die der Vorstellung von familiärem Vertrauen und familiärer Vertrautheit widerspricht.[31] Einzig Herr Stich (56 J.) hat als

---

[31] Deshalb ist es meiner Ansicht nach nicht angemessen, im Zusammenhang der Familie von einem (impliziten) Generationenvertrag zu sprechen (vgl. auch Bourdieu 1998, S. 181 f.).

erzieherische Maßnahme versucht, mit seinem Sohn eine schriftliche Abmachung zu treffen, in welcher Form und zu welchen Zeitpunkten er sich an den gemeinsamen Kosten beteiligen sollte. Das sei allerdings nur auf die Initiative und den Druck seiner Lebensgefährtin zustande gekommen, betont Herr Stich. „Ich hätte so etwas nie gemacht."

Dass man seine Kinder so weit wie möglich unterstützt, wird als selbstverständlicher Teil der Eltern-Kind-Beziehung gesehen. Und während man von außen immer wieder gesagt bekommt, dass man den Sohn oder die Tochter doch rauswerfen soll, wäre das für die meisten befragten Eltern nicht denkbar. „Eltern fühlen sich dazu nicht in der Lage – ich als Mutter zumindest", meint Frau Totti. Auch weil man Angst hätte, dass der Sohn oder die Tochter dann vollends aus der Bahn geworfen würde. Das heißt nicht, dass es nicht trotzdem vorkommen kann, sondern lediglich, dass ein Rauswurf mit vergleichsweise hohen psychischen und sozialen Kosten verbunden ist. Und es heißt auch nicht, dass man mit der Unterstützung nicht auch seine Probleme haben kann: Mühe macht sie einem dann, wenn man das Gefühl hat, dass die Kinder selbst zu wenig gegen ihre Situation unternehmen und die Hilfe, die man ihnen gewährt, ihre Passivität noch verstärkt, weil ja im Notfall „immer noch der Papi da ist."

Man hilft auch nicht einfach bedingungslos: „Ich finde, wenn sie anderthalb oder zwei Packungen [Zigaretten] pro Tag finanzieren kann, dann muss ich sagen, bin ich nicht bereit, irgendetwas zu zahlen. Und die verschiedenen Biere, die sie da trinkt. Es ist halt immer noch das, oder: Dann kommt man sich ein bisschen blöd vor."

Die ungleichen Voraussetzungen der Großzügigkeit

Trotz der beschriebenen Haltung befragter Eltern sollte man sich bewusst bleiben, dass ein großzügiges Verhältnis zum Kind, das es sich verbietet aufzurechnen, nicht in allen Regionen des sozialen Raumes gleich einfach realisiert werden kann. Und dass eine solche Haltung dort am schwierigsten durchzuhalten ist, wo man nur über sehr geringe Mittel verfügt und nicht nur die Kinder, sondern auch die Eltern erwerbslos und auf Unterstützung angewiesen sind. Wodurch eine doppelte Deklassierung droht: als Angehörige einer randständigen „Unterschicht" und als „schlechte Eltern". Weil Moral nicht nach Bedingungen fragt.

So ist es zum Beispiel Frau Stieger, eine 43-jährige geschiedene Sozialhilfebezügerin, die am stärksten aufrechnet und sich darüber beklagt, dass die Tochter mehr nimmt als sie gibt. Doch als ob sie intuitiv spüren würde, dass sie damit das „Tabu der (expliziten) Berechnung" verletzt, definiert sie die Beziehung um und betont, „dass wir jetzt eine WG sind und keine Familie." Während in einer Familie die Mutter gegenüber einem finanziell abhängigen Kind mehr Verpflichtungen hat, die Frau Stieger aufgrund ihrer geringen Mittel kaum erfüllen kann, sind die Aufgaben in einer Wohngemeinschaft gleich verteilt. Und die erbrachten Leistungen lassen sich problemlos gegeneinander aufrechnen, während das in familiären Beziehungen verpönt ist. Das Beispiel macht deutlich, dass eine familiale Norm auch wirksam sein kann, wenn sie gebrochen wird.

5.3.3   Die Angst vor dem sozialen Absturz

Treibt alle Eltern die Sorge um, ob der Sohn oder die Tochter ihren Weg im Leben finden werden, sprechen einige auch direkt von ihrer Angst, dass sie auf die schiefe Bahn geraten und abstürzen könnten.

In solchen Ängsten kommen kollektive Vorstellungen zum Ausdruck: Wer keinen Platz in der Gesellschaft hat, also außerhalb der Ordnung steht, wird in unterschiedlichen Gesellschaften mit antisozialem Verhalten in Verbindung gebracht (vgl. Douglas 1985, S. 126 ff.). Und gemäß einer modernen Vorstellung kann schnell auf dumme Gedanken kommen und auf Abwege geraten, wer keiner geregelten Arbeit nachgeht – analog der protestantisch-calvinistischen Überzeugung, wonach Müßiggang den religiösen Zweifel weckt (Karrer 1998, S. 168).

Einer befragten Mutter „macht es Angst, wohin die Tochter geht. Und ich meine, sie wäre nicht die erste, die ‚absumpft‘.“ Und auch Frau Noll (51 J.) hatte lange Zeit große Angst, dass ihr Sohn „absifft“, wie sie in einer Sprache ausdrückt, die offensichtlich von ihren Kindern geprägt ist. Es habe ja auch Zeiten gegeben, wo diese Angst ziemlich berechtigt gewesen sei. „Drogen, Alkohol, Gewalt auch ein Stück weit. Schlägereien. Also er ist deswegen auch mal drei- oder vier Monate im Knast gewesen. Das ist die schlimmste Zeit gewesen. Als er aus dem Knast rausgekommen ist, da hat er den Job verloren, zehntausend ‚Stutz‘ [Franken] Schulden gehabt. Und dann habe ich das Gefühl gehabt: ‚gopf‘[32], jetzt muss er doch etwas kapiert haben. Nada. Wieder trinken, wieder kiffen, wieder herumhängen. Und das habe ich eigentlich die schwierigste Zeit gefunden: dieser Druck und das Gefühl, es ändert sich nichts. Und für mich war es dann so: es ist wie eine Mühle. (…) Also einerseits das so zu reflektieren und andererseits zu sehen, was so die Hypotheken und Mankos sind im Familienleben.“

---

[32] Abgeschwächte Form von „gottverdammt“

5.3.4   Schuldgefühle der Mütter – Scham der Väter?

„Man hat eben das Gefühl, man sei schuld, man habe etwas falsch gemacht", sagt
Frau Känzig (52 J.). „Man habe ihn falsch erzogen oder weiß der Kuckuck was.
Man sei ein schlechtes Vorbild, weil ich halt nicht arbeite. Aber erstens darf ich
gar nicht arbeiten. Ich habe ja eine volle ‚IV-Rente'. Ich darf nicht arbeiten eigentlich." Es sind insbesondere die Mütter, die das Gefühl haben, versagt zu haben. Es
sei schon vorgekommen, meint eine Befragte, „dass ich das Gefühl gehabt habe,
dass ich für alles nicht geeignet bin. Und besonders nicht fürs Muttersein. Also
das ist recht heavy gewesen. Wo ich wirklich gelitten habe mit den Schuldgefühlen." Es sind auch vor allem die Mütter, die von ihrem Umfeld für die Situation
des Sohnes oder der Tochter verantwortlich gemacht werden. Weil sie es sind, die
in der traditionellen Geschlechterordnung primär für die Kinder zuständig sind.
Die Verwandten hätten ihr viele Vorwürfe gemacht, sagt Frau Totti bitter. Für die
Schwiegermutter trage sie die Schuld an der Situation ihres Sohnes, weil sie immer
gearbeitet und dadurch die Kinder vernachlässigt habe. Ihr Mann hingegen sei von
solchen Vorwürfen verschont geblieben. „Die Vorwürfe habe nur ich bekommen."
Und manchmal frage sie sich schon: „Was habe ich getan, dass das alles passiert
ist?"

Die Schuldgefühle scheinen dann besonders groß zu sein, wenn die Familie
„unvollständig" ist. „Da macht man sich schon Vorwürfe, weil man das Gefühl hat,
eine Person ist nicht vorhanden gewesen, die eigentlich vorhanden sein sollte",
sagt Frau Känzig. Und eine andere Befragte meint, sie habe ohnehin schon Schuldgefühle gehabt, weil es mit dem Vater nicht geklappt habe. „Nach der Scheidung
schon und dann auch das noch. Dann fühlt man sich noch mehr in Schuld, man
müsste mehr machen für das Kind. Alles kompensieren, was man...[sie bricht den
Satz ab]." Solche Aussagen lassen erahnen, wie sehr die Vorstellung „der traditionellen Familie" als Nomos immer noch im Habitus verankert ist, zumindest in
unteren und mittleren Regionen des sozialen Raumes (vgl. Koppetsch und Burkart
1999). Geprägt durch das negative Stereotyp der „Scheidungskinder", führt man
die Probleme der Tochter oder des Sohnes unwillkürlich darauf zurück, dass sie in
keiner „richtigen Familie" aufwachsen konnten. Was Frauen wiederum primär als
ihr Scheitern empfinden, weil vor allem sie in der traditionellen Geschlechterordnung für das Gelingen der Beziehung verantwortlich sind.

Die symbolische Gewalt der „Familie" Welche symbolischen Gewalteffekte von
„der Familie" als (präskriptiver) Kategorie ausgehen können, zeigt sich auch im
Gespräch mit der 34-jährigen Frau Totti, die alleinerziehende Mutter eines Sohnes ist
und anders als ihr Bruder ein eigenständiges Leben führt. Sie macht sich Vorwürfe,
weil ihr Sohn, der an ADHS [Aufmerksamkeitsdefizit- und Hyperaktivitätsstörung]

leidet, keinen Vater hat. „Das ist schlimm für mich." In ihrem Freundeskreis gebe es jedoch eine männliche Bezugsperson, der „wie ein Vater" sei. „Ich habe etwas gelernt aus meiner Vergangenheit: lieber keinen Vater als einen schlechten." Weil ihr Sohn aber immer wieder nach dem Vater gefragt werde, sage sie ihm: „Er hat dich lieb und er denkt an dich. Aber er kann dir kein guter Vater sein, weil er es selber nicht schön gehabt hat. Ich kann natürlich nicht sagen: er ist gemein gewesen zu mir und so. Irgendwie versteht er das. Er sieht es ja selber. Er ist nie aufgetaucht. Er vermisst ihn gar nicht. Weil, wir sind gut bedient eigentlich. Und ich habe sehr viele Kolleginnen, die auch allein erziehend sind. Da habe ich meinem Sohn beigebracht: siehst du, du bist nicht der Einzige."

Doch wenn irgendetwas sei, höre sie sofort: „Der Vater fehlt halt". „Ich kenne keine Kollegin von mir, die nicht schon auseinandergenommen worden ist vom Jugendamt. Auf mich sind sie auch los. Als allein erziehende Mutter wirst du einfach geplagt. Man hat nicht gewusst, was mit meinem Sohn los ist. Er hat gejammert, er habe Bauchweh. Und dann hat man gemeint, er werde von mir geschlagen. Dabei ist es gar nicht so gewesen. (…) Ich habe mich so gedemütigt gefühlt." Als man schließlich herausgefunden habe, dass er krank ist, „mussten sie sich bei mir entschuldigen. (…) Ja, und heute bekomme ich immer Komplimente. Ich sei die einzige Mutter, die für ihr Kind so einstehe. Und andere Eltern, wo beide da sind und die Kinder immer verwahrlost auf dem Spielplatz. Und mein Sohn, der muss um sechs daheim sein und ‚Znacht essen' [zu Abend essen]. Also ich bin sehr präsent." Um Vorurteile prophylaktisch zu entkräften, kann man wie Frau Totti zu Formen der Überanpassung greifen, ein Verhalten, das sich auch bei anderen stigmatisierten Gruppen zeigt (vgl. Karrer 2002). Und man kann besonders betonen, wie sehr man dem Bild der guten Mutter entspricht (vgl. Collett und Childs 2009, S. 698), was einen gerade wieder suspekt machen kann.

Der Verdacht, ihren Sohn zu schlagen, hat sie auch deshalb so getroffen, weil sie selbst von den Eltern geschlagen worden ist und sie große Angst hat, „dass mir das gleiche passieren könnte mit meinem Kind." Die Angst vor Ansteckung mit negativen Eigenschaften ist in der Familie aufgrund genetischer und sozialer Vererbungsprozesse *und dem Glauben daran* besonders groß. Auch das gehört zur symbolischen Gewalt der Familie: Einflüssen ausgesetzt zu sein, denen man sich kaum entziehen kann. Und bei denen man Gefahr läuft, sie an die eigenen Kinder weiterzugeben.

Um sich von diesem Verhängnis der „Vererbung" frei zu machen, hat sie die Unterstützung einer „Familienbegleiterin" gesucht. Und sie beobachtet sich und ihre Reaktionen sehr genau. „Und wenn ich dann manchmal meine Macken habe, wo ich merke, ups, ich rede laut oder ich schreie und mein Sohn bekommt Angst, dann belastet mich das unheimlich. Dann reden wir darüber. Ich mache vieles anders als meine Eltern." Natürlich mache sie auch Fehler. Aber sie schlage ihren Sohn nicht. „Mir ist vielleicht vier-, fünfmal die Hand ausgerutscht. Das passiert wohl jeder Mutter. (…) Ich habe das immer notiert, dokumentiert." Trotzdem ist sie überzeugt, dass die Krankheit ihres Sohnes auch mit ihrer schwierigen Geschichte zusammenhängt. „Das denke ich, ja. Aber ich bin eine gute Mutter, Gott sei Dank. (…) Mein Sohn entwickelt sich sehr gut. Also ich bekomme immer wieder Komplimente."

Während die Mütter sich mitschuldig fühlen und von Selbstzweifeln geplagt werden, scheint das bei den Vätern weniger der Fall zu sein. Was nicht Ausdruck des (biologischen) Geschlechts, sondern der sozialen Geschlechterordnung ist. So meint Herr Rossi, er mache sich wegen seines Sohnes keine Vorwürfe. Er habe immer gearbeitet und sei nur wenig zu Hause gewesen, weil er seiner Aufgabe als Ernährer nachkommen musste.

Es gibt auch Väter, gewöhnlich die „Träger des gesellschaftlichen Ehrgeizes" (Bourdieu 1999, S. 31), die sich für ihren Nachkommen eher etwas zu schämen scheinen. Auch wenn das nicht jeder so direkt und ungeschminkt sagen würde wie Herr Totti (63 J.), der meint: Wenn ihn seine Mutter nach dem Sohn frage, „schäme ich mich nur schon zu antworten. Weil ich keine Ahnung habe, was ich ihr sagen soll." Und Hilfe könne er auch deshalb keine suchen, weil er sich einfach schäme, so einen Sohn zu haben.

Ob sich hier ein genderbezogenes Muster zeigt, lässt sich aufgrund der gewählten Untersuchungsanlage nicht sagen. Allerdings gibt es Untersuchungen, deren Ergebnisse zumindest in eine ähnliche Richtung weisen, auch wenn sie thematisch etwas anders gelagert sind. So lässt sich der Studie von Amelie Burkhardt et al. (2006) entnehmen, dass Väter ein ambivalenteres Verhältnis zu ihren schizophreniekranken oder substanzabhängigen Kindern haben als Mütter. Sie schätzen die Beziehung als weniger erfreulich ein und fühlen sich mit den (substanzabhängigen) Kindern auch weniger verbunden als die Mütter.

Es gibt jedoch auch familiale Konstellationen, in denen ein Mann „Vater und Mutter" ist, wie Herr Stich, der durch den frühen Tod seiner Frau zum „MaPa" geworden ist, „also zu Mama und Papa in einer Person". Wie sich sein Sohn erinnert, hätten die Großeltern gesagt, „der kümmert sich doch gar nicht um seine Kinder und aus denen wird sowieso nichts. Jetzt wo sie tot ist, funktioniert sowieso nichts mehr." Solche Prophezeiungen wirken nach. „Ich habe mir natürlich überlegt", meint Herr Stich (56 J.), „liegt es an mir, liegt es an der Tatsache, dass die so früh die Mutter verloren haben. Aber aus diesem Ereignis, so schrecklich und einschneidend es gewesen ist, leite ich letztendlich, was meine Kinder anbelangt, sogar noch Positives ab. Also das kann nicht der Grund sein für [die Schwierigkeiten der Söhne]. Das kann er nicht sein. Das ist natürlich auch ein Stück Selbstschutz, ist klar. Aber ich denke, jedes Ereignis, wenn es auch noch so tragisch ist, stärkt einen, da lernt man etwas daraus. Also ganz nüchtern betrachtet: das kann nicht ein Grund sein, so etwas darf man nicht als Grund nehmen. Und auch nachher, als ich mich natürlich fragen musste: ja halt mal, wie bin ich diesen Aufgaben gerecht geworden? Bin aber auch dort zum Schluss gekommen: ja, wahrscheinlich nicht richtig, ja. Ich meine, zweihundert Prozent, das geht nicht. Mutter und Vater lassen sich nicht durch eine Person ersetzen. Aber letztlich, du hast es gemacht, ja so gut du es gewusst hast. Also ich bin zum Schluss gekommen: nein, ich übernehme da in dem Sinn nicht eine Schuld oder irgendwie so etwas." Wobei er anfügt: „Ja gut,

die Schwäche ist ganz klar: ich könnte die ‚Gofen‘ [Kinder] nicht rauswerfen."
Das könnte er auch deshalb nicht, weil er – allen rationalen Überlegungen zum
Trotz – das Gefühl doch nicht ganz loswird, für die Probleme seiner Söhne mit
verantwortlich zu sein.

5.3.5   Eine Aufgabe der Frauen

Bei Ehepaaren scheinen die Männer die Probleme mit den Kindern eher ihren
Frauen zu überlassen. Es ist Frau Totti (64 J.), die sich um den Sohn kümmert und
ihn (auch finanziell) unterstützt, während der Vater sich abseits hält und seinen
Sohn vermutlich schon etwas aufgegeben hat. Und auch Frau Keller meint, bei
Problemen mit ihrem Sohn halte sich ihr Mann zurück. „Ich bin eigentlich die, die
spricht. Wenn wir zu dritt am Tisch sitzen, sagt er vielleicht etwas, und dann sagt
er nichts mehr. (…) Wie wenn er denkt, sie macht es dann schon. Er überlässt es
mir, oder." Ähnlich äußert sich Frau Tschopp (51 J.) über ihren Mann, auch wenn
sie einschränkend meint: „Also das geht auch nicht spurlos an ihm vorbei. Auch
wenn er das probiert von seiner Person fern zu halten. Aber er muss sich auch
Fragen stellen. Und ich denke, das schafft auch an ihm." Sie habe schon oft mit
ihm über die Situation geredet. „Stunden lang. Und er hört sich das an. Wie quasi
ein Opferlamm. Und wenn es vorbei ist, steht er auf und geht (lacht). Und das regt
mich so tödlich auf. Ich habe gesagt, ich möchte gar keine Monologe halten. Ich
möchte einen Dialog, verdammt. Aber er ist nicht fähig. Er ist wirklich nicht fähig.
Und ich meine, er hat ja schon geweint wegen dem. Also es ist nicht so, dass ihn
das kalt lässt."

Dass Mütter sich mehr kümmern als Väter ist zum einen Ausdruck inkorporierter geschlechtsspezifischer Zuständigkeiten. Es sind die Mütter, die sich für
familiäre Probleme verantwortlich fühlen und die Familie zusammenhalten. Zum
andern hängt es auch damit zusammen, dass sie sich die Schwierigkeiten des Kindes stärker selbst zuschreiben. Unterstützung kann auch als eine Form der Wieder-
gutmachung verstanden werden (vgl. dazu auch Ribert 2005, S. 10).

Dass man sich mehr kümmert, erklärt auch mit, warum das Verhältnis der
Mütter zu den befragten Kindern enger ist. Wie Simmel (2008, S. 132) treffend
schreibt, bringt man „nicht nur Opfer für das, was man gern hat, sondern auch umgekehrt: man liebt das, wofür man Opfer gebracht hat."

„Eine Mutter spürt das"

Der „Mutter" wird in unserer Gesellschaft eine besonders enge Verbindung zum
Kind zugeschrieben. Das kommt auch in der Vorstellung eines spezifischen Mut-
terinstinkts zum Ausdruck. Sie ist Teil einer eigentlichen Mythologie des Mütter-

lichen, die im Habitus und Selbstverständnis vieler Mütter präsent ist und auch als eine Art natürliches Kapital fungieren kann, das einen im Unterschied zum Mann auszeichnet. Als sie im Ausland in den Ferien gewesen sei, erzählt Frau Keller, habe sie „gespürt, dass mit meinem Sohn etwas nicht stimmt. Dass ihm gekündigt worden ist. (…) Ich spüre es jedes Mal. Das erste Mal habe ich es sogar geträumt, es sei ihm gekündigt worden. Und es war nachher so. Dann hat er wieder keinen Job mehr gehabt."

5.3.6   Der Einfluss der sozialen Position

Wie man mit der Situation des Kindes umgeht, ist nicht nur abhängig vom Geschlecht, sondern auch von der Position im sozialen Raum (vgl. auch Elder 1999, S. 36). Die Eltern aus dem unteren Bereich des sozialen Raumes scheinen den Kindern gegenüber zum Teil eine willkürlichere (vgl. eingezogenen Text) und vorwurfsvollere Haltung einzunehmen als die befragten Eltern aus mittleren Positionen. Diese verfügen über ein größeres informationelles Kapital und versuchen sich stärker in die Situation des Kindes hineinzuversetzen. Und sie scheinen auch eher zu reflektieren, dass es für die Jungen heute schwieriger ist, Zugang zu einem geregelten Berufsleben zu finden, als in den sechziger und siebziger Jahren, wo man selber jung war. Was allerdings nichts daran ändert, dass der strukturelle Druck, der auf den Kindern lastet, in diesen Familien größer ist.

> **„Obwohl sie gar keine Ahnung hat"** Die Mutter von Herrn Burkart, die das Interview verweigert hat und im unteren Bereich des sozialen Raumes positioniert ist, wirft ihrem Sohn immer wieder vor, dass er zu wenig gegen seine Situation unternehme. „Sie schaut sich teilweise auch für Stellen um für mich und so. Und nachher schaue ich das Inserat an und finde: nein, das ist ja total nichts für mich. Was soll ich mich jetzt hier bewerben, ich entspreche nicht dem Qualifikations… (…) Ich weiß nicht, vielleicht schneidet sie diese Inserate einfach so zum Spaß aus. Bevor du es ausschneidest, solltest du es eigentlich einmal durchlesen und dann weißt du doch genau, passt es oder passt es nicht (lacht). (…) Das sind halt so Jobs, wo mir die Qualifikationen fehlen und so. Und dann nervt es doch mit der Zeit, oder." Seine Mutter mische sich ein, „obwohl sie gar keine Ahnung hat. Sie will es dann auch nicht einsehen, dass sie nichts davon versteht oder dass sie… dass sie nicht begriffen hat, um was es geht, oder. Ja es ist halt recht schwierig so."

Während die Befragten aus den mittleren Regionen des sozialen Raumes aufgrund ihres ökonomischen und kulturellen Kapitals und dem damit verbundenen Habitus relativ viel unternehmen, damit sich die Situation des Kindes ändert, stehen die Eltern aus dem unteren Bereich des sozialen Raumes den Schwierigkeiten um einiges hilfloser gegenüber. Frau Känzig spricht vom Gefühl, dass sich nichts bewege. „Es ist wie eine Sackgasse, wo er drin ist. Ich sehe ja auch nicht, wie man da raus kommt. Das ist für mich schon ein Problem, dass ich nicht weiß wie. Dass er ohne Perspektive dasteht. Und ich weiß wirklich nicht weiter. (…) Das einzige, was ich mache: verdrängen. Was soll ich sonst machen."

Diese Ohnmacht zeigt sich insbesondere bei jenen Eltern, die aus Italien zugewandert sind und nur schlecht Deutsch sprechen, also auch nur über wenig ortsbezogenes, „spezifisches" kulturelles Kapital verfügen. Herr und Frau Totti zum Beispiel, deren Sohn offensichtlich große psychische Probleme hat, seit acht Jahren zu Hause lebt, mit niemandem über seine Probleme spricht und jegliche Hilfe von außen ablehnt, wissen nicht, was mit ihrem Sohn los ist und stehen der Situation völlig orientierungs- und hilflos gegenüber. Dazu eine kurze Passage aus dem auf Italienisch geführten Interview. „F: Hat Ihnen nie eine Sozialarbeiterin erklärt, was Sie tun können, um auch Geld zu bekommen? Herr Totti: Nein, nein. Frau Totti: Nichts, nichts. F: Niemand? Haben Sie sich nie erkundigt? Herr Totti: Nein. Frau Totti: Bei wem? F: Eben, bei der Sozialarbeiterin. Herr Totti: Nein. Nie. (Längere Pause). Sie haben an einem Abend schon gearbeitet [als sie Zeit gehabt hätten], doch zur Sozialarbeiterin sind wir nie, weil wir immer Hoffnung hatten, er erhole sich, er erhole sich… Herr Totti: Ich höre auch das Tessiner Radio. Wenn es in etwa übereinstimmt, wie er so ist, sagt es, dass die IV [Invalidenversicherung] einspringen müsste. Ob dies wahr ist oder nicht, weiß ich nicht. Ich habe es im Radio gehört." Der einzige Ansprechpartner, den sie für ihre familiären Probleme haben, ist ihr Hausarzt, was in diesem Milieu niederschwelliger und akzeptierter ist als sich im psychosozialen Bereich Hilfe zu holen.

Die Ratlosigkeit dieser Eltern führt dazu, dass man den Kindern, die selbst oftmals überfordert sind, bei der Suche nach Unterstützung nur wenig helfen kann. Was vom Sohn der Familie Rossi auch beklagt wird: „Ich habe mich halt die ganze Zeit alleine gefühlt. Niemand interessiert sich. Die Eltern können nicht helfen, weil sie halt die Sprache und so… Und dann sind sie auch selber hilflos. Sie wissen auch nicht was machen. Wenn Sie zum Beispiel mein Vater gewesen wären, Sie hätten sich informiert, Sie hätten versucht zu verstehen, Sie hätten geschaut, was man da machen kann. Und das können meine Eltern halt nicht." Als er wegen seiner psychischen Probleme nicht mehr arbeiten konnte, haben die Eltern lange alles selber finanziert, weil sie nicht wussten, dass man dafür eine Invaliditätsrente beantragen kann. Geändert hat sich das erst, als der Vater von seinem Arbeitgeber darauf aufmerksam gemacht worden ist: „Bekommst du irgendeine Rente für deinen Sohn?", habe der ihn gefragt. „Nichts habe ich gesagt, ich weiß nicht, was das ist. ‚Nimm dir diese Rente' – ich wusste nicht einmal davon. ‚Warte: bring mir dies und dies und das, dann können wir reden. Ich erledige alles'. Mutter: Der Arbeitgeber hat geschrieben dem Sozial…, nein, nein: dort, wo er hingehen sollte eben. Sagt er: ‚warte, ich mache die Papiere'. Weil er wirklich Anrecht darauf hatte… all die vielen Jahre." Sie hätten die Rente dann zwar rückwirkend bekommen. „Aber es sind viele Jahre vergangen, vielleicht sieben, acht Jahre."

Oftmals sind es der Hausarzt, der Arbeitgeber, der Lehrer oder der Pfarrer, die einem in solchen Situationen behilflich sind – im unteren Bereich des sozialen Raumes oftmals die einzigen Personen in höheren Positionen, die man persönlich kennt. Frau Stieger und ihre Tochter zum Beispiel waren auf die Hilfe des Pfarrers angewiesen, als es darum ging, den Antrag auf Sozialhilfe auszufüllen. Weil alles „sehr kompliziert" ist und es „so viele Formulare" gibt, „bei welchen man nicht draus kommt. Und ich habe das mit meinem Pfarrer zusammen gemacht. (…) Weil, mir haben sie es einfach so in die Hand gedrückt und gesagt: füllen Sie das aus."

„Du schaffst ja auch nicht": Die Legitimität der elterlichen Einflussnahme

Die Legitimität, auf die Kinder Druck auszuüben und ihnen Ratschläge zu erteilen, ist ebenfalls abhängig von der sozialen Lage der Eltern. Sind auch die Eltern erwerbslos und auf Unterstützung angewiesen, ist ihre Position dem Sohn oder der Tochter gegenüber deutlich geschwächt. So meint Frau Känzig, wenn sie ihren Sohn dränge, dass er seine Situation verändern solle, sage er immer: „Du schaffst ja auch nicht [macht seine Stimme nach]. Schön. Nett, oder. (…) Ich habe schon das Gefühl: Du bist nicht gerade ein gutes Vorbild. Aber was soll ich machen. Ich kann es ja auch nicht ändern." Ähnlich äußert sich Frau Stieger: Als sie die Tochter wegen ihrer Passivität kritisiert habe, habe diese entgegnet: „Ja, du findest ja auch nichts. Und dann habe ich gesagt: Das ist einfach etwas anderes, oder. Eben, erstens mal: Ich bin zu alt, ich bin zu teuer, so lange es immer noch mehr gibt, die hier reinkommen, nur drei Worte Deutsch können und günstig arbeiten. (…) Aber eben. Ich habe ihr gesagt: Du bist noch jung, oder. Du findest noch eher etwas. Aber wenn man selber keinen Job hat, ist es natürlich schon schwierig zu sagen: Du musst und mach…"

5.3.7 Tangierter elterlicher Status und Strategien der Vertuschung

Der Status der Kinder tangiert auch den Status der Eltern. Sind die Kinder das, was man im jeweiligen sozialen Milieu „gut gelungen" und „erfolgreich" nennt, ist das auch für die „Erzeuger" mit einem Statusgewinn verbunden. Was darin zum Ausdruck kommt, dass man gern von seinen Kindern spricht und von dem, was sie erreicht haben. Dabei können Kinder auch als Kapital fungieren, mit dem man eigene Statusdefizite kompensieren kann (Karrer 1998), was Frau Rossi (74 J.) so ausgedrückt hat: Jemand könne so arm sein, wie er wolle, wenn es mit den Kindern besser gehe, „dann fühlt sie sich wie eine Prinzessin".

Sind die Kinder hingegen „nicht so gut geraten" und entsprechen sie den milieugeprägten Standards nicht, führt das zu einer Statusminderung, weil die Eltern – und wie wir gesehen haben: vor allem die Mütter – für den Weg der Kinder mitverantwortlich sind, sich stark mit ihrer Situation identifizieren und damit auch identifiziert werden. „Die Kinder", sagt eine Befragte treffend, „sind ja quasi unser Leistungsnachweis. Und wenn die dann so rauskommen, dann... ja... dann muss man schon ein bisschen über die Bücher. Und ich habe keine Karriere, wo ich sagen kann, wenigstens habe ich das, oder. *Das* ist meine Karriere. Ja, das sind schon harte Brocken."

In solchen Fällen spricht man weniger und auch weniger gern über die Kinder. „Ich beneide alle, die sagen können, meine Kinder haben dieses und jenes. Und sie sind auf dem Weg. Sie machen Jobs und so. Das können wir alles nicht." Ihre Probleme und Schwierigkeiten versucht man eher zu vertuschen. Fragen aus dem Umfeld sei sie schon „ein bisschen aus dem Weg gegangen", erzählt eine Mutter. Da habe sie gleich das Thema gewechselt. Und Herr Stich, der über das meiste kulturelle Kapital von allen befragten Eltern verfügt, sagt: Wenn jemand zu Besuch kommt, „der uns gar nicht kennt" und den Sohn fragt, was machst du beruflich, „dann kommt das aus, oder. Dann muss man schauen, wie schaut man dann mich an. Das ist klar. Dann muss ich dann lang und breit erklären. (…) Natürlich komme ich in eine Ecke rein, klar. Das habe ich dann gar nicht gern. (…) Es ist natürlich schön, wenn man sagen kann, ja, meine Tochter oder mein Sohn studieren Medizin. Toll, he. Das kann ich nicht. Ich muss auf bescheidenem Feuer kochen. Mit dem kann man nicht brillieren. (…) Man verdeckt. Man schaut, dass man dann ein bisschen von was anderem spricht. Um den Brei herum. Und dann kommt einem in den Sinn: ja halt mal, er hat ja Klavier gespielt. Und er kann unheimlich gut malen, komm ich zeig dir schnell."

„Dann lüge ich die knallhart an" F: Gibt es Situationen, wo es Ihnen Mühe macht, in Ihrer Umgebung zu sagen, dass ihr Sohn keinen Job hat? A: Wenn mich jemand danach fragt, also es kommt darauf an, wer das ist, aber es gibt schon Leute, die mich fragen und dann sage ich denen das nicht. Dann lüge ich die knallhart an. Weil ich finde, das geht die einen feuchten Kehricht an. Also es gibt Leute, wo ich genau weiß, die schwatzen das in der ganzen Gegend rum. Ich kenne ja Eltern, die in der gleichen Situation sind. Da redet man ja auch drüber. Aber sonst gibt es Leute, denen sage ich das nicht. (…) Das müssen die gar nicht wissen. Dann lüge ich die einfach an. Ich meine, wenn es etwas bringen würde, dann könnte man. Aber das bringt ja nichts, außer einem Geschwätz. Ich sage dann einfach: er schafft. Er schafft temporär, Ja, ja, er schafft. (Frau Känzig)

Ich habe jetzt einfach gemerkt, dass es bei gewissen Leuten besser ist, wenn ich es nicht sage. Wenn ich nicht alles raus lasse. Weil man wird dann sehr angreifbar, wenn man völlig aufmacht. (…) Ich kenne so Leute, wo halt wirklich Leistung zählt. Und wo man dann halt wirklich mit Verachtung gestraft wird. Nicht ernst genommen wird auch. (…) Man wird ernster genommen, wenn man vielleicht nicht ganz alles erzählt. Vor allem in gewissen Kreisen. (Frau Tschopp)

Der Statusdruck ist für die Eltern dann besonders groß, wenn man sich in einem Umfeld bewegt, wo man sozial abfällt und sich neben all der Normalität ein bisschen „wie Exoten" vorkommt. In einer solchen Umgebung kann man zunehmend verstummen, weil man sich unverstanden und „total daneben" fühlt. „Und dann bin ich dann schon extrem sprachlos geworden. Irgendwann habe ich nicht mehr gesagt, wie es geht. Da habe ich gesagt, es ist schon okay oder ich mag nicht darüber reden."

Weil man sich geniert und den Vergleich auf Dauer nicht aushält, kann es auch sein, dass man sich von solchen Bekannten distanziert. „Das ist ein Horror gewesen. Mit Leuten, die da sind und ihre beiden ‚Gofen' [Kinder] alles richtig machen und was weiß ich was. Und du kannst erzählen, mein Sohn ist…. Nein, das hältst du nicht aus." Es mache eben einen Unterschied, ob die Kinder erwerbstätig oder arbeitslos seien. „Du gehst anders auf die Leute zu. Das ist schon so. Also es ist völlig anders. Wenn mich jemand fragt, was macht die Tochter? Und ich sage: Sie macht eine Lehre. Dann kommt keine zweite Frage. Und wenn du sagst, sie ist im ‚RAV' [Regionales Arbeitsvermittlungszentrum] oder sie hat die Lehre abgebrochen, dann…." Man reagiere auch empfindlicher auf Fragen. „Wenn dich jemand etwas fragt, empfindest du das schnell als Vorwurf oder als Kritik." Deshalb sei es einfacher „nicht zu viele Leute um sich zu haben. Ich habe das wirklich nicht vertragen, irgendeinen blöden Satz."

Wie den Kindern fällt es auch den Eltern leichter, mit Leuten darüber zu sprechen, die in einer ähnlichen Situation sind oder die einem nicht so nahe stehen. Weil man da weniger Angst haben muss, sein Gesicht zu verlieren.

5.3.8 Die räumliche Ausdifferenzierung abweichenden Verhaltens

Auf unerwünschte und diskreditierende Verhaltensweisen der Kinder können Eltern auch mit Maßnahmen der räumlichen Ausdifferenzierung reagieren: indem man solche Verhaltensweisen vom Raum der Familie fernhält und an Orte verbannt, die sich außerhalb befinden. Wobei die räumliche Distanz zum Haus je nach Schweregrad der Abweichung variieren kann, wie das folgende Beispiel zeigt.

Die Eltern der 26-jährigen Frau Tschopp haben jeden Suchtmittelkonsum im Haus verboten. Daheim darf sie keinen Alkohol trinken, meint die Mutter bestimmt. „Und sie darf auch nicht kiffen da. Also normal rauchen müssen sie da draußen vor der Tür. Und zum Kiffen muss sie ganz raus [auf die Straße außerhalb des Hausareals]. Ich muss sagen, ich finde das das Letzte, ich finde das so daneben. Ich kann das nicht akzeptieren da."

Mit dem Akt der räumlichen Trennung versucht man die Familie sauber zu halten. Man grenzt sie ab gegen alles „Schmutzige, das ‚fehl am Platz ist'" (Douglas 1985, S. 52). So erhält man ein Bild der Familie aufrecht, das durch Projektionen des Unbeschmutzten und Unschuldigen geprägt ist (vgl. Goffman 1982, S. 287) und signalisiert auch, dass man mit solchen Verhaltensweisen nichts zu tun hat und nichts zu tun haben will. Was umso mehr ein Bedürfnis ist, als man Gefahr läuft, als Eltern damit identifiziert zu werden.

„Da ist nichts mehr zu flicken" – das andere Gesicht der Familie Weil auf den familiären Beziehungen ein starker normativer Druck lastet, unterliegt kaum ein Feld so sehr den Bemühungen einer „politics of reputation" wie die Familie. Vor allem von Seiten jener, die dafür verantwortlich sind: den Eltern. Dass sich dahinter ganz andere Realitäten verbergen können, zeigen die Aussagen der 34-jährigen Tochter der Familie Totti, die die familiale Situation etwas anders darstellt als ihre Eltern. In ihrer Schilderung kommen viele jener Merkmale familiärer Beziehungen zum Ausdruck, die wir in Kap. 3 beschrieben haben: ihre Ambivalenz zum Beispiel oder die ausgeprägte Tendenz zur persönlichen Schuldzuweisung. Zudem zeigt ihre Erzählung eindrücklich, dass die Familie nicht nur der Ort der tiefsten Zuneigung und des größten Glücks, sondern auch der Ort des Hasses und des größten Unglücks sein kann.

„Ich habe ein Trauma von meiner Kindheit. Die Mutter hat uns manchmal ganz brutal geschlagen. Das würde sie heute alles abstreiten. Horror! Horror! Horror! Ich bin als achtjähriges Mädchen ganz verzweifelt aufs Sozialamt: ‚Helft mir!' Keine Sau hat etwas gemacht. Niemand! (Tränenerstickte Stimme). Aber ich liebe meine Mami. Ich weiß, sie hat das nicht gewollt. Sie ist so gedemütigt und dermaßen schlecht behandelt worden von meinem Vater, dass sie gar nicht anders konnte." Die Mutter habe nur weitergegeben, was sie selbst an Schlägen und Misshandlungen bekommen habe. „Das ist nicht sie gewesen. (…) Sie hat eine schlimme Seite gehabt, wenn der Vater sie schlecht behandelt hat. Und eine andere Seite, total liebevoll und behütend. (…) Meine Mutter hat sehr gelitten darunter, wenn ihr die Hand ausgerutscht ist. Sie hat dann immer geweint und sich entschuldigt." Das wirkliche „Arschloch" sei der Vater. „Ich warte nur auf seinen Tod. Da gibt es nichts mehr zu flicken. Es ist vorbei. Ich weiß, wenn er stirbt, wird es mir lange schlecht gehen. Aber dann werden wir Ruhe haben. So hart es tönt." Der Vater habe die Familie zerstört. „Deshalb ist mein Bruder so geworden".

Sehr auf den Ruf der Familie bedacht, hätten die Eltern immer versucht, nach außen das Bild einer normalen Familie aufrechtzuerhalten. Deshalb würden sie für ihren Sohn auch keine Hilfe suchen. „Sie haben Angst, dass die Karten aufgedeckt werden. Meine Mutter will Hilfe, aber sie hat Angst. Der Vater bedroht sie, wenn sie Hilfe sucht." Dass auch soziokulturelle Barrieren eine Rolle spielen, will sie nicht gelten lassen. „Nein, es geht bei ihm nur um die Wahrheit." Beide gemeinsam zu befragen, sei ein Fehler gewesen. „Sie würde nie sich selber sein vor meinem Vater." Die Idee sei sicher vom Vater aus gekommen. Allerdings hätte die Mutter ohne ihn auch nicht alles erzählt, weil sie nach all den Jahren ähnlich „gepolt" sei wie er. „Wenn ich sie vor dem Vater beschütze, stellt sie sich gegen mich, weil sie weiß, sie bekommt eins auf den Deckel von ihm. Und wenn wir dann alleine sind, tut es ihr leid."

Im Unterschied zu ihrem Bruder sei sie schon in jungen Jahren ausgezogen. Und als der Vater sie deswegen geschlagen habe, habe sie zurückgeschlagen. „Da habe ich ihm alles zurückgegeben, was er uns angetan hat in diesen Jahren. (...) Und ich sage ihm heute noch: wenn ich einmal höre, dass du meine Mutter anlangst, breche ich dir jeden Knochen. Also ich mache das ja nicht, aber er weiß dann...[dass er sich in Acht nehmen muss]".

Trotzdem behält auch sie die schlimmen Erfahrungen, die sie als Kind gemacht hat, lieber für sich. Weil sie Angst hat, dass es auf sie zurückfallen könnte: „Man wird immer so ‚schubladisiert' [klassifiziert]. Schlimme Vergangenheit, also Problemhaufen." Und wie die Mutter verschweigt auch sie, dass sie in ihrer Ehe geschlagen worden ist. Weil sie sich auch selbst dafür verantwortlich fühlt. „Und als Selbstschutz. Weil du dich genierst. Weil die Leute denken, du bist nicht ganz gebacken (lacht). F: Ja, dass es dann quasi am Opfer hängen bleibt. A: Richtig. Genau."

5.3.9 Das Zusammenleben mit erwachsenen Kindern

Dass der Sohn oder die Tochter zu Hause lebt, scheint für die befragten Eltern, vor allem für die Mütter, ein geringeres Problem zu sein als für die Kinder selbst. Und selbst jene, die beklagen, dass das Verhältnis manchmal auch schwierig ist, haben grundsätzlich nichts dagegen einzuwenden, dass ihr Kind unter diesen besonderen Umständen zu Hause wohnt.

Diese Haltung ist nicht nur Ausdruck elterlicher Zuneigung und elterlichen Pflichtgefühls. Sie hängt auch damit zusammen, dass die Anwesenheit des Kindes den Eltern nicht nur Kosten (im weitesten Sinne) verursacht, sondern sie zum Teil auch selbst davon profitieren. Das gilt vor allem für die („alleinstehenden") Mütter. Auf die Frage, wie es für sie wäre, wenn ihre Tochter ausziehen würde, meint eine Befragte, die von ihrem Mann getrennt lebt und keinen Partner hat: „Ja, wahrscheinlich schon schwierig (lacht). (…) Es ist schon schön, wenn man weiß, es ist jemand da." Wenn Partnerbeziehungen brüchiger werden, kann die Beziehung zum Kind auch zu einer Art Ersatzpartnerschaft werden (Beck-Gernsheim 1986), deren Reiz darin besteht, dass sie angeboren, dauerhaft und letztlich nicht kündbar ist. „Man kann vielleicht den Kontakt abbrechen. Aber die Verbindung, die bleibt."

Den Sohn oder die Tochter wieder im Haus zu haben, kann man auch deshalb gut finden, weil man hofft, dass ihr Leben dann weniger aus dem Ruder läuft, weil man es mehr im Blickfeld und unter Kontrolle hat. „Meine Eltern haben es am Anfang, denke ich, als Chance empfunden, dass ich dann weniger kiffe, rauche usw."

Machtgewinne Wenn ein erwachsenes Kind wieder zu Hause lebt und unterstützt werden muss, erhält man einen Teil jener elterlichen Machtbefugnisse zurück, die man mit dem Auszug der Kinder verloren hat: aufgrund der räumlichen Nähe, der Kontrolle nachgefragter Ressourcen und der Tatsache, dass man gibt ohne (in gleichem Maße) zu bekommen. Denn „Geben heißt Überlegenheit beweisen, zeigen (…), dass man *magister* ist. Annehmen, ohne zu erwidern (…), heißt sich unterordnen (…), tiefer sinken, *minister* werden" (Mauss 1990, S. 170 f.). Wer in der Schuld steht kann auch weniger Ansprüche geltend machen als der, der gibt.

Aufgrund dieser veränderten Kräfteverhältnisse kann der Anspruch des erwachsenen Kindes, sein Leben selbst bestimmen zu können, von den Eltern vermehrt wieder in Frage gestellt werden. Während das die junge Frau Tschopp im vorher erwähnten Zitat beklagt hat, wird es von ihrer Mutter ganz direkt und offen bekräftigt, wenn sie sagt: „Sie kann nicht auf der einen Seite die Hand ausstrecken und auf der anderen Seite so auf Unabhängigkeit pochen. Das geht nicht."

Die Unterstützung erzeugt Rangdifferenzen und begründet Herrschaftsansprüche, die unter anderen Umständen als illegitim zurückgewiesen würden. Sie ist mit der Erwartung auf Entgegenkommen verbunden, deren Missachtung als ein Akt der Undankbarkeit empfunden würde; als Verletzung einer impliziten Reziprozitätsnorm, die gewöhnlich erst dann zu Tage tritt, wenn sie verletzt wird.

Zweifellos hat die Mutter nicht gegeben, um etwas zu bekommen. Und doch ist sie enttäuscht, wenn nichts zurückkommt und es die Tochter an jenen symbolischen Gesten der Anpassung fehlen lässt, um sich „erkenntlich", also „anerkennend" zu zeigen (vgl. Duden 1989).

„Erwachsen und doch Kind" – Die Ambivalenz der Eltern Nun heißt das nicht, dass Eltern ihre Tochter oder ihren Sohn einfach wieder so wie früher behandeln.

Das Verhältnis ist vielmehr geprägt von Ambivalenz und von der Unsicherheit, wie man sich dem erwachsenen Kind gegenüber verhalten soll.

Analog zur inkonsistenten und zweideutigen Statuskonfiguration des *erwachsenen Kindes* schwankt auch das Verhalten der Eltern zwischen diesen beiden Polen hin und her. So findet zum Beispiel Frau Keller, dass ihr 33-jähriger Sohn erwachsen und selbständig ist – und macht sich doch große Sorgen, wenn er nachts nicht nach Hause kommt. „Wenn ich mal in der Nacht erwache, dann denke ich: Oh, vier Uhr früh. Er ist jetzt ja mit dem Fahrrad unterwegs. Dann denke ich wieder: wenn etwas passiert ist. Eben, wenn er Alkohol gehabt hat... er ist ein wenig ein Sorgenkind. Und wenn man das weiß, dass er nicht kommt..., mir ist es ja egal, wo er schläft. Also wenn er irgendwo schläft, ist es ja besser als wenn er herumhockt und trinkt bis morgens um fünf an gewissen Orten. (...) Im Prinzip ist es mir, also er ist ja erwachsen, ist es mir gleich."

Während sie einerseits weiß, dass er erwachsen ist, reagiert sie in dieser Situation, die früheren gleicht, wie die Mutter von früher, weil sie aufgrund ihres Habitus nicht aus ihrer Haut kann. Solche Situationen wirken als Auslöser („Trigger") von Verhaltensweisen, die dem Selbstverständnis des Sohnes als Erwachsener nicht mehr angemessen sind, was zwangsläufig zu Konflikten führt.

Bei erwachsenen Kindern, die wieder zu Hause leben, ist der „Platz" in der Familie nicht klar. Und es gibt auch keinen entsprechenden „sense of one's place". Was auf Seiten der Eltern zu Verunsicherungen führt, weil unklar ist, wie man sich angemessen verhalten soll. Das ist umso mehr der Fall, wenn auch das Verhalten der Kinder inkonsistent und widersprüchlich ist. Wie im Fall von Herrn Keller, der darauf pocht, als Erwachsener behandelt zu werden, aber seine Mutter gebeten hat, ihn aufs Betreibungsamt zu begleiten. Was die Mutter etwas verwundert hat. „Es ist ja auch nicht normal, dass ein Mann über dreissig mit dem Mami aufs Betreibungsamt geht."

Schwierige Kommunikation Trotz der kollektiven Vorstellung, dass Eltern ein besonders enges (Vertrauens-)Verhältnis zu ihren Kindern besitzen, haben einige Befragte das Gefühl, nicht wirklich an den Sohn oder die Tochter heranzukommen.

Wenn sie frage, wie es geht, meint Frau Keller, sage der Sohn einfach „ja, bestens", obwohl es einem in dieser Situation ja wirklich nicht gut gehen könne. Und wenn man versuche, ihm zu helfen und über seine Probleme zu reden, sei das nicht möglich: „Also wir können nicht miteinander kommunizieren. Wir können etwas nicht in Ruhe ausdiskutieren. Es artet dann einfach aus: ,Ihr kommt nicht draus und mit euch kann ich sowieso nicht sein und ich gehe dann... Ich ziehe sowieso bald aus'. Er geht dem aus dem Weg. Und er ist einfach schwarz-weiß. So und nichts anderes, wenn wir über etwas diskutieren. Und dann sagt er jeweils: ,Das muss ich mir nicht anhören. Das muss ich mir nicht bieten lassen'. Und dann kann man nichts mehr machen, weil es sonst nur noch ein Hin und Her ist."

Während die Eltern das Verhalten des Sohnes als Kommunikationsverweigerung „individualisieren" und strukturelle Aspekte weitgehend ausblenden, sieht der Sohn durch die Konfrontation der Eltern seine ganze Person in Frage gestellt, wodurch seine Wahrnehmung auf ein „für oder gegen", „schwarz oder weiß" reduziert wird. Wenn sie versuchen, seine (diskreditierenden) Probleme anzusprechen, fühlt er sich persönlich diskreditiert. Worauf auch er mit Diskreditierung reagiert, die er durch Grundsätzlichkeit noch unterstreicht („sowieso").

Darauf gibt ein Wort das andere. Eine weitere Eskalation des Konflikts kann nur verhindert werden, indem man die Interaktion beendet und sich zurückzieht. Was den Konflikt nicht löst, sondern bis zur nächsten Begegnung der Beteiligten lediglich aussetzt.

Auswirkungen auf Ehe und Partnerschaft   Wenn die Tochter oder der Sohn (wieder) daheim lebt, tangiert das auch die Beziehung des Elternpaares. So kann es zum Beispiel zu einer Verschiebung der Aufmerksamkeiten kommen, weil sich die Frau stärker auf den Sohn konzentriert, wodurch sich ihr Mann vernachlässigt fühlt. „Du denkst immer nur an ihn", wirft Herr Totti seiner Frau während des gemeinsamen Gesprächs vor.

Frauen können ihre in der Regel engere Beziehung zum Sohn oder zur Tochter auch als Trumpf nutzen, um ihre Spielstärke gegenüber dem Ehemann zu verbessern und ihre Interessen gegen jene des Partners durchzusetzen.

Es wäre also zu einseitig, die größere Distanz von Vätern zu ihren erwachsenen Kindern lediglich auf ihre „Geschlechterrolle" und ihren geschlechtsspezifischen Habitus zurückzuführen. Dazu beitragen können auch die veränderte familiale Konstellation und damit verbundene Konkurrenzbeziehungen.

Ist der Elternteil geschieden oder verwitwet, muss ein neuer Partner auch stärker von den erwachsenen Kindern akzeptiert werden, weil sie mehr und direkter mit ihm konfrontiert sind, als wenn sie nicht daheim leben würden. „Wir haben mal eine Zeit lang Probleme gehabt", erzählt eine Mutter. „Ich habe eine Beziehung gehabt. Und ja, sie hat sich schwer getan mit diesem Mann. Da sind wir schon ein bisschen aneinander geraten. Weil sie wollte ihn nicht mehr daheim. Und ich habe gefunden, ich bin die Mutter und ich entscheide selber, wer heim kommt und wer nicht."

Die Tochter hatte den Eindruck, dass er die Mutter ausnützt, was diese nachträglich auch so sieht. „Im Grunde genommen habe ich ja gewusst, dass sie Recht hat. Aber eben: was die Liebe mit einem macht." Vor allem aber hat die Tochter ihm „nicht getraut" und wollte deshalb nicht mit ihm allein in der Wohnung sein.

Einem „Fremden" gegenüber fällt Vertrauen auch deshalb schwerer, weil man sich nicht auf die Institution des Inzesttabus verlassen kann, das auch eine Art „Garantieerklärung" darstellt, trotz körperlicher Nähe vor Übergriffen geschützt zu sein. Wobei die Folgen dann umso dramatischer sind, wenn dieses Grundvertrauen missbraucht wird.

„Alteingesessene und Neuzugezogene"
Kommt ein Partner von außen hinzu, verändert sich die Konstellation innerhalb des familialen Feldes und es bildet sich eine Figuration, die in manchem an das Verhältnis von Alteingesessenen und Neuzugezogenen erinnert (vgl. Elias und Scotson 1990; Karrer 2002).

Herr Stich hat lange allein mit den beiden Söhnen gelebt. Als seine Lebensgefährtin dazu stößt, stellt sie die eingespielten Gewohnheiten des „Männerhaushalts" in Frage und konfrontiert die Söhne mit Fragen, wo der Vater sie einfach hat machen lassen. Das führt zu Konflikten.[33] „Am Anfang ist das gar nicht lustig gewesen für die zwei. Auch für mich teilweise, wenn ich gesagt habe: ja, ich habe das bis jetzt immer so gesehen, das ist doch gleich. (Macht den energischen Tonfall der Partnerin nach): ‚Nein, jetzt gibst du ihm kein Geld'."

Durch ihre Einmischung mache sich seine Partnerin bei den Söhnen „ganz unbeliebt". „Sie sagt ab und zu, sie sei die böse Wanda. (…) Aber vielleicht ist das eine Schwäche von mir, dass ich quasi nicht auf Konfrontation gehen kann. Und das kann sie. Diese Gabe hat sie."

Die Söhne reagieren, indem sie ihr die Legitimität absprechen, sich einzumischen, weil sie nicht die leibliche Mutter ist. Sie greifen in diesem Machtkonflikt also auf „Natur" zurück,[34] obwohl ihnen eine solche Sicht in anderen Zusammenhängen möglicherweise eher fremd wäre: „Sie sagen: das geht dich nichts an, du bist ja nicht die Mutter. (…) Du hast uns da nichts zu sagen, das ist unser Haushalt. Und dann muss natürlich im rechten Moment ich aufstehen, dann muss ich sie natürlich in Schutz nehmen und sagen: doch, doch, sie hat etwas zu sagen, Mutter hin oder her."

In solchen Auseinandersetzungen ist er hin und her gerissen zwischen seinen Söhnen (als Vater) und seiner Lebensgefährtin (als Partner). „Ja klar komme ich in Clinch. Klar. Weil von ihr her ist dann immer: Wem gibst du jetzt Recht, deinen Söhnen oder mir? Zu wem stehst du jetzt: zu deinen Söhnen oder zu mir? Und das ist manchmal gar nicht so einfach abzuwägen oder es richtig zu machen. Dass man

---

[33] Laut Steinbach (2010) beurteilen Kinder in sogenannten „Stieffamilien" die Familiensituation stärker als konfliktgeladen als Kinder in „Kernfamilien".

[34] Auch die Alteingesessenen in einem sozial benachteiligten Wohnquartier rekurrieren auf ein zugewiesenes Statusmerkmal, wenn sie gegenüber den ausländischen Zuwanderern ihre nationale Zugehörigkeit und die damit verbundenen Vorrechte betonen (vgl. Karrer 2002).

quasi ein bisschen beiden Recht gibt. (…) Ja, das ist noch schwierig. Das ist noch schwierig (längeres Schweigen)." Deshalb habe man die Wohnung der Partnerin auch noch nicht gekündigt, weil das wie eine Ausweichmöglichkeit, eine Art „Notventil" sei.

Konflikte gibt es nicht nur mit den Söhnen, sondern auch in der Partnerschaft, weil die Lebensgefährtin von außen vieles anders sieht – *und sehen kann* – als Herr Stich als involvierter Vater[35]: Man liege sich „manchmal fast in den Haaren. (…) Wobei ich dann am Schluss sagen muss: ich kann nicht aus meiner Haut raus. Das musst du quasi so akzeptieren. Ich kann diese ‚Gofen' nicht rauswerfen zum Beispiel. Und sie ist natürlich eher die, die das von außen etwas objektiver sieht: ‚Du musst. Du musst. Du züchtest einen Sozialfall'. (…) Sie hat früher in diesem Bereich gearbeitet und kennt natürlich solche Probleme mit Jugendlichen vielfältiger als ich sie kenne. Wobei ich dann auch immer sagen kann: Meine sind noch nie kriminell gewesen. Drogen? Der jüngere null. Der andere: Ja doch, der hat schon zwei, drei, vier Jahre lang gekifft. Aber jetzt nichts mehr. Nichts mehr. Meine sind nicht diese ‚Biergutttererocker' [Bierflaschenrocker], die da an einem Fußballfest stehen. Überhaupt nicht. Ja, sie sind wirklich ein bisschen anders."

5.3.10   Angst um die eigene Zukunft?

Anders als in einem armen Land ohne sozialstaatliche Sicherungsformen (Roth et al. 2011), sehen die Eltern die eigene Zukunft durch die prekäre Situation der Kinder nicht gefährdet, weil man aufgrund des staatlichen Rentensystems und eigener Vorsorge damit rechnen kann, finanziell auch im Alter nicht auf sie angewiesen zu sein.[36]

Auf Formen der *sozialen* Alterssicherung (Perrig-Chiello et al. 2008, S. 25) könnte es sich sogar eher begünstigend auswirken. Wenn erwerbslose Töchter oder Söhne dauerhaft zu Hause leben, kann man bei Pflegebedürftigkeit möglicherweise eher mit ihrer Unterstützung rechnen. Weil sie weniger in die Zwänge eines eigenen Lebens eingebunden sind. Und weil ihnen die Pflege der Eltern eine Beschäftigung bietet, mit der sie ihrem Leben Sinn verleihen und eigene Statusdefi-

---

[35] Wie verschiedene Untersuchungen zeigen, fühlen sich sog. „Stiefeltern" gegenüber (erwachsenen) Kindern weniger verpflichtet als leibliche Eltern (vgl. zusammenfassend Steinbach 2010). Was nicht heißt, dass sie schlechtere Eltern sind.

[36] Die Interdependenz der familialen Generationen ist in der Schweiz generell geringer als in Burkina Faso, wo man aufgrund fehlender staatlicher Sicherungssysteme viel stärker und unmittelbarer aufeinander angewiesen ist und Familien eigentliche „Schicksalsgemeinschaften" bilden (vgl. Roth et al. 2011).

zite zumindest etwas kompensieren können. So meint der 33-jährige Herr Keller, wenn die Mutter oder der Vater schwer krank würden, wäre er der Erste, der sich kümmern würde. „Ich erwarte dann nicht, dass meine Schwester einen gut situierten Job aufgibt. Ich wäre wahrscheinlich der, der zuerst sagt: Ich schaue, ich mache, ich tue."

Für die Eltern sind solche Überlegungen allerdings kein Thema. Und nur eine Befragte äußert die Erwartung, dass die Kinder später „auch da sind, wenn man Hilfe braucht als Eltern. Dass man auf die Kinder zählen kann". Die andern betonen eher die Unabhängigkeit der familialen Generationen. „Ich habe nicht den Anspruch, dass unsere Kinder etwas für uns machen müssen, wenn wir älter sind. Also ich denke mir, wenn ich mal krank bin und niemand da ist, dass ich vielleicht auch mal eines anrufe und frage: Kannst du mir das bringen? Aber ich möchte nicht, dass ich meine Kinder quasi anbinde. Also, dass sie ein schlechtes Gewissen haben müssen oder das Gefühl, sie müssten nach Hause, sie müssten schauen. Sie haben ihr Leben, wir haben unser Leben und ich möchte nicht unbedingt, dass meine Kinder mich mal pflegen müssten." Daran könne eine Familie kaputt gehen, weil man überfordert sei und Probleme mit dem Mann bekomme. „Und die Frauen, die ihre Eltern pflegen müssen, haben ja meistens auch noch Großkinder." Dass man das nicht verlangen könne, findet auch eine andere Befragte „Weil der sein eigenes Leben hat. Ich will, dass er sein eigenes Leben im Griff hat, nicht dass er mich unterstützen müsste."

Anders als von Vertretern einer utilitaristischen Austauschtheorie angenommen (vgl. Steinbach 2010), scheinen diese Eltern die Unterstützung der Kinder nicht als eine Investition in die eigene Zukunft zu verstehen. Man kümmert sich nicht deshalb um die Kinder, weil man dann erwarten kann, die Leistungen später in anderer Form wieder zurückzubekommen. Auch wenn nicht ausgeschlossen ist, dass man sie dereinst trotzdem einfordert, falls man in eine Notlage geraten sollte.

Zu berücksichtigen bleibt, dass die Äußerungen dieser befragten Eltern mit beeinflusst sind durch ihre Position im Lebensverlauf und im familialen Generationengefüge. Sie sind in einem Alter, wo sich die Frage der Pflege ihrer eigenen Eltern zunehmend stellt. Wenn man also betont, dass das von einem Kind nicht erwartet werden kann, spricht man auch im eigenen Interesse. Diese Interpretation wird durch Ergebnisse von Trommsdorff und Mayer (2011, S. 360) gestützt. Sie zeigen, dass ältere Mütter den instrumentellen Wert der Kinder stärker gewichten als die Töchter im mittleren Alter. Allerdings beziehen die Autorinnen das lediglich auf die konservativeren Werthaltungen der älteren Generation, ohne auch die lebensphasenspezifischen Interessen zu berücksichtigen.

Literatur

Aeppli, Daniel C. & Ragni, Thomas (2009). *Ist Erwerbsarbeit für Sozialhilfebezüger ein Privileg?* Seco Publikation Arbeitsmarktpolitik Nr. 28

Aquilino, William S. & Supple, Khalil R. (1991). Parent child relations and parent's satisfaction with living arrangements when adult children live at home. *Journal of Marriage and the Family 53*, 13–27

Bachelard, Gaston (1987) [1957]. *Poetik des Raumes.* Frankfurt am Main: Fischer

Bachelard, Gaston (1988) [1934]. *Der neue wissenschaftliche Geist.* Frankfurt am Main: Suhrkamp

Beaud, Stéphane & Pialoux, Michel (2004). *Die verlorene Zukunft der Arbeiter. Die Peugeot-Werke von Sochaux-Montbéliard.* UVK: Konstanz

Beck, Ulrich (1986). *Risikogesellschaft. Auf dem Weg in eine andere Moderne.* Frankfurt am Main: Suhrkamp

Beck, Ulrich (1997). Die uneindeutige Sozialstruktur. Was heißt Armut, Was Reichtum in der „Selbstkultur"? In: Beck, Ulrich & Sopp, Peter (Hrsg.), *Individualisierung und Integration. Neue Konfliktlinien und neuer Integrationsmodus?* (S. 183–199). Opladen: Leske & Budrich

Beck, Ulrich (2008). *Der eigene Gott. Von der Friedensfähigkeit und dem Gewaltpotential der Religionen.* Frankfurt am Main: Suhrkamp

Beck, Ulrich & Sopp, Peter (1997). Individualisierung und Integration – eine Problemskizze. In: Beck, Ulrich & Sopp, Peter (Hrsg.), *Individualisierung und Integration. Neue Konfliktlinien und neuer Integrationsmodus?* (S. 9–19). Opladen: Leske & Budrich

Beck, Ulrich, Vossenkuhl, Wilhelm, Ziegler Ulf E. & Rautert, Timm (1995). *Eigenes Leben. Ausflüge in die unbekannte Gesellschaft, in der wir leben.* München: C. H. Beck

Beck-Gernsheim, Elisabeth (1986). Von der Liebe zur Beziehung? Veränderungen im Verhältnis von Mann und Frau in der individualisierten Gesellschaft. In: Berger, Johannes (Hrsg.), *Die Moderne – Kontinuitäten und Zäsuren* (S. 209–233). Soziale Welt Sonderband 4. Göttingen: Schwarz

Beck-Gernsheim, Elisabeth (1994). Auf dem Weg in die postfamiliale Familie – Von der Notgemeinschaft zur Wahlverwandtschaft. In: Beck, Ulrich & Beck-Gernsheim, Elisabeth (Hrsg.), *Riskante Freiheiten. Individualisierung in modernen Gesellschaften* (S. 115–138). Frankfurt am Main: Suhrkamp

Blau, Peter M. (2005). Sozialer Austausch. In: Adloff, Frank & Mau, Steffen (Hrsg.), *Vom Geben und Nehmen. Zur Soziologie der Reziprozität* (S. 109–123). Frankfurt am Main: Campus

Boltanski, Luc (2010). *Soziologie und Sozialkritik.* Berlin: Suhrkamp

Boltanski, Luc & Chiapello, Eve (2003). *Der neue Geist des Kapitalismus.* Konstanz: UVK Verlagsgesellschaft

Bourdieu, Pierre (1988) [1979]. *Die feinen Unterschiede.* Frankfurt am Main: Suhrkamp

Bourdieu, Pierre (1998). *Praktische Vernunft. Zur Theorie des Handelns.* Frankfurt am Main: Suhrkamp

Bourdieu, Pierre (1999). *Die Regeln der Kunst. Genese und Struktur des literarischen Feldes.* Frankfurt am Main: Suhrkamp

Bourdieu, Pierre (2001). *Meditationen. Zur Kritik der scholastischen Vernunft.* Frankfurt am Main: Suhrkamp

Bourdieu, Pierre (2001a). *Science de la science et réflexivité.* Paris: Editions raisons d'agir

Bourdieu, Pierre (2010). *Algerische Skizzen.* Berlin: Suhrkamp

Bourdieu, Pierre (2014). *Über den Staat. Vorlesungen am Collège de France 1989–1992.* Berlin: Suhrkamp

Bourdieu, Pierre et al. (1997). *Das Elend der Welt. Zeugnisse und Diagnosen des alltäglichen Leidens an der Gesellschaft.* Konstanz: UVK Universitätsverlag

Bourgois, Philippe (2010). *In search of respect. Selling crack in El Barrio.* New York: Cambridge University Press

Buchholz, Sandra & Blossfeld, Hans-Peter (2009). Beschäftigungsflexibilisierung in Deutschland – Wen betrifft sie und wie hat sie sich auf die Veränderung sozialer Inklusion/Exklusion in Deutschland ausgewirkt. In: Stichweh, Rudolf & Windolf, Paul (Hrsg.), *Inklusion und Exklusion: Analysen zur Sozialstruktur und sozialen Ungleichheit* (S. 123–138). Wiesbaden: Verlag für Sozialwissenschaften

Buchmann, Marlis (1989). Die Dynamik von Standardisierung und Individualisierung im Lebenslauf. Der Übertritt ins Erwachsenenalter im sozialen Wandel fortgeschrittener Industriegesellschaften. In: Weymann, Ansgar (Hrsg.), *Handlungsspielräume* (S. 90–104). Stuttgart: Enke Verlag

Buhr, Petra & Leibfried, Stephan (2009). Ist die Armutsbevölkerung in Deutschland exkludiert? In: Stichweh, Rudolf & Windolf, Paul (Hrsg.), *Inklusion und Exklusion: Analysen zur Sozialstruktur und sozialen Ungleichheit* (S. 103–122). Wiesbaden: Verlag für Sozialwiss.enschaften

Burkhardt, Amelie, Rudorf, Stefanie, Brand, Carolin, Rockstroh, Brigitte, Studer, Karl, Lettke, Frank & Lüscher, Kurt (2006). Ambivalenzen in der Beziehung von Eltern zu einem schizophreniekranken oder substanzabhängigen erwachsenen Kind. *Psychiatrische Praxis 33,* 1–9

Castel, Robert (2011). *Die Krise der Arbeit. Neue Unsicherheiten und die Krise des Individuums.* Hamburg: Hamburger Edition

Collett Jessica L. & Childs, Ellen (2009). Meaningful Performances: Considering the Contributions of the Dramaturgical Approach to Studying Family. *Sociology Compass 3/4,* 689–706

Deutschmann, Christoph (2009). Geld als universales Inklusionsmedium moderner Gesellschaften. In: Stichweh, Rudolf & Windolf, Paul (Hrsg.), *Inklusion und Exklusion: Analysen zur Sozialstruktur und sozialen Ungleichheit* (S. 223- 239). Wiesbaden: Verlag für Sozialwissenschaften

Douglas, Mary (1985) [1966]. *Reinheit und Gefährdung. Eine Studie zu Vorstellungen von Verunreinigung und Tabu.* Berlin: Dietrich Reimer Verlag

Douglas, Mary (1996). *Thought styles.* London: Sage Publications

Douglas, Mary & Ney, Steven (1998). *Missing persons: a critique of personhood in the social sciences.* Berkeley/Los Angeles/London: University of California Press

Duby, Georges (1990). Private Macht, öffentliche Macht. In: Ariès, Philippe/Duby, Georges (Hrsg.), *Geschichte des privaten Lebens. Bd. 2: Vom Feudalzeitalter zur Renaissance* (S. 17–46). Frankfurt am Main: S. Fischer Verlag

Duden (1989). *Das Herkunftswörterbuch. Etymologie der deutschen Sprache.* Mannheim/Wien/Zürich: Dudenverlag

Durkheim, Emile (1981). *Die elementaren Formen des religiösen Lebens.* Frankfurt am Main: Suhrkamp

Elder, Glenn H. (1999) [1974]. *Children of the great depression. Social change in life experience.* Westview Press: Oxford

Elias, Norbert & Scotson, John L. (1990). *Etablierte und Außenseiter*. Frankfurt am Main: Suhrkamp

Esser, Hartmut (2000). *Soziologie. Spezielle Grundlagen. Bd. 3: Soziales Handeln*. Frankfurt/New York: Campus

Esser, Hartmut (2000a). *Soziologie. Spezielle Grundlagen. Bd. 4: Opportunitäten und Restriktionen*. Frankfurt/New York: Campus

Esser, Hartmut (2000b). *Soziologie: Spezielle Grundlagen. Bd. 6: Sozialer Sinn*. Frankfurt/New York: Campus

Frevert, Ute (2013). *Vergängliche Gefühle*. Göttingen: Wallstein Verlag

Frey, Bruno S. & Frey Marti, Claudia (2010). *Glück: Die Sicht der Ökonomie*. Diessenhofen: Rüegger

Goffman, Erving (1975) [1963]. *Stigma. Über Techniken der Bewältigung beschädigter Identität*. Frankfurt am Main: Suhrkamp

Goffman, Erving (1982) [1971]. *Das Individuum im öffentlichen Austausch. Mikrostudien zur öffentlichen Ordnung*. Frankfurt am Main: Suhrkamp

Goffman, Erving (1983) [1959]. *Wir alle spielen Theater. Die Selbstdarstellung im Alltag*. München: Piper Verlag

Goffman, Erving (1986) [1967]. *Interaktionsrituale. Über Verhalten in direkter Kommunikation*. Frankfurt am Main: Suhrkamp

Hahn, Alois (2010). Kann der Körper ehrlich sein? In: Hahn, Alois, *Körper und Gedächtnis* (S. 131–141). Wiesbaden: Verlag für Sozialwissenschaften

Hahn, Alois & Eirmbter, Willy & Jacob, Rüdiger (1996). *Krankheitsvorstellungen in Deutschland. Das Beispiel AIDS*. Opladen: Westdeutscher Verlag

Heintz, Peter (1982). *Ungleiche Verteilung, Macht und Legitimität. Möglichkeiten und Grenzen der strukturtheoretischen Analyse*. Diessenhofen: Rüegger

Heinz, Walter R. (2001). Der Lebenslauf. In: Joas, Hans (Hrsg.), *Lehrbuch der Soziologie* (S. 145–168). Frankfurt am Main: Campus

Karrer, Dieter (1998). *Die Last des Unterschieds. Biographie, Lebensführung und Habitus von Arbeitern und Angestellten im Vergleich* (2. Aufl. 2000). Wiesbaden: Westdeutscher Verlag

Karrer, Dieter (2002). *Der Kampf um Integration. Zur Logik ethnischer Beziehungen in einem sozial benachteiligten Stadtteil*. Wiesbaden: Westdeutscher Verlag

Karrer, Dieter (2009). *Der Umgang mit dementen Angehörigen. Über den Einfluss sozialer Unterschiede*. Wiesbaden: Verlag für Sozialwissenschaften

Konietzka, Dirk (2010). *Zeiten des Übergangs. Sozialer Wandel des Übergangs in das Erwachsenenalter*. Wiesbaden: Verlag für Sozialwissenschaften

Koppetsch, Cornelia & Burkart, Günther (1999). *Die Illusion der Emanzipation. Zur Wirksamkeit latenter Geschlechtsnormen im Milieuvergleich*. Konstanz: UVK Universitätsverlag

Koppetsch, Cornelia (2010). Jenseits der individualisierten Mittelstandsgesellschaft? Zur Ambivalenz subjektiver Lebensführung in unsicheren Zeiten. In: Berger, Peter A. & Hitzler, Ronald (Hrsg.), *Individualisierungen. Ein Vierteljahrhundert „jenseits von Stand und Klasse"?* (S. 225–244). Wiesbaden: Verlag für Sozialwissenschaften

Lauterbach, Wolfgang (2007). Partner ja, Single nein, oder umgekehrt? Wege der sozialen Verselbständigung und die Dauer von Partnerschaften bis ins frühe Erwachsenenalter. In: Lettke, Frank & Lange, Andreas (Hrsg.), *Generationen und Familien* (S. 161–189). Frankfurt am Main: Suhrkamp

Lazarsfeld Paul F. & Zawadzki B. (2007) [1935]. Die psychologischen Folgen der Arbeitslosigkeit. In: Lazarsfeld, Paul F, *Empirische Analyse des Handelns* (S. 163–193). Frankfurt am Main: Suhrkamp

Leibfried, Stefan & Leisering, Lutz & Buhr, Petra et al. (1995). *Zeit der Armut*. Frankfurt am Main: Suhrkamp

Lessenich, Stephan (2009). Lohn und Leistung, Schuld und Verantwortung: Das Alter in der Aktivgesellschaft. In: Van Dyk, Silke & Lessenich, Stephan (Hrsg.), *Die jungen Alten. Analysen einer neuen Sozialfigur* (S. 279–295). Frankfurt/New York: Campus

Levy, René (1996). Zur Institutionalisierung von Lebensläufen. In: Behrens, J. & Voges, W. (Hrsg.), *Kritische Übergänge. Statuspassagen und sozialpolitische Institutionalisierung* (S. 73–114). Frankfurt am Main/New York: Campus

Lewin, Kurt (1981). *Wissenschaftstheorie I*. Werkausgabe Band 1. Hrsg. Carl-Friedrich Graumann. Bern: Hans Huber/Stuttgart: Klett-Cotta

Lewin, Kurt (1982) [1951]. *Feldtheorie*. Werkausgabe Band 4. Hrsg. Carl-Friedrich Graumann. Bern: Hans Huber/Stuttgart: Klett-Cotta

Luhmann, Niklas (1970). Funktion und Kausalität. In: Luhmann, Niklas, *Soziologische Aufklärung Band 1* (S. 9–30). Opladen: Westdeutscher Verlag

Luhmann, Niklas (1970a). Reflexive Mechanismen. In: *Soziologische Aufklärung Band 1*, (S. 92–112). Opladen: Westdeutscher Verlag

Luhmann, Niklas (1975). Formen des Helfens im Wandel gesellschaftlicher Bedingungen. In: Luhmann, Niklas, *Soziologische Aufklärung Band 2* (S. 134–149). Opladen: Westdeutscher Verlag

Luhmann, Niklas (1987). *Soziale Systeme. Grundriss einer allgemeinen Theorie*. Frankfurt am Main: Suhrkamp

Luhmann, Niklas (1988). *Liebe als Passion. Zur Codierung von Intimität*. Frankfurt am Main: Suhrkamp

Luhmann, Niklas (1989). *Gesellschaftsstruktur und Semantik. Studien zur Wissenssoziologie der modernen Gesellschaft, Band 3*. Frankfurt am Main: Suhrkamp

Luhmann, Niklas (1990). *Soziologische Aufklärung Band 5. Konstruktivistische Perspektiven*. Opladen: Westdeutscher Verlag

Luhmann, Niklas (1998). *Die Gesellschaft der Gesellschaft. Zwei Bände*. Frankfurt am Main: Suhrkamp

Marx, Karl (1973) [1890]. *Das Kapital*. Erster Band. Berlin: Dietz Verlag

Mau, Steffen (2012). *Lebenschancen. Wohin driftet die Mittelschicht?* Berlin: Suhrkamp

Mauss, Marcel (1990) [1923/24]. *Die Gabe. Form und Funktion des Austauschs in archaischen Gesellschaften*. Frankfurt am Main: Suhrkamp

Neckel, Sighard (1993). *Die Macht der Unterscheidung. Beutezüge durch den modernen Alltag*. Frankfurt am Main: Fischer

Neckel, Sighard & Sutterlüty, Ferdinand (2005). Negative Klassifikationen – Konflikte um die symbolische Ordnung sozialer Ungleichheit. In: Heitmeyer, Wilhelm & Imbusch, Peter (Hrsg.), *Integrationspotenziale einer modernen Gesellschaft* (S. 409–429). Wiesbaden: Verlag für Sozialwissenschaften

Nietzsche, Friedrich (1991) [1887]. *Jenseits von Gut und Böse. Zur Genealogie der Moral*. Stuttgart: Kröner

Offe, Claus (2001). Wie können wir unseren Mitbürgern vertrauen? In: Hartmann, Martin & Offe, Claus (Hrsg.), *Vertrauen. Die Grundlage des sozialen Zusammenhalts* (S. 241–294). Frankfurt/New York: Campus

Parsons, Talcott (1967). *Sociological Theory and Modern Society*. New York: The Free Press

Perrig-Chiello, Pasqualina, Höpflinger, François & Suter, Christian (2008). *Generationen – Strukturen und Beziehungen. Generationenbericht Schweiz*. Zürich: Seismo Verlag

Popitz, Heinrich (1992). *Phänomene der Macht*. Tübingen: J. C. B. Mohr (Paul Siebeck)

Ribert, Evelyne (2005). Dire la dette à travers l'argent ou la taire à travers le don. Les allocataires du RMI et l'aide monétaire. *Terrain No 45*, 53–66

Roth, Claudia et al. (2011). *Belastete Generationenbeziehungen im interkulturellen Vergleich (Europa-Afrika)*. Forschungsbericht Universität Luzern

Sachweh, Patrick, Burkhardt, Christoph & Mau, Steffen (2009). Wandel und Reform des deutschen Sozialstaats aus der Sicht der Bevölkerung. *WSI-Mitteilungen 11*, 612–618

Schultheis, Franz & Herold, Stefan (2010). Précarité und Prekarität: Zur Thematisierung der sozialen Frage des 21. Jahrhunderts im deutsch-französischen Vergleich. In: Busch, Michael, Jeskow, Jan & Stutz, Rüdiger (Hrsg.), *Zwischen Prekarisierung und Protest. Die Lebenslagen und Generationsbilder von Jugendlichen in Ost und West* (S. 243–275). Bielefeld: transcript

Simmel, Georg (1983) [1901]. Zur Psychologie der Scham. In: Simmel Georg, *Schriften zur Soziologie. Eine Auswahl* (S. 140–151). Herausgegeben und eingeleitet von Heinz-Jürgen Dahme und Otthein Rammstedt. Frankfurt am Main: Suhrkamp

Simmel, Georg (1989a) [1887–1890]. Zur Psychologie des Geldes. In: Simmel, Georg, *Aufsätze 1887–1890, Über soziale Differenzierung, Die Probleme der Geschichtsphilosophie (1892)*. Gesamtausgabe Band 2 (S. 49–65). Hrsg. Otthein Rammstedt, Frankfurt am Main: Suhrkamp

Simmel, Georg (1989b) [1901]. *Philosophie des Geldes*. Gesamtausgabe Band 6. Hrsg. Otthein Rammstedt. Suhrkamp: Frankfurt am Main

Simmel, Georg (2008) [1895]. Zur Soziologie der Familie. In: Simmel, Georg, *Individualismus der modernen Zeit und andere soziologische Abhandlungen* (S. 119–132). Ausgewählt und mit einem Nachwort von Otthein Rammstedt. Frankfurt am Main: Suhrkamp

Simmel (2008a) [1899]. Zur Psychologie und Soziologie der Lüge. In: Simmel, Georg, *Individualismus der modernen Zeit und andere soziologische Abhandlungen*. Ausgewählt und mit einem Nachwort von Otthein Rammstedt. Frankfurt am Main: Suhrkamp, S. 83–94

Sozialbericht 2012. Fokus Generationen. Hrsg. Bühlmann, Felix & Schmid Botkine, Céline. Zürich: Seismo

Steinbach, Anja (2010). *Generationenbeziehungen in Stieffamilien. Der Einfluss leiblicher und sozialer Elternschaft auf die Ausgestaltung von Eltern-Kind-Beziehungen im Erwachsenenalter*. Wiesbaden: Verlag für Sozialwissenschaften

Stenger, H. (1993). *Die soziale Konstruktion okkulter Wirklichkeit. Eine Soziologie des New Age*. Opladen: Leske + Budrich

Streckeisen, Peter (2012). Steigende Erwerbslosigkeit und Prekarität in der Schweiz: Das Ende eines „Sonderfalls". In: Scherschel, Karin, Streckeisen, Peter & Krenn, Manfred (Hrsg.), *Neue Prekarität. Die Folgen aktivierender Arbeitsmarktpolitik – europäische Länder im Vergleich* (S. 47–95). Frankfurt/New York: Campus Verlag

Trommsdorff, Gisela & Mayer, Boris (2011). Intergenerationale Beziehungen im Kulturvergleich. In: Bertram, Hans & Ehlert, Nancy (Hrsg.), *Familie, Bindungen und Fürsorge. Familiärer Wandel in einer vielfältigen Moderne* (S. 349–379). Opladen & Farmington Hills: Verlag Barbara Budrich

Turner, Victor (2005). *Das Ritual. Struktur und Antistruktur*. Frankfurt/New York: Campus

Van Gennep, Arnold (1986). *Übergangsriten (Les rites de passage)*. Frankfurt am Main: Campus

Willener, Alfred (1979). *L'héroïne travail*. Genève: Ed. Grounauer

Wirth, H. (2000). *Bildung, Klassenlage und Partnerwahl: Eine empirische Analyse zum Wandel der bildungs- und klassenspezifischen Heiratsmuster*. Opladen: Leske & Budrich

Zelizer, Viviana A. (1994). *The social meaning of money*. New York: Basic Books.

Konfiguration „Kinder, die sich um alte und kranke Eltern kümmern" 6

Auch in dieser familialen Konstellation treffen Akteure aufeinander, die sich in unterschiedlichen Phasen ihres Lebens befinden: Gehören die Eltern aufgrund der hohen Lebenserwartung mehrheitlich zu den (Hoch-)Betagten, die im letzten Abschnitt ihres Lebens angelangt sind, befinden sich die Kinder größtenteils in einer mittleren Lebensphase. Damit verbunden sind völlig unterschiedliche Teilnahme- und Positionsprofile: Ist der Eintritt in die Altersphase mit einer Schrumpfung des Teilnahmeprofils und mit Funktionsverlusten verbunden, ist die mittlere Phase durch multiple Mitgliedschaften und eine Kumulation verschiedener Positionen gekennzeichnet.

Leben, die bis anhin mehr oder weniger unabhängig voneinander geführt werden konnten, werden nun wieder stärker aufeinander verwiesen: weil die Mutter oder der Vater krank und auf Hilfe angewiesen ist und die Kinder – wie im Generationenskript vorgesehen – mit der Aufgabe konfrontiert werden, sich um sie zu kümmern.

Wie nehmen Eltern und Kinder diese Situation wahr, wie gehen sie damit um, welche Probleme und Konflikte sind damit verbunden und welche (geschlechts- und positionsspezifischen) Mechanismen liegen dem zugrunde. Das ist das Thema der folgenden Analyse, die auf einer Auswertung der Gespräche beruht, die wir mit 22 Personen geführt haben: mit 10 Müttern und Vätern sowie 12 Töchtern und Söhnen.

© Springer Fachmedien Wiesbaden 2015
D. Karrer, *Familie und belastete Generationenbeziehungen*,
DOI 10.1007/978-3-658-06878-3_6

6.1 Die Situation aus der Perspektive der Eltern

Die befragten Eltern sind zwischen 66 und 94 Jahre alt und mehrheitlich in den unteren Regionen des sozialen Raumes positioniert (vgl. Diagramm 3 im Anhang). Ihre gesundheitliche Situation ist geprägt durch Multimorbidität: alle leiden an mehreren chronischen Krankheiten, die sie – in Kombination mit ihrem Alter – überwiegend in mittlerem und vereinzelt auch in schwererem Maße beeinträchtigt.[1] Sie sind vor allem in ihren Bewegungsmöglichkeiten eingeschränkt, oftmals pflegebedürftig und auch bei alltäglichen Verrichtungen auf Hilfe angewiesen. Alle sind jedoch noch in der Lage, in der eigenen Wohnung zu leben.

Da wir mit kranken Vätern lediglich zwei Interviews realisieren konnten, werden wir uns im Folgenden zunächst auf die Mütter beziehen und danach auf spezifische Besonderheiten der männlichen Befragten zu sprechen kommen.

6.1.1 Der Umgang mit den gesundheitlichen Beeinträchtigungen

Die meisten befragten Frauen nehmen ihre Beeinträchtigungen relativ gelassen, weil man aufgrund eines Lebens, das kein Zuckerschlecken war, gewohnt ist, seine Ansprüche den Gegebenheiten anzupassen und weil gesundheitliche Probleme aus ihrer Sicht halt einfach zu einem gewissen Alter gehören. So meint eine 79-jährige Frau auf die Frage, wie sie mit ihren Beeinträchtigungen umgehe: „Ja, wie Sie den Alltag auch haben. Das gehört jetzt einfach dazu." Dass sie eine Gehhilfe brauche, mache ihr nichts aus. „Es hat so viele Wägelchen, die unterwegs sind. Und schließlich habe ich ja mein Alter."

Analog zu einem „sense of one's place" (Bourdieu 1988), könnte man hier von einem „sense of one's age" sprechen: einem Sinn dafür, was zu einem Alter passt und was sich in einer bestimmten Lebensphase realistischerweise noch erwarten lässt (vgl. Karrer 1998, S. 38 ff.). Mit zunehmendem Alter wird die Vergangenheit länger, während die Zukunft kürzer[2] und der damit verbundene Möglichkeitsraum geringer wird. An sein Leben hat man keine großen Ansprüche mehr, weil man davon ausgeht, dass es ohnehin bald vorbei sein wird. Gefragt, wie sie ihre Zukunft sehe, sagt eine Befragte überrascht: „Meine? Ich warte jetzt bis ich sterben kann.

---

[1] Das Krankheitsspektrum reicht von Hypertonie, Diabetes, Inkontinenz, Makuladegeneration über Krankheiten des Bewegungsapparates, beginnender Altersdemenz bis zu schwerem Rheuma, Nierenversagen und Schlaganfall, um nur einige Beispiele zu nennen.

[2] Im Alter konzentriert man sich immer mehr auf eine nahe Zukunft: den kommenden Monat, das kommende Jahr (Kruse 1992, S. 340).

Ich nehme es, wie es kommt. Jeden Tag. ‚Ich gah nid go grüble' [Ich zerbreche mir nicht den Kopf]. Man muss es nehmen, wie es kommt. In Gottes Namen. Ich bin neunzig, da kannst du nicht ich weiß nicht was noch verlangen. (…) Ich habe immer noch die Kraft, dass ich sagen kann, es geht. (…) Ich lebe einfach gut so. Ich habe zu Essen, fertig, alles. Es ist schon gut."

Die Anpassung der Ansprüche an seine Möglichkeiten geschieht allerdings nicht automatisch, sondern ist das Resultat einer längeren Auseinandersetzung mit einem Prozess des körperlichen Abbaus, der mitunter sehr schmerzhaft sein kann. „Bis ich das gelernt habe, immer weniger zu werden, ist es manchmal sehr mühsam gewesen. (…) Das konnte ich mit der Zeit dann schon akzeptieren, aber am Anfang ist das ‚hartes Brot' gewesen", meint eine Befragte, die seit längerem gesundheitlich stark eingeschränkt ist.

Wird die Verschlechterung des Gesundheitszustandes zu Beginn als eher schwierig erlebt, weil der Habitus aufgrund seiner Trägheit und Beharrungstendenz eine Zeit lang immer noch der alte bleibt, kann man sich im Laufe der Zeit mit den Beeinträchtigungen arrangieren und seine Erwartungen, Bewertungsmaßstäbe und Verhaltensweisen auf die neue Situation abstimmen. Damit trägt man zur Entlastung einer Situation bei, die – auch für die nächsten Bezugspersonen – ungleich schwieriger wäre, wenn man dauernd mit seinem Schicksal hadern würde.

„Es geht mir gut – sonst falle ich in ein Loch" Wenn man sagt, dass es einem gut geht, obwohl man unter starken gesundheitlichen Beeinträchtigungen leidet[3], kann das auch Ausdruck einer Strategie sein, mit der man versucht, sich selbst zu schützen. Man betont das Positive, um alles Negative von sich fern zu halten und versucht damit zu schaffen, was sein soll und zu verdrängen, was nicht sein darf. „Wenn sie mich fragen, dann sage ich immer: es geht mir gut! Etwas anderes akzeptiere ich nicht. Es geht mir einfach gut! Der Doktor ist sauer geworden, wenn ich ihm gesagt habe, es geht mir gut. Und dann habe ich ihm mal gesagt, ich kann Ihnen schon alle meine ‚Gebresten' [Gebrechen] aufzählen. Aber an und für sich akzeptiere ich das einfach nicht – es geht mir gut, fertig! F: Können Sie mir sagen, warum das so ist, warum Sie das so sagen? A: Ja, sonst falle ich in ein Loch. Ja, so ‚cheibe' [Form der Verstärkung] gut geht es mir ja gar nicht, oder." Seit vier Jahren ist die 80-jährige Frau Koch dialysepflichtig. „Das nimmt mich furchtbar her, ich habe das Gefühl, bis auf den letzten Tropfen winden die mich aus. (…) Schlimm ist, wenn der Blutdruck runter geht. Dann hat man das Gefühl, man komme in

---

[3] Im Alter gibt es eine zunehmende Diskrepanz zwischen medizinisch festgestellten Befunden und den von den Patienten geäußerten Beschwerden, wie zum Beispiel eine Studie über Arthrose vermuten lässt (Gerok und Brandtstädter 1992, S. 272).

die Hölle." Zwei Jahre nach dem Nierenversagen hat sie auch noch einen Darmdurchbruch erlitten. „Und dort habe ich auch gemeint, ich überlebe das nicht. (…) Und dann haben sie mich heimgeschickt, ich konnte noch nicht auf meinen Füßen stehen. Also nicht einfach. Und daheim habe ich einen Mann gehabt, der gar nichts konnte. Im Spital habe ich gedacht, wenn ich jetzt nicht bald heimkomme, geht er ein. Weil er konnte ja nicht kochen. (…) Und nachher habe ich ihn ja gepflegt [bis zu seinem Tod]. Und dann konnte ich ja nicht mehr laufen, weil mein Rücken derart schlimm gewesen ist. Ich bin von da nicht mehr bis zum Bus gekommen. Ich habe nicht gewusst, wie ich das schaffe. Und dann habe ich ja letztes Jahr den Rücken operieren lassen. Und jetzt kann ich wieder laufen. Aber die Füße sind nicht mehr wach geworden. Sie sind immer noch eingeschlafen."

Trotzdem beharrt sie darauf, dass es ihr gut geht. Als ob sie auf den Mechanismus der „self-fulfilling prophecy" (Merton 1949) hoffte, stellt sie sich positiv zu einem Zustand, dem *aus einem Blickwinkel von außen* nicht viel Positives abzugewinnen ist. Und sie weigert sich Dinge anzusprechen, vor denen sie sich fürchtet, weil sie Angst davor hat, etwas allein dadurch hervorzurufen, dass sie es beim Namen nennt: Zum Beispiel, dass mal eine Zeit kommen könnte, wo sie nicht mehr in der Lage ist, allein in ihrer Wohnung zu leben. „Diese Vision will ich gar nicht ins Auge fassen. (…) Über das rede ich nicht!" Wenn sie keinen Fahrdienst in Anspruch nimmt, obwohl sie nur noch schlecht gehen kann, und wenn sie konsequent sagt, dass es ihr gut geht, obwohl das eigentlich gar nicht der Fall ist, dann versucht sie sich und andern auch zu beweisen, dass sie noch immer in der Lage ist, ein selbständiges Leben zu führen. „Ja, ich muss mich doch wehren… Wenn ich es nicht mehr alleine machen kann, was mache ich dann? Also muss ich mich wehren."

„Er hat ja wie nichts mehr gehabt" Infolge von Alter und Krankheit „immer weniger zu werden" ist wahrscheinlich für Männer schwerer zu ertragen als für Frauen, weil der Funktions- und Statusverlust umfassender und ausgeprägter ist und aufgrund eines spezifischen Habitus (Bourdieu 2005) auch als einschneidender und schmerzhafter empfunden wird. So ist der 84-jährige Herr Binder auf Fragen zu seiner gegenwärtigen Situation praktisch nicht eingegangen, sondern hat stattdessen immer wieder ausführlich erzählt, was er früher alles gemacht hat und was er alles gewesen ist, ganz so, als ob er den erlittenen Verlust durch die Erinnerung an frühere Tätigkeiten und Statusmerkmale kompensieren wollte. Und die Tochter von Herrn Stoll (82 J.) meint, für ihren Vater sei es nach dem Schlaganfall, den er vor ein paar Jahren erlitten habe, „ganz schlimm gewesen, dass wir ihn so gesehen haben. Er hat ja wie nichts mehr gehabt: als Vater, als starker Mann, als ‚Mann' überhaupt. Er ist der gewesen, der sagt, wie's geht oder der weiß, wie's geht. Und jetzt liegt er so da."

Der Vater habe sich ein Leben lang über seinen Körper und seine Kraft definiert. „Das hat ihm viel bedeutet. Als Bauernsohn musste man ja arbeiten. Und als Mann, wenn man es geschafft hat, Bäume auszureißen, ich weiß ja nicht, ich bin ja kein Mann, ich erlebe es jetzt einfach so, dass es für ihn lebenswichtig gewesen ist, Kraft zu haben. Auch bei seinen Kollegen: wenn er einen auf den Rücken gehauen hat, ist der fast durchs Zeug geflogen. Das ist seine Art von Liebesbekundung gewesen. (...) Er ist ja auch Schlosser gewesen. Da braucht es Kraft." Dieser Habitus der Kraft zeigt sich auch in einer ausgesprochen deftigen und saftigen Ausdrucksweise, die sich nicht (weiblich) ziert, sondern direkt sagt, was Sache ist, womit er sich auch sprachlich nach den Maßstäben des Arbeiter- und Handwerkermilieus als „richtiger Mann" erweist (vgl. Bourdieu 1990, S. 62 ff.).

Der Schlaganfall hat nicht nur sein Kapital der körperlichen Kraft, sondern auch sein Ethos der Unabhängigkeit in Frage gestellt. „Ich lasse mir nicht gern helfen, ich bin einer von diesen ,Spinncheibe' [Spinnern], der ums Verrecken nicht haben will, dass jemand an ihm ,umenäggelet' [herummacht] (...) Das habe ich oft gesehen bei Leuten, die ,besser zwäg' [fitter] gewesen sind als ich. Die haben sie ,umenandpäppelet und bibelet' [verwöhnt][4]. Wenn sie ein bisschen selber ,den Ding' hervorgenommen hätten, hätten sie das nicht gebraucht. (...) Die sollen probieren, was geht. Da bin ich komplett anders geschaltet. (...) Ich habe noch selber scheißen können. Das ist immer das Wichtigste, oder. Von mir aus gesehen."

Er selbst hat „den Ding hervorgenommen"[5] und vieles selbständig gemacht, was man in seiner Umgebung gar nicht für möglich gehalten hätte. So habe er schon im Spital versucht, selbst in den Rollstuhl zu kriechen, obwohl eine Seite gelähmt gewesen sei „Ich habe mich von der ersten Sekunde an gewehrt wie ein Löwe gegen diese Unfähigkeit mich zu bewegen. (...) Das braucht dann einige ,Fiduze' [Mut]. Die haben auch gestaunt dort."

Als er wieder heimgekommen sei, meint seine Frau, sei er jeden Tag mit dem Rollator raus, auch wenn er sich etwas geniert habe und fast nicht dazu in der Lage gewesen sei. „Er musste einfach raus. Da konntest du nichts machen." Indem es ihn zu Aktivitäten nach draußen drängt statt *passiv zu Hause herumzusitzen*, was mit dem Weiblichen verbunden ist, äußert er nicht nur seinen Willen, wieder der zu werden, der er war. Er bestätigt damit auch, dass er ein Mann ist (vgl. Karrer 1998).

---

[4] Der schwer zu übersetzende Ausdruck hat eine stark kindliche und weibliche Konnotation.

[5] Die sexuelle Konnotation, die in dieser Aussage mitschwingt, ist nicht zufällig. Durch den körperlichen Abbau wird die gesamte Virilität in Frage gestellt. „Also dass man die jugendliche Spannkraft und, und, und verliert." Und wie die Krankheit seine „Männlichkeit" in ihren Grundfesten erschüttert hat, wird auch der Weg der Rehabilitation als ein Prozess ihrer Rückgewinnung beschrieben.

Er habe versucht so zu tun, sagt Herr Stoll, „wie wenn ich der gesündeste ‚Siech' [Typ] wäre. Diesen Anspruch habe ich immer gehabt, so eine Rolle zu spielen, als wäre ich noch gut ‚zwäg' [im Schuss]. Man ist schon gern der, der noch fit ist." Laufen gegangen sei er auch immer alleine, weil er so seine Defizite besser vertuschen konnte. „Wenn einer mit mir kommt, dann kann ich mit dem nicht Schritt halten, weil ich zu langsam bin. Und das hat mich dann geärgert." Durch diese Anstrengungen habe er mit vielen „wieder gleichgezogen", die nach dem Schlaganfall schneller gelaufen seien. „Insofern habe ich wieder aufgeholt, was ich dort eingebüßt habe (lacht)."

Krankheit und lebensgeschichtlicher Sinn Sind für die einen gesundheitliche Beeinträchtigungen lediglich etwas, was das Alter halt einfach mit sich bringt, verleihen andere ihrer Krankheit eine Bedeutung, die über das rein Somatische hinausgeht. Anders als die Medizin, die Körpervorgänge und Krankheiten gewöhnlich isoliert betrachtet, stellen diese Betroffenen einen Zusammenhang her zwischen der Krankheit und ihrem Leben (vgl. auch Hahn et al. 1996, S. 8 ff.). Diese Tendenz ist möglicherweise bei älteren Menschen besonders ausgeprägt, weil sie am Ende ihres Lebens stehen, auf ihre Biografie zurückblicken und häufig eine Art Bilanz des Weges ziehen, den sie zurückgelegt haben.

Die 82-jährige Mutter von Frau Schweizer, die selbst nicht zu einem Interview bereit war, interpretiert nach Aussagen ihrer Tochter ihren Gesundheitszustand auf dem Hintergrund früherer Erfahrungen mit den Schwiegereltern und Geschwistern, die ihr immer das Gefühl vermittelt hätten, „nicht recht" und „minderwertig" zu sein. „Also sie sagt noch heute, ich bin ein komischer Mensch. Wieso habe ich das nur, alle andern haben das nicht gehabt, wieso ich? (…) Wieso muss ich denn das haben?" Es sei denkbar, meint Frau Schweizer, dass die Mutter ihre Krankheit als eine Art Strafe empfinde.

Und eine Befragte, die als ehemalige Verkäuferin mit einem Mann aus dem mittleren, rechten Bereich des sozialen Raumes verheiratet war, sieht ihre Krankheit als Resultat eigener Unzulänglichkeiten: „Wir sind doch selber verantwortlich für unser Leben. Was ich säe, das muss ich ernten. (…) Wenn ich Rüben säe, dann kommen Rüben. Und wenn ich Disteln säe, dann kommen Disteln. (…) Ich habe halt nicht alles recht gemacht." So habe sie es nicht fertig gebracht, ihren „ganz schwierigen Mann" aus „seiner Reserve zu locken". Wenn er manchmal den ganzen Tag nichts gesagt und sie viel allein gelassen hat, hat sie das sich selbst zugerechnet und als ihr Versagen als Frau empfunden. „Ich habe auch immer das Gefühl gehabt, ich sei dumm. (…) Ich habe furchtbare Minderwertigkeitsgefühle gehabt ein ganzes Leben lang. Obwohl ich ja, wenn man so von außen schaut, eigentlich viel arbeiten musste. Das ja schon." Sie habe sich „manchmal so gegrämt und so zurückgezogen, dass ich manchmal das Gefühl gehabt habe, ich stehe mit dem Rücken zur Wand. Und das geht natürlich nicht einfach an einem vorbei. Der Körper reagiert halt mit der Zeit auf so Schwingungen. Der ist recht sensibel." Dieser Zusammenhang sei für sie „eindeutig. Ich kann da gar niemandem die Schuld geben, ich bin ganz selber für mich.… Ich glaube auch, dass wir schon oft da gewesen sind und wiederkommen werden. Da bin ich überzeugt. Und durch das haben wir natürlich schon einen gewissen Rucksack, den wir mitbringen, oder. Dann laden wir uns vielleicht noch einen neuen auf. Und erst wenn wir das begriffen haben, einen Schritt weiter sind, können wir auch einen Schritt weiter gehen."

Während für die moderne Medizin Krankheiten nichts symbolisieren und nichts sagen, haben sie für diese Betroffenen eine Bedeutung und einen Sinn. Das kann eine Quelle zusätzlicher Belastungen sein oder aber helfen zu ertragen, was sonst nur schwer zu ertragen wäre (Karrer 2009). Als Frau Schneider (66 J.) von ihrem früheren Mann, einem Anhänger einer Freikirche, gesagt bekommt, ihre Krankheit sei eine Strafe Gottes, entgegnet sie: „Gott möchte mir etwas sagen mit dem. (…) Durch meinen Beruf und alles, was ich so erlebt habe, habe ich ja auch viel gelernt. Und habe gefunden, das ist eine Möglichkeit, um etwas zu lernen."

Beeinflussung des Unkontrollierbaren: Religion als Copingressource Altern und chronische Krankheit sind Prozesse, die der Betroffene nicht oder nur sehr eingeschränkt beeinflussen kann. In solchen Situationen kann der Glaube eine besonders wichtige Rolle im Bewältigungsprozess spielen. Man sucht Unterstützung bei einer übermenschlichen Macht, die jene Dimensionen des Daseins kontrolliert, die der eigenen Beeinflussung und Kontrolle entzogen sind (vgl. dazu Riesebrodt 2000, S. 35 ff.).[6] Das ist zum Beispiel bei jener Befragten der Fall, die sagt: „Ich tu sehr viel beten. Und ich bin auch gläubig. Und ich weiß, der Herrgott hilft. Er weiß schon, wie lange das geht und dass es gut kommt. (…) Er weiß, was er will und er lässt zu, was am Platz ist[7], er hilft mir ganz sicher." Wie Frau Hotz (79 J.) fühlt sich auch Frau Koch (80 J.) aufgehoben in ihrem „absoluten Vertrauen in Gott. (…) Der Glaube ist mein Fundament. Ja, ich fange mit dem meinen Morgen an. Der Abend hört mit dem auf. Es ist einfach immer da."

Verlagerung des Lebens nach innen Ist man in seinen Bewegungsmöglichkeiten stark eingeschränkt, verlagert sich das Leben vermehrt „nach innen". Man ver-

---

[6] Die Zunahme von Lebensereignissen, die als zugewiesen und wenig beeinflussbar erlebt werden, ist mit ein Grund, warum die Religiosität nach dem Übergang in den Ruhestand zunimmt (Lois 2011).

[7] Auch hier zeigt sich eine Art ständisches Denken, dem wir bereits beim „sense of one's age" begegnet sind (vgl. Karrer 1998, S. 111 ff.).

bringt praktisch den ganzen Tag in seinen eigenen vier Wänden und nimmt am „Leben draußen" vor allem über die Medien teil („Ich weiß auch ein bisschen, was läuft in der Welt. Das gibt mir auch Kraft").

Der Rückzug auf einen eng begrenzten und vertrauten Lebensraum kann auch eine Reaktion auf existentielle Verunsicherungen sein, die mit dem Alterungsprozess verbunden sind, weil vormals bekannte und zuverlässige Regionen des Lebensraumes unberechenbarer werden und aufgrund des schnellen sozialen Wandels kognitiv nicht mehr strukturiert werden können (vgl. Lewin 1982). So kann die „Außenwelt" zunehmend als fremd und bedrohlich erlebt werden. Insbesondere von jenen Frauen, die aus ihrer Sicht mit dem Partner auch ihr „Rückgrat" und ihren „Orientierungspunkt" verloren haben. Außerdem wird auch der Körper, auf den man vorher selbstverständlich zählen konnte, unzuverlässiger und verletzbarer. Was die Neigung zum Rückzug auch deshalb verstärken kann, weil man sich nicht in einem Zustand der Hinfälligkeit präsentieren möchte.

Mit der Wendung nach innen kann man sich auch in eine Vorstellungswelt zurückziehen, in der die Erinnerung an Vergangenes an die Stelle einer gelebten Gegenwart tritt. Eine Befragte meint, durch ihre Krankheit habe sie vieles aufgeben und entbehren müssen. Dafür habe sie aber ein „reiches Innenleben" gewonnen. Wenn sie manchmal etwas Mühe habe, dass sie manches nicht mehr machen könne, zum Beispiel wenn eine Ansichtskarte komme, „wo ich denke, oh, die können jetzt dort sein, dann blättere ich in Kartenalben von früher, wo ich alles gewesen bin. Dann bin ich zwei Stunden dort gewesen." Sie verschickt auch jedes Jahr zu Ostern einen Brief an Freunde und Bekannte. „Diese Geschichten haben keinen speziellen Bezug zu Ostern, sondern mehr Bezug auf den Lebenssinn." Das letzte Mal habe sie ihrer Geschichte Taschentücher beigelegt, in die sie Knöpfe gemacht habe. („Das ‚Großmueti' [Großmutter] hat immer gesagt: damit du es nicht vergisst, mach einen Knopf.") Dazu habe sie geschrieben: „Öffnet sie nach vielen Jahren und schaut: alle diese Erinnerungen sind Perlen geworden."

Die Rückorientierung auf eine (bessere) Vergangenheit ist eine Form der Bewältigung der (schwierigeren) Gegenwart, was – wie im Fall von Herrn Binder (84 J.) – so weit gehen kann, dass sich Gegenwart und Vergangenheit zu verwischen beginnen. Und das Alter ist eine Lebensphase, die „besonders motivierend ist für (…) die Formulierung von Lebenssinn" (Elwert 1992, S. 274). Das kann nicht nur helfen, schwierige Situationen zu bewältigen, weil man sie in einen größeren Zusammenhang einordnen und damit auch relativieren kann. Die Produktion von Lebenssinn kann auch als kulturelles Kapital fungieren, mit dem sich erlittene Verluste kompensieren lassen, insbesondere dann, wenn man wie Frau Schneider (66 J.) in der Lage ist, seine Überlegungen niederzuschreiben.

6.1.2   Die Veränderung der persönlichen Netzwerke

Der Partner und viele (gleichaltrige) Freunde und Bekannte, die man hatte, sind tot. Und wenn im Leben nicht mehr so viel geht, weil man krank und alt ist, ist man auch bei den Lebenden weniger gefragt. Womit die Angst verbunden sein kann, sozial in Vergessenheit zu geraten.

Durch die Verkleinerung des persönlichen Netzwerks und die Schrumpfung des sozialen Kapitals ist man vermehrt auf den Kontakt mit den Kindern angewiesen.[8] „Meine Bekannten sind alle gestorben. Das ist eben das: wenn du ein gewisses Alter hast, dann sind die andern weg. Jetzt habe ich eigentlich niemanden mehr. Aber in Gottes Namen. Ich lebe ja. Ich habe ja noch die Kinder. Und das reicht mir schon noch. Nur: sie haben nicht mehr so viel Zeit. Sie haben selber Kinder. Und selber Arbeit."

Für den verbliebenen Elternteil wird die Familie im Alter zum wichtigsten Bezugspunkt: man richtet seine sozialen und emotionalen Bedürfnisse vermehrt auf die Kinder, während diese ihr eigenes Leben haben und sich gewöhnlich stärker abzugrenzen versuchen. Aufgrund „des Prinzips des geringsten Interesses" trägt das mit zum Machtgefälle zwischen Kindern und Eltern bei, weil derjenige in einer Beziehung über größere Macht verfügt, „der das geringere Interesse an einer Transaktion hat" (Esser 2000, S. 396).

Obwohl man häufig allein ist, beklagt man sich dem Interviewer gegenüber nicht, dass man sich einsam fühlt – vielleicht auch deshalb, weil der Einsamkeit immer auch etwas der Makel des selbst Verschuldeten anhaftet. Aus der Erzählung der Kinder geht jedoch hervor, dass das für einige Eltern ein Problem ist. Ihre Mutter, meint eine Befragte, habe auch schon gesagt: „Ja, ich bin so viel allein. Es ist schon schlimm, so alt und so allein zu sein. Die Tage gehen nicht vorbei. (…) Sie ist nicht gern allein. Sie hat Angst vor dem Alleinsein. Ich glaube, sie hat auch Angst, dass ihr etwas passiert. (…) Das Gefühl, dass niemand da ist, wenn es ihr nicht gut geht." Oder dass niemand da ist, wenn man stirbt.

---

[8] Eine andere Folge ist, dass man nun immer weniger „von seinesgleichen beurteilt" wird, wie schon Goethe (1998) bemerkt hat. Und – so könnte man hinzufügen – sich nun auch immer weniger mit seinesgleichen vergleichen kann.

6.1.3   Ethos der Eigenständigkeit und die Ablehnung externer Hilfe

In der Schweiz gibt es für ältere Pflegebedürftige ein breites Netz von Unterstützungsangeboten („Spitex"[9], Mahlzeitendienste usw.). Praktisch alle Befragten haben sich jedoch zunächst dagegen gewehrt, solche Angebote in Anspruch zu nehmen. Das gilt in besonderem Maße für die Frauen.

Was aus einer Perspektive von außen etwas irrational erscheinen mag, wird nachvollziehbar, wenn man sich in die spezifische Situation dieser Betroffenen hineinversetzt. Die befragten Frauen haben ein Leben lang gearbeitet und im Haushalt immer alles selbst gemacht, was einen wesentlichen Bestandteil ihres Habitus und ihrer Identität als Frau bildet und für sie auch eine Quelle der Anerkennung darstellt. Deshalb hat man auch im Alter den Anspruch, noch so viel wie möglich selber zu machen.

Mit der Inanspruchnahme professioneller Hilfe verliert man nicht nur an Autonomie, man verliert auch an Status. Wenn man zum Beispiel mit seinen Kochkünsten bei Enkeln und Nachbarinnen punkten konnte, ist es ein herber Statusverlust, wenn das Essen von einer externen Stelle ins Haus geliefert werden muss. Und wenn vorgeschlagen wird, eine Putzfrau zu nehmen, fühlen sich diese Frauen in einer ihrer Kernkompetenzen in Frage gestellt, auf der ihre Identität und ihr Stolz als Hausfrau mit beruht. „Glauben die denn, bei mir sei es dreckig und ich könne das nicht mehr, ich, die ich früher auch noch bei anderen Leuten geputzt habe", meint eine Befragte trotzig.

Weil man sein ganzes Leben gearbeitet hat, hat man auch Mühe, andern beim Arbeiten zuzusehen und sich bedienen zu lassen.[10] Was umso mehr der Fall ist, als es sich um Tätigkeiten handelt, für die man sich selbst zuständig fühlt. Das spricht auch Frau Bodmer (50 J.) an, wenn sie über ihre Mutter sagt: „Ich glaube, sie bekäme auch ein bisschen…[ein schlechtes Gewissen]. Ja – sie sitzt rum und die andern schaffen, machen ihr Zeug. Das ist schon auch etwas, was ich mir vorstellen kann. Wenn sie sich hinsetzen müsste und die macht in dieser Zeit die Wohnung,

---

[9] Abkürzung für „Spitalexterne Hilfe und Pflege".

[10] Bourdieu (1988, S. 588) hat in einem anderen Zusammenhang darauf hingewiesen, dass die Fähigkeit, sich bedienen zu lassen, ungleich verteilt ist. „Wer daran zweifeln sollte, ob die Kunst, ‚sich bedienen zu lassen' (…) zum bürgerlichen Lebensstil gehört, braucht sich nur jene Arbeiter und kleinen Angestellten zu vergegenwärtigen, die aus irgendeinem festlichen Anlass ein schickes Restaurant betreten und den Kellnern, die ‚sofort sehen, mit wem sie es zu tun haben', ins Handwerk pfuschen, als wollten sie symbolisch das Gefälle zwischen ihnen und dem Personal zerstören und so ihr Unbehagen daran bannen."

was sie immer gemacht hat, da denke ich schon, dass man dort irgendwie ein Ding bekommt, oder…"

Wenn man professionelle Hilfe in Anspruch nimmt, kann man über die Lockerung nachbarschaftlicher Kontakte auch an sozialem Kapital verlieren. Zumindest ist das der Eindruck von Frau Müller, die sagt: „Zuerst sind sie [die Nachbarinnen] gekommen. Dann haben sie gefunden, die hat jetzt ‚Spitex‘, da muss ich nicht mehr gehen." Das hat auch Frau Hotz in der Alterssiedlung beobachtet, wo sie seit langem lebt. Weil die meisten „Spitex" hätten, meint sie, schaue man sich gegenseitig weniger als früher. „Nein, nein, das ist nicht mehr so."

Warum die Mutter keinen Pflegedienst will „Meine Mutter ist irgendwo durch auch ein bisschen leutescheu. Also quasi wie: jemand Fremdes kommt in meinen Haushalt. Das ist ganz, ganz schwierig. Der Haushalt ist ja der Frau ihr Ein und Alles, oder. Und das ist ja so schleichend, dass es nicht mehr so sauber ist. (…) Also man sieht nicht mehr gut. Für sie ist alles noch in Ordnung, weil sie sind ja jeden Tag noch dort drin. Und für uns, die jünger sind, noch ein bisschen besser sehen und von außen kommen, wir sehen: oh, dort und dort. Aber für die alten Leute, die drin leben, ist das nicht so. Sie haben ja das Gefühl, es sei tipptopp. Also wenn ich zu meiner Mutter gehe, Staubsaugen, dann sagt sie: gell, es ist aber nicht schlimm gewesen, gell. Dann sage ich: nein, es ist absolut nicht schlimm gewesen. Sie käme sich schlecht vor. Sie käme sich unfähig vor." Deshalb würde ihre Mutter auch eine Haushalthilfe als „einen Verlust, einen Einschnitt" empfinden, meint Frau Stoll. Vermutlich sei das bei Berufsfrauen weniger der Fall als bei Hausfrauen: „Der Schwiegervater hat später noch eine Lebensgefährtin gehabt. Sie hat gearbeitet im Leben. Also sie ist arbeiten gegangen, immer. Und der Haushalt ist nicht ihr Ein und Alles gewesen. Sie konnte ‚Spitex‘ akzeptieren. Sie hat einfach einen anderen Geist gehabt und andere Möglichkeiten." Ihre Mutter hingegen sei immer Hausfrau gewesen.

Von den Befragten selbst werden vor allem Kostengründe ins Feld geführt. Man möchte nicht unnötig Geld ausgeben für etwas, was man – mit Mühe und Not – noch selber kann. Und es scheint einem auch schwer zu fallen, für Dinge zu bezahlen, die man selbst ein Leben lang gratis gemacht hat. Umso mehr, als man gewohnt ist, jeden Franken umzudrehen, bevor man ihn ausgibt. „Sie machen ja so Reklame für diese ‚Spitex‘. Aber das ist eine teure Sache, ich kann es Ihnen sagen. Ich habe gehört, für eine Stunde Putzen werden 25 Franken angerechnet. Das muss ich zahlen."

Es sind jedoch nicht allein die Kosten, die genannt werden. Widerstände gegen professionelle Hilfe kann man auch deshalb haben, weil man keine Fremden in den eigenen vier Wänden möchte. „Es hat niemand zu sehen, wie es im Haus aussieht,

es gehören keine fremden Leute ins Haus. Wir als Familie machen das allein",
umschreibt eine Tochter die Haltung ihrer Mutter. Vertrauen hat man vorrangig zu
den „eigenen Leuten". Und nur mit ihnen fühlt man sich gewöhnlich so vertraut
und unter sich (und seinesgleichen), dass man sein kann, wie man ist, ohne sich
genieren oder einen Zwang antun zu müssen. Das gilt vor allem für den unteren
Bereich des sozialen Raumes. „Ich möchte niemand Fremdes. Da muss ich auch
immer Angst haben, dass ich etwas Dummes sage", meint eine 84-jährige Befragte, die eine vergleichsweise geringe schulische Bildung hat (vgl. dazu auch Bourdieu 1988, S. 311 ff.).

Ambivalenz zwischen Hilfserwartung und eigenem Leben der Kinder Die Eltern
scheinen immer noch „jenen Zeiten" nachzuhängen, als es noch weitgehend selbstverständlich war, dass sich die Kinder – und das heißt vor allem: die Töchter – um
die alten Eltern kümmern. Auch wenn nicht alle so weit gehen wie der 82-jäh-
rige Herr Stoll, der explizit ein familialistisches Konzept vertritt. „Ja, da habe ich
vielleicht jetzt noch die altertümliche Idee. Wissen Sie, früher, als es die sozialen
Einrichtungen nicht gegeben hat. Da bin ich heute immer noch der Meinung: Weil
die Eltern ihr Leben ja vielfach für die Kinder hingegeben haben, also für die Kinder da gewesen sind, ist für mich die Verpflichtung nachher für die Kinder, später
auch für die Eltern da zu sein. Das ist heute doch so eine Sau-Mode, dass man das
der öffentlichen Hand überlässt oder weiß ich wem. Also in erster Linie sollte eine
Familie selber für sich sorgen. Die Sippe oder die Familie. Das macht manchen
Schabernack, den wir heute betreiben, unnötig. Ich meine, heute wollen sie das
Zeug ja an den Haaren herbeiziehen: Nachbarschaftshilfe oder so. Solche Sachen
sollten doch von allein gehen. Und die sind ja früher auch von allein gegangen."
    Auf diesem Hintergrund kann die Inanspruchnahme professioneller Hilfe auch
als ein Defizit der eigenen Familie empfunden werden. Pflegedienste braucht, wer
keine (funktionierende) Familie hat. Er könne sich schon vorstellen, meint Herr
Stoll, dass „Leute, die einsam, ohne verwandtschaftliche und nachbarschaftliche
Beziehungen, diese Periode erleben", auf „solche Organisationen angewiesen
sind", was natürlich schon schlimm sei. Bei ihnen sei das jedoch anders. „Wir sind
hier noch ein bisschen aufgehoben, in dem Sinn."
    Einerseits ist im Habitus dieser Befragten die Erinnerung präsent, wie es früher
gewesen ist[11], insbesondere bei den Frauen, die alle im Laufe ihres Lebens einen
kranken Elternteil (und ihren Mann) gepflegt haben. Andererseits ist man sich je-

---

[11] „Ich kann mir das noch gut vorstellen, früher als wir noch Bauern waren, da haben wir
dauernd eine alte Verwandte bei uns gehabt. Die hat man einfach so durchgebracht. Die hat
noch Socken ‚glismet' [gestrickt] oder noch ein bisschen gestopft oder irgendetwas gemacht.
Und hat so noch ein Gnadenbrot gehabt. Irgendetwas ‚gschäffelet' im Haushalt, der Mutter

doch auch bewusst, dass sich die Zeiten geändert haben und die Kinder nun vermehrt in die Zwänge eines eigenen Lebens eingebunden sind.

Das führt bei den meisten befragten Eltern zu einer ambivalenten Haltung: Einerseits beteuert man, dass die Kinder ein eigenes Leben haben, das es zu respektieren gelte: „Sie haben ihr eigenes Dings, ich will ihnen ja nicht auf der Haube sein." Andererseits hat man aber doch Vorstellungen von Unterstützungsbeziehungen, die durch ein (etwas idealisiertes) Bild der Vergangenheit geprägt sind. Damit verbundene Erwartungen äußert man zwar meistens nicht direkt – und doch sind sie da. Wenn man es zum Beispiel ablehnt, externe Hilfen in Anspruch zu nehmen, dann sagt man gewöhnlich nicht, dass die Kinder diese Aufgaben übernehmen sollen – und doch hat man das Gefühl, dass das eigentlich das „Normale" und „Richtige" wäre.

6.1.4   Die Konstellation der Unterstützung

Obwohl man sich anfänglich dagegen gewehrt hat, nehmen mittlerweile die meisten befragten Eltern professionelle Unterstützung in Anspruch. Fast alle waren jedoch erst auf Druck der Kinder bereit, die „Spitex" ins Haus zu holen.

Fachkräfte übernehmen nun Aufgaben, welche die befragten Frauen Jahre lang selbst gemacht haben, weshalb man sie nicht selten als Konkurrenz empfindet, deren Tätigkeit man kritisch beäugt. So kann man sich darüber beklagen, dass die „jungen Mädchen von der Spitex" ja lediglich oberflächlich putzen und nur das Nötigste machen, um den Unterschied zur eigenen Arbeitsweise als erfahrene Spezialistin der Hausarbeit herauszustreichen.

Man kann die professionellen Dienste auch zu (re-)familiarisieren versuchen, indem man relativ schnell das „Du" anbietet und vorschlägt, doch zusammen Kaffee zu trinken und ein bisschen zu plaudern. Um enttäuscht festzustellen, dass das nicht möglich ist, weil die Pflege ökonomischen Zwängen unterliegt und die Zeit dafür fehlt.

Die meisten haben sich mittlerweile damit abgefunden, dass die „Spitex" kommt. Eine Ausnahme bildet lediglich die 97-jährige Frau Pelli, die nach wie vor überzeugt ist, niemanden zu brauchen, „weil sie so manches Jahr trotzdem alles selber gemacht hat", wie ihre Tochter sagt. Das führt dazu, dass sie nicht nur dauernd über den Pflegedienst schimpft, sondern hin und wieder auch herumtobt und den Pflegenden gegenüber „manchmal eben dann fast bösartig ist".

---

geholfen. Solche Fälle haben wir viele gehabt, das kenne ich aus eigener Anschauung" (Herr Stoll).

Den wichtigsten Teil der Hilfe bekommt man vom engsten Familienkreis, insbesondere von den Töchtern, die einem im Haushalt zur Hand gehen, einkaufen oder einen zum Arzt oder auf die Bank begleiten und auch erledigen, was administrativ so anfällt. Zum engsten Familienkreis gehören auch die Schwiegertöchter, die ebenfalls in die Hilfsbeziehungen eingebunden sein können, während das weniger der Fall ist, wenn es sich lediglich um die Freundin des Sohnes handelt. Eine (angeheiratete) Schwiegertochter hat mehr Rechte, aber auch mehr Pflichten als eine (unverheiratete) Partnerin. So meint eine Befragte über ihr Verhältnis zu den Eltern ihres Freundes, dessen Vater ebenfalls pflegebedürftig ist: „Ich darf mich dort nicht einmischen. Weil die Mutter hat mir mal gesagt: wir seien nicht verheiratet. Mich könne man nicht fragen." Als Freundin habe sie einen andern Status, als wenn sie verheiratet wären. „Die Frau vom Bruder, die geht natürlich jeden Mittwoch helfen, bringt den Vater ins Bett und geht einkaufen. Und geht übers Wochenende oft den Garten machen. (…) Und wenn ich jetzt verheiratet wäre, dann würden ganz klar die Ansprüche kommen. Und das hat sie mir signalisiert: dich kann man ja nicht fragen, du bist ja nicht verheiratet." Das macht deutlich, welch hohen Stellenwert der Ehestatus bei den Älteren im Arbeiter- und einfachen Angestelltenmilieu immer noch hat.

Die Hilfe von Freunden und Bekannten hat nur eine geringe Bedeutung (vgl. auch Perrig-Chiello et al. 2010, S. 23). Hilfe in Notlagen wird primär von Familienmitgliedern geleistet,[12] „während Freunde eher für emotionale Stabilisierung, Kommunikation und Geselligkeit zuständig sind" (Schütze 2007, S. 103).

Auch an die Verwandten außerhalb der Kernfamilie hat man gewöhnlich keine Versorgungserwartungen, weshalb man sie nur selten um Hilfe bittet. Womit immer noch zu gelten scheint, was Goode (1966) festgestellt hat. Allerdings kann das anders aussehen, wenn man keine Kinder hat.[13] Oder die Unterstützung durch die eigenen Kinder aufgrund einer großen geographischen Distanz erschwert ist. Das ist zum Beispiel bei Frau Weber der Fall, die Hilfe von einer Nichte erhält, die in ihrer Nähe wohnt.

---

[12] Diese Tendenz ist in tieferen Lagen stärker als in höheren (vgl. Höpflinger 2011) und vermutlich auf der ökonomischen Seite des sozialen Raumes ausgeprägter als auf der kulturellen. Für die 86-jährige Frau Sassi, die in der Genossenschaftssiedlung, wo sie zu den Alteingesessenen gehört, relativ viele Leute kennt, kommen für Hilfeleistungen nur Familienangehörige in Frage.

[13] „Childless people may maintain more systematic bonds with the extended family, both horizontally and vertically, and even develop some kind of fictive kin relationships with friends" (Saraceno 2009, S. 126).

6.1.5   Das Bemühen um Reziprozität

Bei den Hilfeleistungen, die man von den Kindern erhält, sind die alten Eltern sehr darauf bedacht, dass die Norm der Reziprozität („Wie du mir, so ich dir") gewahrt bleibt (vgl. auch Höpflinger 2011). Fast beiläufig erwähnt man, dass man seinen Kindern früher auch viel geholfen hat. Und man ist sichtlich bemüht, ihnen nichts schuldig zu bleiben. So betonen alle, dass die Töchter nicht selbst bezahlen müssen, was sie für sie einkaufen: „Sie nimmt es von meinem Geld", sagt eine Mutter mit Nachdruck. Und einige stecken ihnen auch hin und wieder Geld zu für Hilfestellungen, die sie erbringen. Wer Schulden umgehend begleicht, verneint seine Abhängigkeit und Unterlegenheit. Und wer sie übererfüllt, erzeugt einen Anspruch auf „eigene Superiorität" (Blau 2005, S. 133).

Das Bemühen um Reziprozität zeigt sich am stärksten bei jener Befragten, die alle Leistungen notiert, die sie bekommt, wie mir die Tochter erzählt hat. Damit verschafft sie sich einen Überblick, wem *sie* und wer *ihr* was schuldet. Womit sie nicht nur ihre eigene Unabhängigkeit behaupten kann, sondern – bewusst oder nicht – auch ihre Bezugspersonen stärker an sich bindet.

Die alten Eltern können gegenüber ihren Kindern auch deshalb so viel Wert auf Reziprozität legen (oder sie sogar zu übertreffen versuchen), weil die Position des Abhängigen der herkömmlichen Beziehung zwischen Eltern und Kindern und dem damit verbundenen Selbstverständnis widerspricht. Das kann im Einzelfall so weit gehen, dass man die erhaltene Hilfe herabspielt und Mühe hat, die Unterstützungsleistungen anzuerkennen oder sie überhaupt anzunehmen. „Sie nimmt keine Hilfe an. (…) Sie lehnt ab und ich kann nicht geben", sagt die Tochter von Frau Koch, die, wie wir gesehen haben, so sehr um ihre Selbständigkeit und Unabhängigkeit kämpft.

6.1.6   Die Problematik finanzieller Unterstützungsleistungen

Finanzielle Unterstützung benötigt man von seinen Kindern keine,[14] was den Befragten sehr wichtig ist, weil das vermutlich als Niederlage eines ganzen Lebens empfunden würde. Statt den Kindern ein Erbe zu hinterlassen, was mit zum Stolz von Eltern gehört, wäre man gezwungen, bei ihnen „betteln zu gehen".

Ein Teil nimmt jedoch Unterstützung vom Staat in Anspruch und bezieht Ergänzungsleistungen, weil die Rente allein nicht zum Leben reicht. Wie schwer es

---

[14] Das entspricht den statistischen Tendenzen: In der Schweiz erhalten Eltern nur selten finanzielle Unterstützung von ihren Kindern (Höpflinger 2011).

manchen gefallen ist, solche Zusatzleistungen zu beantragen und dass es dafür die Initiative und den Druck der Kinder gebraucht hat, ist erst aus den Interviews mit den Töchtern und Söhnen klar geworden. So meint eine Befragte über ihre Mutter: „Sie hat sich lange eigentlich dagegen gewehrt. (…) Das ist eben noch diese Generation von Leuten, da ist man noch stolz und hat das Gefühl, ich bin doch nicht ‚armengenössig' [unterstützungsbedürftig]. Also irgendwie: man schämt sich. Und sie hat auch immer das Gefühl gehabt: das darf dann gar niemand wissen im Haus, dass sie das hat."

Noch mehr als die Frauen scheinen sich die Männer gegen solche staatlichen Unterstützungsleistungen zu sperren, weil dadurch ihr Selbstverständnis als „Ernährer" und die damit verbundene männliche Ehre in Frage gestellt würden. So hat sich der (verstorbene) Mann von Frau Hotz standhaft geweigert, Ergänzungsleistungen zu beantragen. „Der ist sehr stolz gewesen. Er hat immer gesagt, nein, wir brauchen nichts vom Staat. Obwohl wir immer gesagt haben, du hast das Anrecht." Und Herr Stoll meint: „Ich bin immer noch stolz darauf, dass ich noch nie einen Fünfer gehabt habe von der öffentlichen ‚Zehrig' [Zehrung] da. Ich habe noch nie irgendetwas verlangt von irgendjemandem."

Während man die Altersrente als legitim erachtet, weil man lediglich zurückbekommt, was man über Jahre regelmäßig eingezahlt hat, empfindet man Ergänzungsleistungen stärker als Zuwendungen, die man nicht selbst verdient hat und die man allein deshalb erhält, weil man nicht in der Lage ist, auf eigenen Beinen zu stehen. Man hat das Gefühl, etwas zu bekommen, auf das man kein Anrecht besitzt, weil man nichts dafür gegeben hat. Wodurch man – wie wir gesehen haben – „tiefer sinkt" und an Status verliert. „Milde Gaben verletzen den, der sie empfängt", wie Marcel Mauss (1990, S. 170 f.) bemerkt hat.

6.1.7 „Was willst du mehr als zufrieden sein"

Die meisten Befragten betonen, dass sie in ihrem jetzigen Leben keine großen Probleme haben. So meint Frau Müller: „Ich bin eine Frau, die lebt, wie sie ist und wie sie kann. Aber Probleme habe ich keine." Und auch wenn man in der Regel nur wenig Geld hat, kommt man damit zurecht. Weil man ohnehin nicht mehr viel ausgeben kann. Und weil man gewohnt ist, nicht über seine Verhältnisse zu leben. Die „Spitex" sei zwar teuer, meint Frau Hotz, finanziell einschränken müsse sie sich jedoch nicht. „Nein, das mag ich machen. Ich bin mich gewohnt einzuteilen. Mit dem, was man hat, kommt man aus. Das hat man früher gesagt: nach der Decke strecken, du kannst nur das brauchen, was du hast."

„Es geht gut. Ich bin zufrieden", sagt auch die 94-jährige Frau Bachmann. „Was willst du mehr als zufrieden sein, gell. Und bei allen geht das Leben vorbei. Wir nehmen es ‚vor zu‘, es geht schon." Im Alter sei man ohnehin zufriedener.[15] „Früher, als man jung gewesen ist, hat man alles anders angeschaut. Mich dünkt, ich schaue es heute anders an. (…) Nein, ich kann nicht klagen. Schauen Sie, wie das ‚Sünneli‘ [Sonne] jetzt kommt. Es ist ein schöner Tag heute. (…) Ich schaue schon, dass es immer geht. Dass ich mir helfen kann. Dass ich mich anziehen kann, dass ich davonlaufen kann. Ich mache einfach langsam, damit nichts passiert. Dann geht es. "

Während in der Jugend aufgrund einer Situation struktureller Offenheit noch vieles denkbar erscheint, und der „Möglichkeitssinn" gewöhnlich wichtiger ist als der „Wirklichkeitssinn", kehrt sich das im Alter tendenziell um: durch eine zunehmende Verengung des Möglichkeitsraumes und den damit verbundenen Prozess des „sozialen Alterns".[16] Man ist zufrieden, weil man seine Ansprüche seinen Möglichkeiten anpasst und sich in das schickt, was ohnehin nicht zu ändern ist. „Das ist das Leben, gell. Wir nehmen es wie es kommt". Und selbst immer mehr auf Elementares zurückgeworfen, gewinnen die elementaren Dinge des Lebens vermehrt an Bedeutung. „Was will ich", meint Frau Müller. „Ich muss zufrieden sein mit dem, was ich habe. Und ich habe rechte Zimmer. Ich habe die Sonne früh am Morgen. Was will ich noch mehr."

Die Anpassung der Ansprüche an seine Möglichkeiten zeigt sich am stärksten im unteren Bereich des sozialen Raumes (Karrer 1998). Deshalb ist es vielleicht nicht ganz zufällig, dass die Lebenssituation am meisten von jener Befragten problematisiert wird, die zwar nur über sehr wenig ökonomisches, aber *vergleichsweise* viel kulturelles Kapital verfügt. Zwar meint auch Frau Schneider (66 J.), sie versuche, ihre Situation zu nehmen, wie sie ist. Und sie habe sich im Laufe der Zeit mit dem abgefunden, was ohnehin nicht zu ändern sei. Trotzdem gebe es Tage, „wo mich etwas grausam nerven kann, wo ich weine, das kann ich schon auch. (…) Zum Beispiel wenn man vom Steueramt immer wieder schaut, ob zwischen der

---

[15] Das wird auch durch die Forschung bestätigt. In Befragungen geben Ältere häufiger als mittlere Altersgruppen an, mit ihrem Leben zufrieden zu sein (Frey und Frey Marti 2010, S. 146). Und auch an Depressionen erkrankt man im Alter weniger als in den vorausgehenden Lebensphasen des Erwachsenenalters (Häfner 1992).

[16] „Soziales Altern stellt nichts anderes dar als diese lang währende Trauerarbeit, oder, wenn man mag, die (gesellschaftlich unterstützte und ermutigte) Verzichtleistung, welche die Individuen dazu bringt, ihre Wünsche und Erwartungen den jeweils objektiven Chancen anzugleichen und sich in ihre Lage zu fügen: zu werden, was sie sind, sich mit dem zu bescheiden, was sie haben, und wäre es auch nur dadurch, dass sie hart daran arbeiten müssten, um sich selbst darüber zu täuschen, was sie sind und was sie haben" (Bourdieu 1988, S. 189 f.).

Matratze nicht noch ein Hunderter steckt (lacht). Also das macht mich grausam
sauer." Sie habe das Gefühl, die seien „schaurig pingelig". „Das ewige ‚Gestürm'
[aufgeregtes Getue] mit Papieren und Zeug wegen zwanzig Rappen oder zwanzig
Franken mehr, das ist ja verrückt." Auch die Angestellten der „Spitex" müssten
jetzt neuerdings alles, was sie machen, genau mit einem Scanner festhalten. „Zehn
Minuten fürs Bett anziehen, zehn Minuten für so und so. Diese Frauen sind wahn-
sinnig unter Druck. Also das geht nonstop." Als sie auf dem Büro des Pflegedienstes reklamiert habe, habe man ihr gesagt: „Zwei Stunden in der Woche, das muss
reichen. Aber das geht einfach nicht immer. Ich kann nicht pressieren. Ich kann
nicht immer auf der Drei laufen."

Glücklicherweise habe sie jedoch ein paar Pflegende, „die halt jetzt auch ein
bisschen mogeln und dann noch ein paar Worte mit mir reden, weil sie das Gefühl
haben, das lohne sich jetzt mit mir. Sie können dann an einem andern Ort, wo fünf
Pfannen herumstehen von der letzten Woche, weil jemand zu faul gewesen ist zum
Abwaschen, man könne dort ein bisschen schneller machen." Dass einem wichtig
ist, für die Pflegenden speziell und nicht austauschbar zu sein, könnte man ebenfalls als Teil jener Refamiliarisierungstendenz sehen, von der wir vorne gesprochen
haben.

6.1.8 Die Angst vor dem Altersheim

Alle möchten so lange wie möglich zu Hause bleiben und nicht in ein Altersheim,
was für einige eine ziemliche Horrorvorstellung darstellt (vgl. Zitate). Manche
weigern sich, über die Möglichkeit eines Heimaufenthaltes auch nur zu reden. Und
andere beteuern, lieber sterben zu wollen als in ein Heim zu gehen. „Nein, da weh-
re ich mich also bös. Nein, nein. Um Gottes willen. Wenn es irgendwie geht: am
Abend ins Bett und am Morgen tot. Aber ja nicht in ein Altersheim", meint Frau
Stoll bestimmt.[17]

> **Das Heim als Schreckensvision** Ja, dann ist man dann auf einem Abstellgleis dort,
> in einem Kästchen drin. Ich habe so alte Frauen besucht, die sind todunglücklich. Da
> oben ist ja ein großes Altersheim. Hundert einsame Leute. (…) Ja, was machen sie:
> Sie gehen zum ‚Morgenessen', regen sich auf über die Leute am Tisch. Kaum sind
> sie fertig, gehen sie wieder aufs Zimmer, hocken den ganzen Tag in diesem Zimmer.
> Außer dass sie essen gehen. (Frau Koch)

---

[17] Lediglich Frau Hotz scheint diese Perspektive nicht zu schrecken. Für sie ist klar, dass sie
mal ins Altersheim geht, was ihr deshalb nicht so schwer fällt, weil sie bereits in der unmittelbaren Nachbarschaft wohnt, viele Leute kennt und auch hin und wieder dort zu Besuch ist,
der Übergang ins Heim also keine so große Zäsur in ihrem Leben darstellt.

Das wäre *die* Katastrophe für mich. Nein, das mag ich nicht ertragen. Lauter alte Weiber, die nur noch ‚hässig‘ [schlecht gelaunt] sind, weil sie überhaupt nichts mehr machen, nur noch reklamieren wegen jedem ‚Seich‘ und kaum zum Zimmer rausgehen. Die Türe zuknallen und dem andern eins an die Ohren ‚chlöpfe‘ [hauen]. Und du weißt nicht warum. Nein, also bitte. (Frau Stoll)

Ich kann da bei mir immer noch machen, was ich will. Im Altersheim wird befohlen. Von dann bis dann wird ‚Zmorgen gegessen‘ [gefrühstückt]. Von dann bis dann musst du das machen. Von dann bis dann musst du dieses machen. (Frau Müller)

Andererseits könnten sich die meisten auch nicht vorstellen, zu einem ihrer Kinder zu ziehen. Weil man seine gewohnte Umgebung nicht verlassen möchte und das auch von den Kindern her nicht ginge.[18]

In dieser Situation scheint man zu verdrängen, was auf einen zukommen kann oder hofft, dass sich das irgendwie dann von selbst regeln wird. „Ich hoffe, der liebe Gott habe dann ein Einsehen, wenn ich nicht mehr mag und kein Geld mehr habe, dass ich dann die Flügel lupfen darf. Dass ich dann gehen darf. Und das sage ich ihm auch manchmal: gell, dann hast du Erbarmen mit mir, dann muss ich dann nicht mehr" (Frau Koch).

Auch bei der Ablehnung des Altersheims können Kostenüberlegungen eine Rolle spielen. Etwa wenn man fürchtet, sein ganzes Geld zu verlieren, das man ein Leben lang mühsam zusammengespart hat. Das Altersheim ist jedoch nicht nur teuer, es ist auch *eine Form der Deplatzierung*, durch die der Habitus und die Lebenssituation auseinandergeraten und das, was vorher aufeinander abgestimmt war, nicht mehr übereinstimmt. Die befragten Eltern wohnen ja zum Teil schon sehr lange am gleichen Ort, in einer Umgebung, die sie kennen und die ihnen vertraut ist. Was insbesondere im Alter geschätzt wird. Vor allem von Menschen aus dem unteren Bereich des sozialen Raumes, die ein Leben lang über zu wenig Mittel verfügt haben, um das Wechselnde und Neue als das Spannende zu empfinden und deshalb stark am Gewohnten hängen (vgl. Karrer 1998). Auf diesem Hintergrund kann das Heim als eine Form der Entwurzelung empfunden werden: aus der gewohnten Welt, in der man sich „zu Hause" fühlt und in der man seinen Platz hat, in eine Welt, die einem fremd ist, die man nicht kennt und in der man sich wieder ganz neu orientieren und zurechtfinden müsste. Was deshalb ein großes Unglück darstellen kann, weil das Gefühl des persönlichen Glücks wesentlich davon abhängt, ob der Habitus zum Umfeld bzw. das Umfeld zum Habitus passt (Bourdieu

---

[18] Eine Ausnahme bildet Frau Bachmann, die hofft, später einmal zu ihrer Tochter ziehen zu können, die gleich in der Nachbarschaft wohnt.

2001, 192 f.). „Ich will nicht in ein Heim", betont die 94-jährige Frau Bachmann. „Ich will lieber zu meinen Leuten. Ich kenne dann meine Leute. Die andern sind fremd."

Dazu kommt, dass in ein Altersheim zu müssen von einigen nicht nur als Versagen der eigenen Familie, sondern auch als persönliches Scheitern und als persönlicher Makel empfunden würde. Weil man im Unterschied zu andern keine Familie hat, die sich weiter um einen kümmert. Was vermutlich dann als besonders schmerzlich empfunden wird, wenn man in seinem (verwandtschaftlichen) Umfeld die Erste ist, der das widerfährt. Die filiale Unterstützung ist ja auch ein Zeichen des familiären Zusammenhalts. Indem man einander hilft und niemand „abgeschoben" wird, bestätigt sich die Familie als „Familie". Was nach außen auch als Mittel einer „politics of reputation" fungieren kann. Das ist auch mit ein Grund, warum man so viel Wert darauf legt, dass die Kinder helfen und das nicht einfach an externe, professionelle Stellen delegieren möchte.

Das Altersheim ist für diese Befragten ein Ort, an dem es mit einem eigenen Leben weitgehend vorbei ist. Ein Ort der Entmündigung, wo man nicht mehr selbst entscheidet, was man wann macht, sondern das einem gesagt und vorgegeben wird. Ein Ort des Dazwischen auch: zwischen der (eigenen) Welt, die man hinter sich lassen musste, und dem Tod, der vor einem liegt. Eine Art Warteraum, in den man „abgestellt" wird, weil man keine weitere Funktion mehr hat. Dem Altersheim haftet etwas Endgültiges an. Es ist ein Ort, von dem es keine Rückkehr gibt.

6.1.9   Das Verhältnis zu den Kindern

Das Verhältnis zu den Kindern ist aus Sicht der Eltern gut. Und man ist spürbar bemüht, nichts Negatives über sie zu sagen. Als einer Befragten doch ein bisschen was Kritisches über eine Tochter rausrutscht, fragt sie erschrocken, ob das jetzt auch aufgezeichnet werde.

In Übereinstimmung mit der „Intergenerational Stake"-Hypothese[19] scheint man die Beziehung zu den Kindern manchmal positiver darzustellen als sie tatsächlich ist. Nicht allein, weil man alt, krank und von seinen Kindern abhängig ist. Man tut das auch deshalb, weil man sich für das Gelingen der familiären Beziehungen verantwortlich fühlt und fürchtet, dass Negatives immer auch auf einen selbst zurückfallen könnte, vor allem die Mütter. Zudem ist der *Besitz* einer guten

---

[19] Gemeint ist die empirisch relativ gut abgestützte Hypothese, dass die Eltern die Qualität der Beziehung zu ihren Kindern eher überschätzen (Bengtson und Kuypers 1971; Trommsdorff und Albert 2009) und dazu neigen können, sie zu verklären (Kopp und Steinbach 2009).

und intakten Familie ein Statusmerkmal, das möglicherweise im Alter noch an Bedeutung gewinnt, weil die verfügbaren Statusressourcen immer weniger werden. Und denkbar ist, dass ein im Alter gesteigertes Harmoniebedürfnis (Schulze 1990) einen dazu neigen lässt, familiäre Probleme und Konflikte eher zu verdrängen.

Frau Schneider zum Beispiel stellt das Verhältnis zu ihren Kindern offensichtlich harmonischer dar als es ist, vor allem das Verhältnis zur Tochter, die ihre Mutter praktisch nicht mehr besucht, weil sie nichts mehr mit ihr zu tun haben möchte, wie der Sohn erzählt. Demgegenüber erklärt die Mutter den fehlenden Kontakt eher damit, dass die Tochter in einer andern Region der Schweiz lebt. Zudem komme ihr das nicht ungelegen, weil sie für Besuche ohnehin keine Zeit hätte. „Bei aller Güte, wenn sie jetzt sagen würde: Ich komme jeweils am Donnerstag. Dann müsste ich sagen: Ja du, am Donnerstag habe ich meistens Arzt oder irgendetwas. Da ist es für mich auch schwierig." Das Bedrückende einer Situation kann man (einem Gesprächspartner gegenüber) auch zu mindern versuchen, indem man das Erlittene zum Gewollten erklärt. Ein Mechanismus, den wir vermutlich alle aus eigener Erfahrung kennen.

6.2 Die Situation aus der Perspektive der Kinder

Die befragten Töchter und Söhne leben entweder im gleichen Ort wie die Eltern oder in einem Ort der weiteren Umgebung. Das entspricht dem statistischen Befund, dass in der Schweiz häufig mindestens ein Kind in der Nähe der alten Eltern wohnt und Hilfeleistungen auch von der Wohnortnähe abhängig sind (Perrig-Chiello et al. 2008, S. 190; Höpflinger 2011).

Im Unterschied zu den Eltern, die unter Vorkriegsbedingungen aufgewachsen sind, sind die Töchter und Söhne durch die ökonomische Prosperitätsphase in der zweiten Hälfte des 20. Jahrhunderts geprägt worden. Und aufgrund intergenerationeller Mobilitätsprozesse sind sie häufiger in mittleren Regionen des sozialen Raumes positioniert (Diagramm 4 im Anhang). Das schlägt sich in Unterschieden des Habitus nieder, die sich in einem andern Verhältnis zum Geld ebenso zeigen können wie in einer ungleichen Bereitschaft, professionelle Hilfe in Anspruch zu nehmen.

6.2.1 Der Konflikt um den Einbezug professioneller Hilfe

Kinder und Eltern wohnen in getrennten Haushalten und führen jeweils ihr eigenes Leben. Das ist so lange kein Problem, wie es der Mutter oder dem Vater gesundheitlich noch vergleichsweise gut geht. Kommt es jedoch zu einer Verschlechterung des Gesundheitszustandes, wird das Leben der Kinder in seiner bisherigen Form in Frage gestellt. Sie habe Angst bekommen, „weil die Mutter ja alleine wohnt. Dass sie jetzt mehr Pflege braucht. Dass man mehr schauen muss. Dass man mehr Zeit investieren muss natürlich. (…) Und das kostet mich, also ja, eben ja", sagt eine Tochter etwas verlegen, weil es ihr spürbar schwer fällt, in diesem Zusammenhang einen ökonomischen Begriff zu verwenden.

Um diese „Kosten", also die Belastungen und die Einschränkungen des eigenen Lebens, möglichst gering zu halten, drängt man darauf, professionelle Hilfe in Anspruch zu nehmen, was jedoch – wie wir gesehen haben – bei den Eltern auf Widerstand stößt.

Für sie sei das größte Problem, meint Frau Schweizer (51 J.), dass sich ihre Mutter gegen externe Hilfe sperre. „Dass sie gewisse Hilfen einfach nicht zulässt, die uns auch etwas entlasten würden." Weil sie keine fremden Leute in ihrer Wohnung haben wolle und weil sie die Kosten scheue. „Wie sie es halt so haben, die älteren Leute. Die haben natürlich auch eine andere Zeit durchgemacht. Es ist auch begreiflich, oder, dass sie dann halt einfach immer das Geld sehen und so. Und ja: das kostet. Das ist manchmal das, wo man einen Kampf hat und sagt: ja Herrgott nochmals, schau doch nicht immer, ihr habt ja gespart, das ist ja dein Geld! ‚Ja, aber ich muss doch schauen und so. Und wenn ich alles verbrauche, habe ich bald nichts mehr'." Lieber trage man noch Geld auf die Bank als es vom Konto abzuheben. „(Seufzt) Ja, es ist also manchmal schon verrückt, da gehst du manchmal schon die Wände hoch und sagst: ‚Herrgott nochmals, jetzt leiste dir doch mal was!' – ‚Nein, ich habe das Geld nicht für das und so'."

Im Konflikt um die Beiziehung professioneller Hilfe prallen zwei unterschiedliche Kostenüberlegungen aufeinander, denen verschiedene lebensgeschichtliche Erfahrungen und generationelle Interessen zugrunde liegen: Während für den kranken Elternteil stärker die materiellen Kosten im Vordergrund stehen, sind es für die Kinder die „Opportunitätskosten" eines eigenen Lebens (Blinkert und Klie 1999, 2000).

Zudem stehen sich zwei verschiedene Standpunkte zur Inanspruchnahme professioneller Hilfe gegenüber, die - neben generationellen Einflüssen - auch mit der (teilweise) unterschiedlichen sozialen Stellung von Eltern und Kindern zusammenhängen. Während im unteren Bereich des sozialen Raumes eher die Haltung vorherrscht, dass man das Problem in der Familie löst, scheint man in der Mitte eher bereit, externe Unterstützung zu holen, wie die Ergebnisse einer andern Untersuchung nahelegen (vgl. Karrer 2009).

Auch bei den Ergänzungsleistungen ist die Initiative von den Kindern ausgegangen, die (als nicht direkt Betroffene) weniger Hemmungen hatten, diese Form staatlicher Hilfe in Anspruch zu nehmen und aufgrund ihres größeren kulturellen Kapitals auch eher gewusst haben, wie sie einzufordern ist.

Moralischer Druck

Wenn sich die Eltern gegen externe Hilfen wehren, äußern sie nicht explizit die Erwartung, dass die Kinder das übernehmen. Man schafft mit seiner Weigerung aber eine Art Vakuum der Unterstützung, das – ob man will oder nicht – auf die Kinder zurückfällt. Dadurch entsteht ein moralischer Druck, für den vor allem die Töchter empfänglich sind, weil die Strukturen der traditionellen Geschlechterordnung – trotz aller Veränderungen – immer noch tief im Habitus verankert sind. Dass die Mutter professionelle Hilfe abgelehnt habe, sei schwierig gewesen, meint eine Befragte. „Dass sie nach meinem Empfinden an der Grenze von der Belastbarkeit gewesen ist oder sogar darüber und trotzdem keine Hilfe angenommen hat." Dadurch habe der Druck vor allem auf ihr gelastet. „Man kann sie doch nicht einfach alleine lassen. Und dann auch das Gefühl, es ist vernünftig, Hilfe anzunehmen. Ich bin dort auch in einer Lebensphase gewesen, wo ich nicht die Möglichkeit gehabt habe, etwas aufzufangen. Und das hat mich schon auch…. Ja, das ist für mich ein moralischer Druck gewesen, ich kann es nicht anders sagen."

Eine Frage der Macht

In dieser Situation, „wo zwei völlig unterschiedliche Ansichten aufeinanderprallen", können die Kinder die Eltern zu überzeugen versuchen oder aber, wenn alles nichts nützt, ihr Drohpotential ausspielen, um ihre Interessen durchzusetzen. Da sei sie „ganz sec" gewesen, meint die (einzige) Tochter von Frau Müller, habe auf den Tisch geklopft und ihr gedroht, wenn sie sich weiterhin weigere, müsse man „andere Maßnahmen ergreifen. Dann musst du halt wirklich ins Altersheim. (…) Und dann hat sie gewusst, wenn ich so komme, dann muss sie fast, es ist wie bei einem Kind, dann muss sie fast folgen. Sonst kommt es nicht gut."

Macht ist eine Potenz, die schon als solche wirken kann (Luhmann 2012). Die Drohungen sind wirksam, weil sich ihr Adressat in einer abhängigen Position befindet: aufgrund seiner Hilfsbedürftigkeit und aufgrund der Schrumpfung seiner sozialen Kontakte. Wobei die Abhängigkeit umso größer ist, je weniger Alternativen zur unterstützenden Person man besitzt. Das erlaubt den Kindern nicht nur einzelne Verhaltensweisen, sondern bis zu einem gewissen Grad auch das „Schicksal" des Elternteils zu kontrollieren.

Andererseits bleibt man der Mutter oder dem Vater gegenüber auch das Kind, das man einmal war, was es einem erschweren kann, seine Interessen gegen jene des Elternteils geltend zu machen und sie gegen ihren Willen durchzusetzen, weil die Eltern-Kind-Beziehung immer noch im Habitus wirksam ist. Und ist die „autoritative Valenz" (Popitz 1992, S. 138) in der Beziehung stark, kann auch die Angst vor Anerkennungsentzug eine Rolle spielen.

Etwas zeigt sich hier in aller Deutlichkeit: Die Entscheidung, ob und in welchem Maße professionelle Hilfe in Anspruch genommen wird, ist keine Angelegenheit eines Einzelnen. Man kann sie nur erklären, „wenn man die Struktur der Kräfteverhältnisse zwischen den Mitgliedern der als Feld funktionierenden Familiengruppe berücksichtigt", wie Bourdieu (1998, S. 133) in einem andern Zusammenhang schreibt. Deshalb ist es unangemessen, in Untersuchungen die Inanspruchnahme professioneller Unterstützung lediglich mit sozialen Merkmalen der kranken Eltern in Beziehung zu setzen, weil man als isolierte Entscheidung von Einzelakteuren fasst, was Resultat eines wechselseitigen Prozesses innerhalb familialer (Macht-)Beziehungen ist.

6.2.2 Arrangement der Betreuung und Formen der Belastung

Gegen alle Widerstände ist es den meisten befragten Kindern gelungen, so viel externe Hilfe und Unterstützung zu mobilisieren, dass man seine filiale Verantwortung der Mutter oder dem Vater gegenüber wahrnehmen kann, ohne durch die Situation völlig vereinnahmt und über die Maßen belastet zu werden. Wobei manchmal nur schon das Wissen genügt, im Notfall auf Hilfe zurückgreifen zu können, um sich weniger belastet zu fühlen (vgl. Karrer 2009, S. 19).

Schwierigere und körpernahe Pflegehandlungen werden nun vermehrt von Fachkräften ausgeführt.[20] Deshalb kann man sich stärker auf Hilfestellungen beschränken, die weniger heikel sind, weil sie einem erlauben, Distanz zum Körper zu halten. „Ich kann jedem Kind den Hintern wischen", meint Frau Gerosa (50 J.). „Aber meine Eltern waschen, das könnte ich nicht. (…) Da merke ich, das ist mir zu viel, das ist mir zu nah. (…) Also es ist mir unwohl. Ich kann mit ihnen schwatzen und einen Kaffee trinken und wir haben es ‚uh' lustig, ich kann ihnen helfen, alles Mögliche, auch Haushalten, tue ich alles – aber Körperpflege: nein."

Der Pflegedienst garantiert auch eine regelmäßige soziale Kontrolle, was vor allem dann beruhigend wirkt, wenn man der Selbstregulierungsfähigkeit des Elternteils nicht mehr so ganz traut. Bevor sie zu ihrer Mutter gehe, meint Frau Pelli (73 J.), frage sie sich schon manchmal, „was treffe ich an. Hoffentlich liegt sie nicht auf dem Boden. Aber seit die ‚Spitex' dreimal kommt, bin ich beruhigter auf eine Art." Zudem kann man sich darauf verlassen, dass verschriebene Medikamente der ärztlichen Verordnung gemäß eingenommen werden.

Weil man externe Dienste hat, muss man auch nicht dauernd verfügbar sein, sondern kann sich eher auf punktuelle Hilfeleistungen beschränken und zu bestimmten Zeiten vorbeischauen, die nun auch besser planbar sind. Womit man sich ein gewisses Maß an Selbstbestimmung der Situation gegenüber bewahren kann.

---

[20] Vermehrt, aber nicht immer. Inkontinenz zum Beispiel hält sich nicht an die Präsenzzeiten des Pflegedienstes.

Für die meisten ist das „ein Termin, der zu machen ist". Einfach so, aus Lust und Laune, besucht man den Elternteil weniger. Und auch über seine persönlichen Probleme würde man nicht mit der Mutter oder dem Vater reden. Über Persönliches redet man mit dem Partner oder mit Freunden (vgl. auch Roloff 2010), während man die Beziehung zu den Eltern eher als ein Verhältnis der praktischen Unterstützung sieht (ähnlich Schütze 2007).

Finanziell werden die Kinder durch die gesundheitlichen Beeinträchtigungen der Mutter oder des Vaters nicht belastet. Sorgen macht man sich höchstens wegen der Kosten, die in Zukunft noch auf einen zukommen könnten. „Natürlich habe ich mir Gedanken darüber gemacht. Weil das steht im Raum. Im Moment ist es so, dass mein Vater meine Mutter recht gut abgesichert hat, so dass es nicht aktuell ist. Aber irgendwann kann das ein Thema werden. Ich sage es jetzt ganz brutal: je nachdem, wie lange ihre Lebensdauer noch ist, kann es ein Thema werden."

Die Existenz und die Nutzung staatlicher Unterstützungsangebote sind also mit verschiedenen Entlastungseffekten verbunden. Das bedeutet allerdings nicht, dass die Kinder durch die Situation nicht belastet sind.

Der Druck der knappen Zeit: Zwischen eigenem Leben und Dasein für andere

Die Belastungen sind vor allem zeitlich-organisatorischer Art. „Ja, es ist halt einfach eine Organisationsfrage, ein Zeitfaktor", sagt Frau Hotz (49 J.). Die Zeit, die man zur Verfügung hat, ist beschränkt durch die Zwänge und Anforderungen des eigenen Lebens, was umso stärker der Fall ist, je mehr man in verschiedene soziale Felder und Positionen eingebunden ist. Was in der mittleren Lebensphase aufgrund einer Kumulation von familialen (Tochter, Mutter, Großmutter, Partnerin) und außerfamilialen „Rollen" (Beruf, Freizeit) ausgeprägt der Fall ist. „Ich schaffe ja selber auch, muss auch schaffen, habe einen hundert Prozent Job, fünf Tage."[21]

Andererseits bildet das „eigene Leben" für die Befragten, die durch den Individualisierungsprozess der vergangenen Jahrzehnte geprägt sind (Beck 1986, 1995), auch einen persönlichen Werte- und Freiraum, den man gegen Vereinnahmungen zu behaupten versucht. Und zwar umso mehr, wenn die Anforderung, sich um die Eltern zu kümmern, in eine Phase des Lebens fällt, wo die Kinder aus dem Haus sind und man wieder mehr Zeit für sich und sein eigenes Leben hätte (vgl. auch Dallinger 1998, S. 104).

Ihre Position zwischen Arbeit, eigener Familie und den Ansprüchen der Eltern sei ihr mit der Zeit zu viel geworden, meint Frau Stoll (57 J.). Sie habe einfach gemerkt, „das und das kann ich liefern. Und mehr kann ich einfach nicht liefern. (...)

---

[21] Mit Ausnahme von zwei Töchtern sind alle Befragten Voll- oder Teilzeit erwerbstätig. Neun Befragte leben in einer Partnerschaft und acht Befragte haben Kinder, die entweder noch zuhause wohnen oder bereits wieder eigene Nachkommen haben.

Da werden die Kinder größer, gehen, und nachher macht es von den Eltern her: zack – und man wird gleich wieder ‚reingenommen'. Und das möchte ich nicht. Das habe ich gemerkt. Jetzt habe ich endlich mal Luft und kann machen, wie ich möchte. Und jetzt kommen sie da wieder. Und jetzt müsste ich da wieder. Ja, ich möchte noch selber sagen, was ich möchte. Oder vielleicht noch selber ein bisschen Raum haben für mein Leben."

Man steht zwischen den Zumutungen und Ansprüchen des eigenen Lebens und den Anforderungen der filialen Unterstützung, die oftmals über reine Hilfserwartungen hinausgehen, weil die alten Eltern – aufgrund einer Verringerung ihrer sozialen Kontakte und einer Schrumpfung des „Positionensatzes" auf die filialen Funktionen der (Groß-)Eltern – ihre sozialen und emotionalen Bedürfnisse vermehrt auf Kinder und Enkel richten. Und während man im Alter viel Zeit hat, ist das in der mittleren Lebensphase ein knappes Gut. „Ein Problem ist, dass die Mama eigentlich Zeit bräuchte von mir, also persönliche Zeit, dass ich mehr Zeit mit ihr verbringen müsste, weil sie anfängt unter dem Alleinsein zu leiden. Und ich, weil ich berufstätig bin und den ganzen Tag weg, diese Zeit gar nicht habe." Wenn sie nach Hause komme, wolle sie sich manchmal auch einfach nur fallen lassen und nicht noch zu ihrer Mutter gehen. „Das ist schon ein Problem. Und das wird sich noch verschärfen, weil sie jetzt immer mehr Anschluss sucht, weil sie nicht allein sein will."

Eingebunden in ein multipolares Kräftefeld muss man versuchen, die verschiedenen Ansprüche so weit wie möglich auszubalancieren und in sein Leben zu integrieren, das andernfalls zu zerspringen droht. „Sie müssen das irgendwo einplanen. Also Sie müssen schauen, die und die Zeit habe ich noch zur Verfügung. Was mache ich mit der Zeit? Wie viel Zeit bekommen meine Eltern. Wie viel mein Mann, wie viel ist meine Freizeit." Das erfordert eine verstärkte Rationalisierung der Lebensführung: Man kann weniger dem Zufall überlassen, muss vieles vorausschauend organisieren und kann Dinge weniger nach Lust und Laune erledigen (Rerrich 1994). „Das Spontane, das du gerne machen würdest, ist natürlich dann zurückgebunden." Das erklärt auch mit, warum man die Zeit für die Eltern möglichst nutzenbezogen verwendet.

Die Beanspruchung durch die Eltern kann auch zu Konflikten in anderen Lebensbereichen führen: zum Beispiel zu Spannungen mit dem Partner, der emotional gewöhnlich nicht im selben Maße mit den Schwiegereltern verbunden ist wie seine Frau. Lachend meint Frau Stoll: „Mein Mann hat mich geheiratet und meine Eltern. Und das ist nicht immer einfach, oder." Wenn sie viel zu den Eltern gegangen sei, habe er nicht immer Freude gehabt, weil das Zeit war, die ihm abgegangen ist. Die Partnerschaft kann auch unter einem Transfer der Spannungen leiden, die man mit dem Elternteil hat. Klar habe sich ihr Mann schon aufgeregt, meint Frau

Pelli, wenn sie heimgekommen sei und „fast geheult habe", weil ihre Mutter wieder herumgetobt habe. „Und dann hat er gesagt: du, jetzt gehst du einfach mal eine Weile lang nicht. Aber wenn ich sage: du Mami, ich komme nicht mehr, wenn du so tust. Dann sagt sie: du musst gar nicht mehr kommen. Und dann hat mein Mann auch schon gefunden, hör: jetzt gehst du einfach nicht mehr. Aber das kann ich doch nicht. Ich kann sie doch nicht einfach hängen lassen." Es komme auch vor, dass ihre Mutter drei- bis viermal am Tag anrufe. „Dann wird mein Mann manchmal etwas ‚stigelisinnig' [verrückt, nervös]."

Während ihr Ehemann aus seiner distanzierteren Position sagen kann: „jetzt gehst du nicht mehr", ist das für sie als Tochter nicht möglich, weil sie aufgrund ihres Habitus und den damit verbundenen Verpflichtungsgefühlen viel enger an die Mutter gebunden ist.

Eine moralisch belastete Beziehung

Die Unterstützungsbeziehung der Kinder zu den Eltern ist stark moralisch belastet. Als sich Frau Pelli entschlossen hat, nur noch zwei- statt dreimal pro Woche bei ihrer Mutter vorbeizuschauen, hat sie zuerst gedacht: „Das kann ich nicht." Und auch für Frau Stoll war die Behauptung eines eigenen Lebens gegen die Ansprüche der Eltern lange mit einem schlechten Gewissen verbunden, dem sie nur entgegenwirken konnte, indem sie sich immer wieder gesagt hat: „Ich muss mir nichts vorwerfen, ich mache, was ich kann." Wie stark der moralische Druck ist, äußert sich auch darin, dass solche Abgrenzungsversuche rechtfertigungspflichtig sind, vor sich selbst und vor andern. Wobei man sich eher durch den Verweis auf äußere Zwänge legitimieren kann als mit dem Wunsch nach eigenen Freiräumen. Es lässt sich besser mit etwas begründen, was mit Mühsal verbunden ist als mit etwas, das einem Lust und Freude bereitet. Was wiederum an den bereits erwähnten Gedanken von Nietzsche (1991) erinnert, dass Leiden einen Gegenwert darstellt, mit dem sich Schuld(en) mindern lassen.

Doch auch wenn man tut, wozu man in der Lage ist, kann man trotzdem Gewissensbisse haben, weil einen das Gefühl nicht loslässt, dass mehr möglich sein müsste. Frau Koch (52 J.) meint, sie sei eine Zeit lang in ihrem „privaten und beruflichen Umfeld so am Anschlag gelaufen", da habe sie „vielleicht einmal in der Woche" angerufen. „Das ist mir schon klar gewesen, dass es für die Mutter schwierig gewesen ist, aber mehr ist einfach wirklich von mir her nicht gegangen, weil ich… ja, einfach so von meiner Situation ist immer viel los. Und ja, dann habe ich ein schlechtes Gewissen gehabt." Ähnliche Empfindungen hat auch Frau Hotz (49 J.), weil sie bei ihrer Mutter vorbeigeht, „wenn es etwas zu machen gibt" und nicht, „weil ich jetzt große Lust habe, Zeit mit ihr zu verbringen" und mit ihr zu plaudern, was sie lieber mit Freundinnen mache.

Solche Gewissensbisse sind umso stärker, je mehr auch die Eltern vorwurfsvoll reagieren. „Eine Weile lang hat mich meine Mutter ziemlich ignoriert, oder wenn ich gekommen bin, fast nicht rein gelassen, weil ich immer bei meiner Tochter gewesen bin und keine Zeit gehabt habe für sie". Vorwürfe bekommt man meistens lediglich indirekt zu spüren. So meint eine Befragte über ihre Mutter: „Sie sagt ja nicht: Du kommst zu wenig vorbei. Sie sagt [leidender Tonfall]: ‚Ich bin immer allein. Aber es ist schon gut, du hast ja so viel zu tun, mach dir keine Gedanken'. So, in diesem Ton." In dieser moralisch aufgeladenen Situation kann man auch als Vorwurf verstehen, was von den Eltern möglicherweise gar nicht so gemeint ist. Wenn Eltern zum Beispiel versuchen, Tätigkeiten bis zum Gehtnichtmehr selbst zu machen, können die Kinder das als eine Art Demonstration des Leidens empfinden, das an sie adressiert ist. Die Mutter jäte im Sommer, meint Frau Stoll, obwohl sie dann „todkaputt" sei und „wieder Rückenschmerzen" habe. „Aber sie macht es trotzdem". Und wenn sie ihr Hilfe anbiete und sage: „du, ich komme", habe sie es schon halb erledigt bis sie da sei, was sie als Vorwurf empfinde und ihr lange ein schlechtes Gewissen gemacht habe.

Moralischen Druck kann man auch von seinem sozialen Umfeld bekommen. Der Druck der Verwandtschaft, sich mehr um die Mutter zu kümmern, sei ziemlich stark gewesen, meint Frau Koch. „Also du könntest dann schon mal. Und: wie wäre es wenn. (…) Eine Zeit lang hat es viele Anrufe gegeben: jetzt musst du ihr das doch sagen. Jetzt musst du sie doch zum Arzt bringen. (…) Das ist unangenehm gewesen. Auch das mit dem Moralischen: du müsstest mehr. Und ich mache und du nicht." Solche Druckversuche sind deshalb wirksam, weil sie auf einen Habitus treffen, der dafür empfänglich ist: weil in ihm die gleichen Klassifikationen und Werte inkorporiert sind, die auch das Umfeld dazu bringt, Vorhaltungen zu machen. Moral bindet – auch in Kontroversen und Konflikten.

Weil der moralische Druck, unter dem man steht, so stark ist, kann auch nicht ganz ausgeschlossen werden, dass man seine Belastungen und Einsätze manchmal noch etwas größer darstellt, als sie ohnehin schon sind. Um sich auf keinen Fall dem Verdacht auszusetzen, zu wenig zu tun.

6.2.3 Warum hilft man?

Danach gefragt, warum man sich um die Eltern kümmert, verweisen alle auf die intergenerationelle Reziprozität, die damit hergestellt wird. „Die Eltern haben früher für uns geschaut. Und das ist für uns selbstverständlich, dass wir jetzt auch für die Eltern schauen."

In dieser Form eines lebenszeitlich verschobenen intergenerationellen Tauschs[22] besitzen die Eltern einen strukturellen Vorsprung in Form eines Verpflichtungskapitals: sie haben als erste gegeben und damit die Kinder automatisch zu Schuldnern gemacht. Wenn diese nun zurückgeben möchten, was sie früher bekommen haben, können sie die Schuld nicht einfach begleichen wie man Geldschulden begleicht. Denn anders als im ökonomischen Tausch ist nicht klar definiert, wann Gleichheit hergestellt und die Reziprozitätsnorm erfüllt ist (Godelier 1999). Deshalb bleibt man dauerhafter an den Geber gebunden. Und man kann sich auch nie sicher sein, ob man nun zu viel oder zu wenig tut, was eine zusätzliche Quelle der Belastung sein kann.

Die Bereit*willigkeit* zu helfen und damit verbundene Belastungen in Kauf zu nehmen, scheint umso stärker zu sein, je besser die Beziehung ist, die man zum Elternteil hat. „Früher hat sie mir auch geholfen mit den Kindern. Und ich denke, irgendwann kommt das halt wieder zurück. Und ich muss sagen, ich habe eine sehr gute Beziehung gehabt zu meiner Mutter." Zur Hilfe verpflichtet fühlt man sich jedoch oftmals auch dann, wenn die Beziehung eher schlecht ist (Ostner 2004; Saraceno 2009).

Die meisten Befragten haben sich jedoch selbst noch gar nie gefragt, warum sie helfen. Erst in einer Situation der Krise (oder im Rahmen eines Interviews) wird fragwürdig, was man normalerweise einfach selbstverständlich tut. So meint Frau Pelli, mit ihrer Mutter gebe es schon so schwierige Situationen, wo sie manchmal denke: „Warum mache ich das denn überhaupt? Das ist mir auch schon durch den Kopf. Aber nur schnell. Und dann habe ich es wieder vergessen."

Gewöhnlich scheint man einfach fraglos zu helfen, weil das ein Teil des Habitus ist[23], den man in Sozialisationsprozessen erworben hat. Es ist der Habitus, diese „vis insita" oder „schlafende Kraft", wie ihn Bourdieu (2001, S. 216) genannt hat, der in dieser Situation, für die er disponiert ist, quasi automatisch aktiviert wird. Der filialen Unterstützung liegt oftmals jene Doxa zugrunde, die darin be-

---

[22] Manche Autoren (Perrig-Chiello et al. 2008, S. 25; Esser 2000, S. 353 ff.) verwenden dafür den Begriff des „generalisierten Tauschs", dessen Gebrauch in der Literatur allerdings nicht einheitlich ist (Hollstein 2005). Wir halten uns in diesem Punkt an Lévi-Strauss (1993, S. 333 ff.), der den Begriff des „verallgemeinerten Tauschs" für jene Formen des sozialen Austauschs von Gaben eingeführt hat, an denen mehr als zwei Akteure beteiligt sind und Reziprozität von einer andern Person hergestellt wird als der, die direkt bekommen hat (vgl. Kap. 7). Unabhängig davon, welchen Begriff man verwendet: Gemeint ist eine Form des Tauschs, wo zwischen Gabe und Gegengabe ein längerer Zeitraum liegt und Art, Ausmaß und Zeitpunkt der Gegengabe unbestimmt bleibt und auch nicht verhandelbar ist.

[23] Ganz im Sinne von Aristoteles, für den „die Tugend in erworbenen Gewohnheiten des Handelns" besteht und „nicht aus dem Wissen, sondern aus dem Handeln" entspringt, wie es bei Adam Smith heißt (2010, S. 446 f.).

steht, dass man eine Frage bejaht, die man gar nicht gestellt hat (Bourdieu 2014, S. 326).[24] Das ist insbesondere bei den Töchtern der Fall und wird von einer Befragten ziemlich genau auf den Punkt gebracht: „Ja, wieso helfe ich? Erstens Mal: weil es meine Mutter ist. Und zweitens: weil ich so erzogen worden bin. Ich kenne nichts anderes. (…) Das ist etwas, was drin ist. Das ist so wie: es ist so. Und man schaut so lange wie möglich, dass die Mutter nicht ins Altersheim muss. Das macht man. Die Mutter einer Nachbarin ist ins Altersheim gekommen. Die Tochter hat mich angesprochen auf der Straße: hör, ich muss dir sagen, also damit du es von mir vernimmst, die Mutter ist im Altersheim. (…) Die hat ein schlechtes Gewissen gehabt. Die hat es überall erzählt, damit es kein Geschwätz gibt, damit sie das direkt als erste sagen kann. (…) Sie musste sich wie rechtfertigen. Und drum, wenn Sie mich fragen, warum machen Sie das. Ich will ja eigentlich ‚die gute Tochter' sein, verstehen Sie. Die gute Tochter, die sorgt. Weil: ich habe ja schon keine Kinder, bin schon deshalb hier etwas die Außenseiterin."

„Weil es meine Mutter ist" Die Familie ist – wie wir gesehen haben – ein Wahrnehmungs- und Gliederungsprinzip, das sowohl beschreibend wie vorschreibend ist. Dieser Nomos ist Teil des Habitus und trägt als „Familiensinn" (Bourdieu 1998, S. 126 ff.) dazu bei, die Realität zu schaffen, von der man spricht. Der Satz „sie ist meine Mutter" beinhaltet eine bestimmte Art der Beziehung, die mit „Pflichtaffekten und affektiven Verpflichtungen" verbunden ist, wie man sie etwa im Verhältnis zu Freunden nicht findet, auch wenn man sich ihnen aufgrund geteilter Vorlieben näher fühlen mag. Das bestätigen auch empirische Untersuchungen: Verpflichtungsgefühle gegenüber leiblichen Eltern und Kindern sind am stärksten, gefolgt von Geschwistern und Großeltern sowie entfernteren Verwandten. Freunde finden sich in dieser Hierarchie von Verpflichtungsgefühlen erst an vierter Stelle (Rossi und Rossi 1990; Schütze 2007). Die Befragten sagen auch, dass es ihnen leichter fallen würde, sich von ihren Partnern als von ihren Eltern zu trennen (Ehmer 2000; Ostner 2004).

Der Habitus als kollektives Prinzip führt dazu, dass Akteure in ihrem Verhalten übereinstimmen, ohne dass sie sich gegenseitig abgesprochen haben. Und die „bloße Tatsache" ihres häufigen Vorkommens kann Handlungen „zur Dignität von etwas normativ Gebotenem verhelfen" (Weber 1980, 191 f.). Sich nicht um die Mutter zu kümmern, wäre im sozialen Milieu, in dem die zitierte Befragte lebt, mit einem zusätzlichen Statusverlust verbunden: sie wäre nicht nur eine „unvollständige Frau", weil sie keine Kinder hat, sondern auch eine „schlechte Tochter", die ihren Pflichten nicht nachkommt.

---

[24] Dem entspricht der Befund, dass die Verantwortung für die Pflege vielfach unreflektiert und spontan übernommen wird (vgl. Perrig-Chiello et al. 2008, S. 226).

Bei der Sorge für die Eltern scheint es sich um ein Statuskriterium zu handeln, bei dem man mehr verlieren als gewinnen kann – zumindest die Töchter. Wenn man sich um die Eltern kümmere, bekomme man dafür nicht so viel Anerkennung, meint Frau Bachmann (54 J.). Von außerhalb nicht, weil es wenig sichtbar sei. „Und von der Familie sowieso nicht. Das gehört dazu." Macht man es hingegen nicht, verliert man deutlich an Status. Am meisten Anerkennung erhalten jene, deren Hilfe außerplanmäßig erfolgt, weshalb sie auch eher als außergewöhnlich empfunden wird: die Söhne zum Beispiel oder entferntere Verwandte.

In der Regel hilft man jedoch nicht, weil man sich davon einen Nutzen verspricht, sondern tut, was als Tochter (oder als Sohn) in dieser Situation zu tun ist.[25] Was nicht heißt, dass daraus nicht auch Vorteile resultieren können. So kann sich zum Beispiel das eigene Verpflichtungskapital erhöhen, den Eltern oder den Geschwistern gegenüber, für die man Aufgaben mit übernimmt. Oder man kann neben moralischem Kapital auch Vertrauenskapital hinzugewinnen, weil man sich in einer Krisensituation als verlässlich erweist. Was einem erlauben kann, seine Position in der Familie zu verbessern. Das sind jedoch Ergebnisse des Handelns und gewöhnlich nicht auch dessen Zweck und Ziel.

Doch auch wenn man lediglich helfen sollte, um daraus einen persönlichen Nutzen zu ziehen, dürfte man das nicht zu erkennen geben, weil sonst „die Investition umsonst" wäre. „Der Aufbau von Vertrauen durch Verlässlichkeiten und die Errichtung von Verpflichtungen durch Vorleistungen vertragen offen vorgetragene ‚rationale' und ‚egoistische' Erwägungen nicht" (Esser 2000a, S. 253). Achtung erhält nur, wer nicht auf Achtung aus ist. „Wer Achtung sucht, zieht damit Missachtung auf sich" (Luhmann 2008, S. 297). Anerkennung erwächst nur aus unvergoltenen Leistungen (Luhmann 1970, S. 92).

Kommt Geld ins Spiel, verleiht das einer familialen Hilfsbeziehung etwas Zweideutiges. Weil sich unwillkürlich die Frage stellt, wie uneigennützig die Motive sind. Und völlig verpönt wäre es, für seine Leistungen von den Eltern Geld zu verlangen, weil man damit die Spielregeln des familialen Feldes verletzen und Liebesbeziehungen zu Marktbeziehungen degradieren würde. Im Gespräch legt man denn auch Wert darauf, dass man für seine Hilfe „sicher kein Geld" bekomme. „Für das, was ich mache, nehme ich überhaupt nie etwas. Nein, überhaupt nicht. Also ich finde: ich bin die Tochter." Und jene, die manchmal doch einen finanziellen Zuschuss erhalten, erwähnen das entweder nicht oder betonen, dass ihnen das fast aufgedrängt werde. „Sie gibt mir vielleicht mal eine Hunderternote und sagt, das ist für das Benzin, dass du fährst und so. Oder wenn ich die Fenster geputzt

---

[25] Kinder können sich oftmals auch dann zur Hilfe verpflichtet fühlen, wenn sie wissen, dass sie von den Eltern bei der Verteilung des Erbes übergangen werden (vgl. Ostner 2004, S. 89).

habe, dass sie mir eine Zwanzigernote gibt oder so. Das müsste sie auch nicht. Ich erwarte das auch nicht oder so, von dem her." Geld zu verlangen hieße, sich dem Vorwurf auszusetzen, berechnend zu sein. Was in Marktbeziehungen als normal und sogar als geboten gilt, würde innerhalb der Familie als völlig deplatziert und wider jede Moral empfunden.[26]

Lohn oder Gabe Während die Kinder auch deshalb keine Gegenleistung erwarten können, weil sie lediglich zurückgeben, was sie selbst früher von den Eltern bekommen haben, ist das ambivalenter, wenn die Pflege von einer entfernteren Verwandten übernommen wird, die nicht in die Beziehung der intergenerationellen Reziprozität eingebunden ist.

Als die Nichte, die sich um Frau Weber kümmert, deren Tochter erzählt, was sie alles macht und wie viel Zeit sie aufwendet, schlägt diese vor, ihr etwas für ihre Hilfe zu bezahlen. Sie solle doch die Zeit aufschreiben, die sie aufgewendet habe. Worauf diese ziemlich empört reagiert: „Willst du mich beleidigen. Ich schreibe sicher nicht die Stunden auf. Schließlich habe ich deiner Mutter nicht wegen dem Geld geholfen." Gleichzeitig ist klar, dass sie gern etwas bekommen würde, ohne dass das allerdings direkt ausgesprochen werden kann. Als ihr Geld überwiesen wird und sie etwas später nochmals einen kleineren Betrag von Frau Weber erhält, ruft sie die Tochter an, um ihr erneut und völlig glaubhaft zu versichern, dass sie nicht aus finanziellen Gründen helfe.

Hier zeigt sich die ganze Ambivalenz der Gabe: Man gibt nicht, um etwas dafür zu bekommen. Und trotzdem ist man enttäuscht, wenn nichts zurückkommt. Die Gegenleistung erwartet man aber nicht in Form eines leistungsbezogenen Lohnes, sondern in Form eines Geschenks, das vor allem als ein Zeichen der Anerkennung gesehen wird. Wodurch der ökonomische Charakter des Tauschs getilgt wird. Im Idealfall können beide Gaben als selbständige Akte der Großzügigkeit erscheinen, deren Unabhängigkeit dadurch gestützt wird, dass sie zeitlich verschoben erfolgen (Mauss 1990; Bourdieu 1998).

Erfolgt die Gegengabe in Form von Naturalien, ist die Erinnerung an eine Marktlogik am stärksten ausgelöscht. Erfolgt sie in Geld, läuft der Beschenkte stärker Gefahr, eigennütziger Motive verdächtigt zu werden und die moralischen Gewinne zu verspielen. Allerdings immer noch sehr viel weniger als wenn man das Geld in Form eines aufgerechneten Lohnes erhalten würde. Problematisch ist also in solchen Hilfsbeziehungen nicht allein das Geld, sondern auch in welcher Form

---

[26] Hilfsbeziehungen in der Familie der Marktlogik zu unterwerfen, wäre aus Sicht von Frey und Benz (2000) auch gesamtgesellschaftlich kontraproduktiv, weil es die Motivation zu helfen auf Dauer schwächen würde.

man es bekommt: Als Lohn, den man einfordert, oder als Gabe, die als ein freiwilliger Akt des Schenkenden erscheint. Was dem, der schenkt, zwar mehr Spielraum gibt, ihn aber auch in der beständigen Unsicherheit belässt, ob er nun zu viel oder zu wenig gegeben hat.

6.2.3.1   „Wenn man die Wurzeln abschneidet"

Gilt es allgemein als problematisch, mit den Eltern zu brechen, wird es geradezu als Sakrileg empfunden, die Eltern „im Stich zu lassen", wenn sie alt und krank sind. Trotzdem kann es vorkommen, dass ein Kind seinen „filialen Pflichten" nicht (mehr) nachkommen möchte und sich von seiner Herkunftsfamilie abzusetzen versucht.

Die Verletzung einer starken Norm bedarf einer starken Begründung (vgl. dazu Luhmann 2008). So kann man sein Verhalten damit zu legitimieren versuchen, dass man die eine Moral (Sorge um die Eltern) nur verletzt, um einer anderen, noch wichtigeren nachzukommen: der Sorge um das eigene Kind. „Ich will mich aus dieser Familie herausschneiden", meint Frau Gerosa, eine 50-jährige allein erziehende Befragte, die unter schwierigen Bedingungen aufgewachsen ist und ganz ähnliche Befürchtungen äußert wie die Tochter der Familie Totti. „Für mich sind so diese Familienerbschaften, das ist für mich so wie die Erbsünde. Du vererbst all diese Sünden immer weiter. Und ich will das nicht. (…) Ich habe mir die Aufgabe gestellt in meinem Leben, diesen Fluch quasi, der auf dieser Familie lastet, einfach zu überwinden. (…) Auch bei meiner Tochter schaue ich extrem darauf, dass sie solche Dinge möglichst nicht mitschleppt."

Während sie die Herkunftsfamilie lange Zeit einigermaßen auf Distanz halten konnte, ist sie durch die Krankheit der Eltern wieder verstärkt damit konfrontiert worden. Das hat manches Negative von früher wieder in Erinnerung gerufen und auch die Angst verstärkt, dass ihre Tochter damit infiziert werden könnte.

Als ihr das alles zu viel geworden ist, hat sie mit einer Art Gewaltstreich die Verbindung zur Familie gekappt und sich „eine Zeit lang wirklich abgeseilt." Was sie, die trotz prekärer finanzieller Lage vergleichsweise viel kulturelles Kapital besitzt, auch als eine Art Experiment der Selbsterfahrung darstellt: Sie habe den Bruch auch vollzogen, um zu beobachten, wie das ist, „wenn du diese Wurzeln abzuschneiden versuchst." Zu diesem Schritt ermutigt habe sie auch ihr Therapeut: „Der fand: ,ja, dann gib dem mal nach'."

Das hat sich allerdings als ziemlich schwierig erwiesen. Denn schnell ist klar geworden: Auch wenn man auf Distanz zu den Eltern geht, bleibt man weiterhin die Tochter dieser Eltern. „Es war seltsam, so zu tun, als gäbe es sie nicht mehr, während sie noch da sind." Zudem betraf der Bruch nicht nur sie allein, sondern auch ihre Tochter, der die Großeltern weggenommen wurden.

Dazu kam, dass sie sich in ihrem Umfeld mit kritischen Fragen und unterschwelligen Vorwürfen konfrontiert sah. „Also wissen Sie, moralisch sind die Leute immer sehr schnell. (…) Die wollen mir so ein schlechtes Gewissen einreden. Und ich habe aber keines, verdammt. (…) Ich will kein schlechtes Gewissen haben deswegen. (…) Es ist mehr so das Gefühl, ich müsste, es wäre besser, so. Ja, vielleicht so ein bisschen ein schlechtes Gewissen. Mehr so vom Pflichtbewusstsein her."

Der Kontakt zu den Eltern war weg. Aber die Bande der moralischen Verpflichtung waren immer noch da. Was bei einer erworbenen (Freundschafts-)Beziehung wohl sehr viel weniger der Fall gewesen wäre. Und geblieben ist auch das diffuse Gefühl, etwas Unrechtes zu tun. Da konnte sie sich und andern noch so sehr einzureden versuchen, eigentlich kein schlechtes Gewissen haben zu müssen, weil sie den Eltern, die aus Italien zugewandert sind, früher „extrem viel gegeben" und „ihre Pflicht als Tochter mehr als erfüllt" habe. „Als Älteste" habe sie Aufgaben übernommen, die eigentlich die Eltern hätten übernehmen müssen.

Heute sei sie zur Überzeugung gekommen, dass das „so auch nicht geht". Dass man vor den Eltern nicht einfach davonlaufen könne, sondern sich irgendwie mit ihnen arrangieren müsse. „Eine gewisse Art von Kontakt muss ich trotzdem pflegen zu ihnen." Auch wenn das alles andere als einfach ist.

6.2.4   „Was wenn es schlimmer wird?" Die Angst vor der Zukunft

Den Befragten ist es mehr oder weniger gelungen, ein Gleichgewicht zwischen dem eigenen Leben und der Sorge für den kranken Elternteil herzustellen, ein Gleichgewicht, das allerdings äußerst labil und kaum von Dauer ist, weil sich der Zustand der Mutter oder des Vaters früher oder später weiter verschlimmern wird. Die Situation könne jederzeit schlechter werden, meint Frau Koch. „Schleichend oder ganz massiv plötzlich. (…) Also das ist das, wovor ich mich fürchte. Was ist, wenn es schlimmer wird. Das verdränge ich ein bisschen."

Einerseits hat man Mühe mit der Vorstellung, den kranken Elternteil in ein Heim zu bringen, weil die Eltern das nicht wollen und man auch selbst ein schlechtes Gewissen hätte. So meint Frau Pelli, in ein Heim „abschieben" könnte sie die Mutter nicht, weil sie sich als Tochter verpflichtet fühle, für sie zu sorgen.[27] Andererseits

---

[27] Bei Frau Pelli spielt auch ein traumatisches Erlebnis mit der Schwiegermutter eine Rolle. „Sie wollte nie ins Heim und schon gar nicht in ein Pflegeheim. (…) Als wir sie abholen wollten für ins Heim, hat sie einen Hirnschlag bekommen. Vor uns. Und ist da gestorben."

weiß man aber auch nicht, wie das ohne Heim gehen soll, was zu Ambivalenz und einer inneren Zerrissenheit führt, die in der folgenden Gesprächspassage deutlich zum Ausdruck kommen. Wenn die Eltern rund um die Uhr betreut werden müssten, meint Frau Stoll, würde sie „sicher nicht 24 h pflegen. Sicher eine Weile probieren. Aber auf Dauer nicht, nein. Das möchte ich auch bei meinem Mann nicht. Das würde ich nicht aushalten. Ich habe nicht so viel Liebe, dass das reichen würde für alles." Andererseits sehe sie ihre Eltern auch nicht in einem Altersheim. Da käme sie sich „komisch" vor. „Irgendwie würde es nicht passen. Weil, die wollen das ja gar nicht. Das könnte ich ja auch nur zulassen, wenn sie irgendeine Bereitschaft hätten, also wenn sie selber einsichtig würden: ‚Ja es geht nicht mehr und wir wollen nicht, dass die so viel zu tun haben'. Dann wäre es eine Möglichkeit. Aber so: nein. Nein, ich könnte sie glaub nicht einfach…. Außer es würde jemand dement, das wäre ja dann auch eine 24 h Pflege. Nein, das könnte ich nicht."

Die Eltern zu sich zu nehmen, haben sich die meisten zwar überlegt, letztlich sind jedoch alle zum Schluss gekommen, dass das nicht machbar ist[28] und die Eltern das auch gar nicht möchten: „Da wäre ihnen nicht wohl. (…) Die wollen nicht mehr irgendwo anders hin."

In dieser Situation schiebt man das Problem vor sich her und hofft, dass sich dann schon eine Lösung ergeben wird. Frau Schweizer zum Beispiel meint, sie nehme es „vor zu". „Weil eben: Erstens weiß man nicht, wie es kommt. Und zweitens: das musst du dann überlegen, wenn es so weit ist."

Dieses Abwarten ist nicht nur Ausdruck von Ratlosigkeit. Es kann auch durch die Eltern erzwungen sein. Frau Koch (52 J.) hat zusammen mit ihrem Bruder versucht, „ein Szenario zu entwickeln, wenn es der Mutter schlechter geht. Zum Beispiel eine Anmeldung in ein Altersheim oder so." Als man jedoch mit der Mutter darüber reden wollte, sei das „ganz schlimm gewesen. Das hat wirklich Streit gegeben. Das ist absolut nicht möglich gewesen mit ihr über das zu reden. Sie hat nur gesagt: Das mache sie nie." Jetzt spreche man das nicht mehr an. Sie habe sich aber eine Adresse für Notfälle besorgt. „Also wenn jemand ganz plötzlich in ein Altersheim oder in ein Alterspflegeheim muss. Und das ist jetzt einfach meine Versicherung. Wenn es einen Super-Gau gibt, dann rufe ich dort an."

„Das hätten wir uns früher nicht getraut"

Zu welchen innerfamiliären Auseinandersetzungen es wegen des Altersheims kommen kann, zeigt der folgende Fall: Frau Weber ist 84 Jahre alt und seit zehn Jahren verwitwet. Ihr Mann war Mechaniker und hatte eine kleine Reparaturwerk-

---

[28] Frau Janka (51) hat ihre demenzkranke Mutter eine Weile in ihrer Familie betreut, musste den Versuch aber wieder abbrechen, weil die familiären Spannungen und die Belastungen zu groß wurden.

statt. Sie selbst hat keine Lehre gemacht, eine Zeitlang in der Fabrik gearbeitet, war danach Hausfrau und hat ihrem Mann in der Werkstatt geholfen. Sie leidet seit einiger Zeit an starken Rückenschmerzen, hat große Mühe beim Gehen und zeigt auch erste Anzeichen einer Demenz. Wie die meisten Befragten hat auch sie sich anfänglich gegen jede externe Hilfe gewehrt. Da die einzige Tochter, eine Architektin, weit weg wohnt, kümmert sich eine Nichte um Frau Weber. Einmal habe Frau Weber zu ihr gesagt: „Ich habe deinem Vater früher auch geholfen, also kannst du mir auch helfen."

In der nachstehend wiedergegebenen Auseinandersetzung zwischen Frau Weber und ihrer Tochter, zu der es nach der formellen Interviewsituation gekommen ist, geht es um die vorsorgliche Anmeldung für einen Platz im Altersheim: „Mutter: Das hätten wir uns früher nicht getraut, unseren Vater oder unsere Mutter im Altersheim anzumelden. Ihr macht das alles über meinen Kopf hinweg. Mich fragt niemand. Ich habe sonst schon genug, jetzt belastet ihr mich noch mit dem. Tochter: Wir reden ja jetzt zusammen darüber. Wieso meinst du, das hätten wir uns früher nicht getraut? Mutter: Früher hätten wir unseren Vater oder unsere Mutter nicht getraut ins Altersheim zu tun. Das sagt meine Schwester heute noch: wir sind froh, dass wir unsere nie ins Altersheim gebracht haben. (…) Tochter: Du tust so, wie wenn man dich abschieben wollte. Mutter: Ich fühle mich abgeschoben, ja. Das fühlen sich alle, denke ich. Du musst auch mal gehen, du hast keine Kinder. Tochter: Es geht ja nur darum….Mutter: Dass ich versorgt[29] bin. (…) Das kostet alles Geld. Du glaubst nicht, wie schnell das Geld weg ist. Ein Ehepaar, das ich kenne, die sind im Altersheim gewesen. Als sie gestorben sind, haben sie nichts mehr gehabt. Alles weg. Das sei teuer, diese Altersheime. Die nehmen von den Alten, die knöpfen ihnen das Geld ab. Wenn ich gehe, dann nehmen sie mir das Geld. (…) Und du hast mal nichts mehr. Mir ist es nur wegen dem. Tochter: Aber wie stellst du dir das jetzt vor da? Wie soll es weitergehen? Mutter: Keine Ahnung. Überhaupt nicht. Ich lebe einfach in den Tag hinein. Tochter: Aber man muss doch schauen. Mutter: So macht halt. Tochter: Es geht ja nur darum, dich auf die Warteliste zu tun. Andere sind auch auf der Warteliste. Mutter: Nein, andere, die jemanden haben daheim, da schauen sie zu ihnen! Ich konnte nur immer springen überall hin. Aber ich habe niemanden. Das tut mich ‚beelenden' [das gibt mir ein elendes Gefühl]. Tochter: Hast du gemeint, ich gebe meinen Beruf auf? Mutter: Ja nein, das weiß ich schon, du willst ja dort bleiben."

Das Beispiel zeigt, dass die Orientierung an den Unterstützungsbeziehungen in der Vergangenheit nicht allein Ausdruck einer Beharrungstendenz des Habitus ist (Bourdieu 1987). Die Erinnerung an frühere Formen familialer Unterstützung

---

[29] „Versorgt" kann im Schweizerdeutschen auch die Bedeutung von „entsorgt" haben.

kann auch als moralisches Kapital dienen, das man in intergenerationellen Ausei-
nandersetzungen um einen möglichen Heimeintritt ebenso einsetzen kann wie den
Hinweis auf den drohenden Verlust des Erbes – neben der Moral eines der wenigen
Druckmittel, das einem geblieben ist.

Die befragte Mutter argumentiert auf dem Hintergrund einer familialen Moral („Füreinander da sein"), die ihrem Interesse entspricht und ihre argumentative
Kraft daraus zieht, dass sie sich im Unbedingten verortet. Diese setzt sie einer
„individualistischen" Logik des eigenen Lebens entgegen, die aus andern Feldern
stammt und aufgrund ihres „Eigennutzes" Moral nicht für sich in Anspruch nehmen kann. Auf ihr Ethos des Familialen rekurriert sie auch da, wo sie ihre Angst,
alle Ersparnisse zu verlieren, mit der Sorge um die Tochter begründet. Womit sie
Eigeninteressen ebenfalls in Moral verwandelt.

Sie ist verbittert darüber, dass die Generationenkette der familialen Unterstützung gebrochen ist: während sie ihre filialen Pflichten ihren Eltern gegenüber erfüllt hat, kann sie selbst nun nicht damit rechnen, dass ihre Tochter diese Pflichten
auch ihr gegenüber erfüllt.

Der Auseinandersetzung liegen auch „Attributionskonflikte" zugrunde (vgl.
Luhmann 1988, S. 41 f.). Während die Tochter ihr Handeln durch Merkmale der
Situation bedingt sieht, klammert die Mutter strukturelle Zusammenhänge weitgehend aus und rechnet das Verhalten der Tochter persönlich zu, indem sie es mo-
ralisiert. Wodurch die eigene Position gestärkt und die des Gegenübers geschwächt
wird. Denn es ist schwierig, gegen eine Moral zu argumentieren, die man auch
selbst inkorporiert hat.

Wenn es ans „Eingemachte" geht, kann man alle Register ziehen und auch auf
die moralische Unterstützung des verstorbenen Mannes zurückgreifen, um dem
eigenen Standpunt Nachdruck zu verleihen. „Vater würde sich im Grab umdrehen,
wenn er das wüsste", meint Frau Weber. Mit einer Heimeinweisung würde die
Tochter nicht nur die Achtung der Mutter, sondern auch die des Vaters verlieren,
dessen Autorität über den Tod hinaus wirksam ist.

Im Unterschied zu andern Befragten geht Frau Weber stärker auf Konfrontation
zu ihrer Tochter, was wohl auch deshalb möglich ist, weil sie aufgrund der Unterstützung durch die Nichte weniger von ihr abhängig ist. Ein Kräfteverhältnis dieser
Art kann Kinder von einer Machtprobe abhalten, weil der Ausgang ungewiss ist
und man riskiert, seinen Einfluss zu verspielen, wenn man sich nicht durchsetzen
kann.

Die Kinder befinden sich oftmals in einer Situation der Ambivalenz, die darauf
beruht, dass die Vorstellung, etwas tun zu müssen mit dem Unvermögen einher-
geht, es auch tatsächlich zu können (vgl. Lüscher 2010, S. 67): Den Eltern das
Heim zu ersparen. Mit zunehmendem Alter wächst jedoch die Zahl der Betagten,

die in einem Heim leben. In der Schweiz sind das im europäischen Vergleich relativ viele (Höpflinger 2011; Perrig-Chiello et al. 2008, S. 233). Trotz der verbreiteten Empfindung, dass „eigentlich die Familie verantwortlich wäre". Deshalb
sind bei den Kindern Gewissensbisse und das leise Gefühl, versagt zu haben, hier
vielleicht besonders verbreitet.

Verlustängste: „Dann ist die Familie weg"
Die Zukunft kann für die befragten Kinder auch mit Verlustängsten belastet
sein. „Irgendwie habe ich Horror, wenn ich denke, dass die Mama jetzt sterben
würde", meint eine Befragte. „Ja, davor habe ich Schiss, das muss ich ganz ehrlich
sagen. Weil: Sie ist die Familie. Sie ist die Familie für mich. Es sind nicht meine
beiden Schwestern, sondern die Mama ist die Familie. Und wenn sie dann nicht
mehr da ist, dann ist die Familie weg."

Wenn ein Elternteil stirbt, verändert sich die Beziehungskonstellation der
Zurückgebliebenen. Und für die einzelnen Familienmitglieder bedeutet es nicht
einfach, dass eine geliebte Person aus ihrem nächsten „Umfeld" fehlt (vgl. Elias
1970, S. 148). Es geht auch ein Teil ihrer selbst verloren. „Also sie gehören ein
Leben lang zu mir, zu meinem Leben. Und wenn sie mal nicht mehr sind, wird
das schwierig sein. Jetzt bin ich 52 und die sind immer da gewesen. Im Guten und
im Bösen. (…) Das finde ich dann einfach komisch, wenn die nicht mehr da sind.
Dann fällt man auch ein bisschen aus dem Zeug raus." Dieses Gefühl ist in Ländern
mit hoher Lebenserwartung auch deshalb besonders ausgeprägt, weil man gewöhnlich eine sehr lange Lebensspanne miteinander geteilt hat (vgl. Höpflinger 2011).

Das Bedrückende dieser Perspektive kann man verdrängen oder dadurch abzu-
schwächen versuchen, indem man sich schrittweise vom Elternteil zu „distanzie-
ren" beginnt. „Auf eine Art", meint Frau Müller, „habe ich ein Stück weit schon
Abschied genommen von meiner Mutter". Wobei sie umgehend betont, dass sie
sich „bis zuletzt und so lange ich kann" um sie kümmern werde. Um ja kein Miss-
verständnis aufkommen zu lassen. Was einmal mehr deutlich macht, wie moralisch
belastet familiale Generationenbeziehungen sind.

6.2.5 Geschlechtsspezifische Unterschiede

Frauen unterliegen der Logik des familialen Feldes nachdrücklicher als Männer,
weil ihr Leben stärker darauf ausgerichtet ist, trotz der Veränderungen, die in den
letzten Jahrzehnten innerhalb der Geschlechterordnung stattgefunden haben (Beck
1986; Koppetsch und Burkart 1999). Familiäre Angelegenheiten fallen immer noch
vermehrt in den Zuständigkeitsbereich von Frauen. Und Frauen sind es auch, die
sich aufgrund ihres geschlechtsspezifischen Habitus weitgehend dafür zuständig

fühlen. Das gilt auch für die Pflege eines Elternteils, die mehrheitlich von Frauen geleistet wird (Perrig-Chiello et al. 2008) und stark durch geschlechtsspezifische Unterschiede geprägt ist. Vor allem in den unteren und mittleren Regionen des sozialen Raumes, in denen die Befragten positioniert sind.

Unterschiedlicher Aufwand und verschiedene Aufgaben

Die Töchter machen gewöhnlich mehr als die Söhne, was in den meisten untersuchten Familien aber praktisch nicht zu Konflikten führt, weil man das auf dem Hintergrund traditioneller Rollenvorstellungen weitgehend als gegeben und natürlich empfindet. Weshalb zum Beispiel Frau Bodmer (50 J.) im Gespräch auf diesbezügliche Nachfragen ziemlich verständnislos reagiert hat.

Die Töchter übernehmen auch andere Aufgaben, wobei die Erwartungen der Eltern ebenfalls geschlechtsspezifisch variieren. So ist es selbstverständlich, dass für körpernahe, intimere Verrichtungen – falls überhaupt – eher die Töchter als die Söhne zuständig sind.[30] Auch die anfallenden Hausarbeiten gehören, vermittelt über einen „sense of gender" (Karrer 1998, S. 38 ff.), zum Aufgabenbereich der Töchter. „Ja, sonst vom Haushalt her, ja, das mache ich eigentlich. Das ist klar. (…) Mein Bruder ist auch nicht so der Typ", meint Frau Schweizer.

Demgegenüber beschränken sich die Söhne stärker auf Hilfeleistungen, die in unserer Gesellschaft als männlich klassifiziert werden. Er fahre die Mutter irgendwohin und hole sie wieder, sagt der 37-jährige Herr Schneider. Sicher gehe er ihr aber „nicht die Füße waschen und so. Oder auch Staubsaugen nicht. Ich gehe vielleicht mal ein Loch bohren oder Sachen aufhängen. Einfach solche Sachen. Das mache ich schon." Was männlich ist, definiert sich über den Unterschied zum Weiblichen. So ist auch der „Männerehre nicht selten ein ausdrücklich negativer Bezug auf die weibliche Verhaltenssphäre eigen", wie Tyrell (2008, S. 187) mit Bezug auf Simmel schreibt. Was unter heutigen Bedingungen nicht heißt, dass man etwas nicht tut, weil man es explizit unter seiner Würde empfindet, sondern sehr viel diffuser: weil einem unbehaglich dabei wäre, sich dafür „nicht geschaffen" fühlt oder es einfach nicht kann.

Übernimmt ein Sohn Tätigkeiten, die traditionell eher den Frauen zugeordnet werden, ist die Wirkung zwiespältig: einerseits kann er besondere Anerkennung erhalten, weil er tut, was nicht selbstverständlich erwartet werden kann. Andererseits macht er sich damit, zumindest in den Augen älterer Generationen, ein Stück weit zur Frau, was etwas seltsam anmuten oder mit einer Statusminderung *als Mann* verbunden sein kann. „Er kocht und wäscht ab wie eine Frau", sagt eine ältere Befragte über einen Sohn, ohne so recht zu wissen, was sie davon halten soll.

---

[30] Nach Ansicht von Saraceno (2009, S. 117) kann auch das Inzesttabu eine Rolle spielen, weil es in der Regel die Mütter sind, die von den Kindern allein gepflegt werden, während das bei Vätern hauptsächlich die Partnerin übernimmt.

Verschiedene Grade des Involviert-Seins

Während die Hilfe der Töchter regelmäßiger und andauernder ist (Perrig-Chiel-lo et al. 2008, S. 186), hat die Hilfe der Söhne eher einen punktuellen und instru-mentellen Charakter (Steuererklärungen ausfüllen, Geräte installieren, Rasen mä-hen). Was einem auch erlaubt, sich nicht so stark mit der Situation konfrontieren zu müssen und, wie ein Befragter sagt, „sich dort ein bisschen rauszunehmen." Es scheint, dass sich die Söhne besser abgrenzen können als die Töchter und es ihnen eher gelingt, eine gewisse Distanz zu halten. Das zeigt sich auch darin, dass die befragten Söhne nur wenig über die Gefühlslage der Mutter oder des Vaters sagen können. Man fragt schon, meint einer, „ja, wie geht's? Aber keine größeren Diskussionen oder tiefer. Es beschränkt sich dann aufs Funktionieren." Und ein anderer sagt: „Es funktioniert nur, wenn ich einen gewissen Abstand habe." Dass sich ihr Bruder besser abgrenzen könne, findet auch Frau Koch, während sie sich bei Problemen viel mehr Gedanken mache. „Aber das hat auch mit unserer Fami-lienstruktur zu tun, denke ich. (…) Er ist der Sohn gewesen und ich bin die Tochter gewesen (lacht). Schon auf dieser Ebene, dass er sich bei den familiären Schwie-rigkeiten zurückgezogen hat und weggegangen ist. Und ich bin so wie mitten drin gewesen. Wirklich mitten drin."[31] Zu berücksichtigen ist, dass es sich bei solchen Aussagen nicht einfach um reine Tatsachenbeschreibungen handelt, sondern um Stellungnahmen, die auch als Mittel der Distinktion fungieren können.

Unterschiedlicher Grad der persönlichen Zurechnung

Weil Töchter gewöhnlich stärker in die intergenerationellen familialen Bezie-hungen eingebunden sind als Söhne, scheinen sie, auch nach eigenen Aussagen, mehr persönlich zu nehmen und Schwierigkeiten und Probleme sich selbst zu-zuschreiben. Was zu der etwas paradoxen Situation führen kann, dass sie zwar mehr Aufgaben übernehmen und mehr Zeit aufwenden als die Söhne, aber trotz-dem häufiger ein schlechtes Gewissen haben, zu wenig zu tun. Die Vorstellung, die Mutter in ein Heim zu bringen, scheint ihnen ganz besonders Mühe zu bereiten. Auch deshalb, weil man Vorwürfe aus dem Umfeld fürchtet, die vor allem an sie adressiert würden. Deshalb müsse die Mutter selbst entscheiden, ob und wann sie ins Heim wolle, meint eine Befragte: „sonst heißt es, wir haben gesagt, sie muss ins Altersheim." Es gibt auch Töchter, die beteuern, sich bis am Schluss um ihre Mutter zu kümmern, um mit sich im Reinen zu sein, wenn sie einmal nicht mehr da sein werde. „Dass ich dann nicht das Gefühl habe, ich habe zu wenig gemacht oder ich habe ein schlechtes Gewissen im Nachhinein. Warum habe ich das nicht gemacht? Das hätte ich doch auch noch sollen und können."

---

[31] Ähnlich äußert sich auch Frau Pelli: „Ich habe es bei meinem Mann gesehen. Wenn die Schwiegermutter zwei, drei Wochen nicht angerufen hat, hat er gefunden: ja, dann geht es ihr gut. Dann muss ich auch nicht anrufen. Da bin immer ich die gewesen, die angerufen hat."

Der unterschiedliche Wert der Zeit

Auch wenn Söhne weniger Zeit für die Unterstützung der Eltern aufwenden als Töchter, können sie dafür mehr Anerkennung erhalten. Weil ihre Zeit als knapper und wertvoller eingeschätzt wird. Was dem, der sie aufwendet, eine besondere Geltung verschafft. „Die Knappheit, also der Wert, der der Zeit einer Person zuerkannt wird und insbesondere der Zeit, die sie selbst anderen gewährt – die kostbarste, weil persönlichste Gabe (niemand kann sich dabei vertreten lassen) –, bildet eine grundlegende Dimension des sozialen Werts dieser Person" (Bourdieu 2001, S. 291).

Geschlechtsspezifische Reziprozität

Man könnte sagen, dass die Herstellung intergenerationeller Reziprozität in der Familie – zumindest in bestimmten sozialen Milieus – geschlechtsspezifisch variiert: Sie basiert bei Söhnen stärker auf extrafamilialen Statusgütern, die die Laufbahn der Familie fortschreiben, bei Töchtern mehr auf personenbezogenen Dienstleistungen, die ein Reservoir der familialen Unterstützung bilden.

Der Besitz einer Tochter als Kapital

Eine Tochter zu haben, ist im Alter ein Kapital. Das bringt jene Mutter zum Ausdruck, die sagt, einer Bekannten gehe es besser, weil sie Töchter habe – und nicht wie sie nur einen Sohn. Und eine andere Befragte meint: „Töchter bleiben Ihnen in der Regel erhalten. Aber die Söhne verlieren Sie ein Stück weit."

Sind keine Töchter vorhanden, ist es von Vorteil, zumindest eine Schwiegertochter zu „besitzen", auf die man zählen kann. Frau Müller (65 J.) hat sich lange um den Vater ihres Mannes gekümmert, obwohl ihre Kinder damals noch klein waren. „Mein Mann ist damals so viel geschäftlich unterwegs gewesen. Das ist eben dann auch: ich meine, die Männer haben wirklich nicht diese Zeit." Und die Schwiegertochter von Frau Schneider, die beim Gespräch mit dem Sohn anwesend ist, findet: „Eine Frau kann das besser als der Mann". Weil sie mehr Geduld und Verständnis habe.

6.2.6   Das ambivalente Verhältnis zum kranken Elternteil

Die befragten Töchter und Söhne äußern sich deutlich zwiespältiger über ihre Beziehung zu den Eltern als die Eltern über ihr Verhältnis zu ihren Kindern. Einerseits bezeichnet man das Verhältnis als gut, andererseits nennt man aber auch einiges, was Mühe macht. „Ich denke, die Beziehung ist gut", sagt eine Befragte. „Und gewisse Sachen, merke ich, nerven mich halt jetzt einfach mehr", weil man – so könnte man hinzufügen – nun auch mehr mit den Eltern konfrontiert ist.

Aufgrund der Gespräche lassen sich in der Beziehung der Kinder zu den Eltern folgende Ambivalenzen benennen:

• Die Ambivalenz von Nähe und Distanz

Man kann sich aufgrund seines verwandtschaftlichen Verhältnisses nahe stehen, ohne sich aufgrund seines Habitus auch nahe zu fühlen, was mit Unterschieden der Generation und der Position im sozialen Raum zusammenhängen kann.

Eine Befragte, die aufgrund der intergenerationellen Mobilität über mehr kulturelles Kapital verfügt als die Mutter, findet diese, die gerne „Arztromanheftchen" liest, zunehmend beschränkt, was auszusprechen ihr nicht ganz leicht fällt. „Eine gewisse… ich kann es nicht anders sagen: Beschränktheit. Eine intellektuelle Beschränktheit. Einfach. Einfach sehr einfach." Während gewählte Beziehungen aufgrund der Tendenz zur Homophilie („Gleich und Gleich gesellt sich gern") unter diesen Bedingungen kaum Bestand hätten, führt das in Eltern-Kind-Beziehungen, die zugewiesen und letztlich nicht aufkündbar sind, zu Ambivalenz.

• Selbstlosigkeit oder Berechnung? Die Ambivalenz der Gabe

Bei der erwähnten Befragten zeigt sich in der Beziehung zur Mutter ein weiterer Zwiespalt, der direkt mit der Ambivalenz der Gabe in der Familie zusammenhängt. Die Mutter sei zwar einfach, meint die Tochter, dafür aber sehr „gutherzig. Und selbstlos. Was mich dann auch fast etwas nervt. Eine so große Selbstlosigkeit, wo ich dann nicht weiß, ob wirklich alles selbstlos ist oder ob sie dann erhofft, dass etwas zurückkommt. Sie schreibt alles auf. Sie hat mich so und so viel angerufen. Oder der kommt jetzt nur einmal im Jahr zum Essen. Eben, so versteckte Vorwürfe."

Geben ist bereits dem „eigentlichen Wesen nach eine ambivalente Praxis. Die Gabe *nähert* die Protagonisten *an*, weil sie Teilen ist, und sie *entfernt* sie sozial voneinander, weil sie den einen zum Schuldner des andern macht" (Godelier 1999, S. 22). Unabhängig von der Intention des Gebenden ist sie eine Form, „Menschen an sich zu binden, indem man sie sich verpflichtet" und stellt somit immer „einen Einschnitt in die Freiheit des Empfangenden dar" (Bourdieu 1998, S. 164).

Das wird im vorliegenden Fall gewissermaßen auf die Spitze getrieben. Indem die Mutter über die (erhaltenen) Leistungen Buch führt, verletzt sie das Tabu der Berechnung und macht „die Wahrheit des Tausches" sichtbar: Sie beziffert, was gewöhnlich im Ungefähren bleibt und macht mit ihrem Verhalten deutlich, dass man nicht nur (selbstlos) gibt, sondern insgeheim auch erwartet, etwas dafür zu bekommen. Damit wird explizit, was innerhalb der Familie gewöhnlich einem kollektiven Schweigen und einer kollektiven Verkennung unterliegt.

Dass die Mutter so handelt und die Tochter sich so sehr darüber aufregt, ist auch Ausdruck ihrer unterschiedlichen Position im sozialen Raum. Während man im unteren Bereich des sozialen Raumes familiale Tauschvorgänge und damit verbundene Interessen ungeschminkter wahrnimmt und auch direkter thematisiert, neigt man in der Mitte stärker dazu, diese Aspekte in persönlichen Beziehungen zu tabuisieren und zu verleugnen, worauf bereits Pierre Bourdieu (1988, S. 317) hingewiesen hat. Darauf werden wir im Schlusskapitel zurückkommen.

- Ambivalenz zwischen Verbundenheit und Autonomie

Einerseits fühlt man sich den Eltern gegenüber verantwortlich und mit ihnen verbunden. Und andererseits hat man ein Interesse, von ihnen unabhängig zu sein: weil man sein eigenes Leben führen will und führen muss. Diese Ambivalenz ist dann besonders stark, wenn die Eltern die frühere familiale Struktur aufrechterhalten wollen und Mühe haben, „die Kinder gehen zu lassen". Aufgrund der Beharrungstendenz des Habitus und weil es einem generell schwerfällt, etwas loszulassen, für das man so viel Zeit, Mühe und Opfer gebracht hat.

Das lässt sich am Beispiel der Familie Stoll deutlich machen. Ihre Eltern, erzählt die 57-jährige Frau Stoll, hätten sie ganz lange „nicht loslassen können." Wenn sie bei ihnen zu Besuch sei und wieder gehen wolle, komme noch heute jedes Mal der Spruch: „Wo gehst du hin? Also quasi, du bist doch da daheim. Wieso gehst du jetzt." Für ihre Eltern sei sie „ein bisschen das Mädchen" geblieben. Sie habe ja selber Kinder und merke „wie schwierig das ist, die Kinder loszulassen. Man muss sich zwanzig Jahre kümmern oder anpassen oder sein Leben einrichten. Und dann sind die groß und dann sollte man nicht mehr. Also das finde ich auch schwierig." Vor allem wenn man, wie die Mutter, kein eigenes Leben habe, das einen ausfüllt. Und deshalb zu viel auf die Kinder abstelle. „Sie müsste ja wie andere Kontakte auch noch haben. Also mehr Freunde. Dass sie wie noch ihr eigenes Leben gelebt hätte. (…) Vielfach verlernt man das ja auch, wenn man so lange verheiratet ist und Kinder hat. Und nachher sollte man auf einmal wieder wissen, was machen. Es ist auch nicht einfach, ja, dass die Kinder einem nicht alles sein müssen." In solchen Familien kann es auch den Kindern schwer fallen, sich von den Eltern zu lösen. Und auch wenn man sich schließlich sein eigenes Leben erkämpft hat, können Schuldgefühle und ein schlechtes Gewissen bleiben, weil man sich für das Leben der Eltern mit verantwortlich fühlt.

In intergenerationellen Beziehungen dieser Art, wo die Unabhängigkeit von den Eltern errungen und behauptet werden muss, kann der Erkrankung eines Elternteils aus Sicht der Kinder etwas Zweideutiges anhaften: ist es lediglich eine Krankheit oder auch ein Versuch, einen wieder stärker an sich zu binden? Als ihre Mutter krank geworden sei, erzählt Frau Stoll, habe sie das Gefühl gehabt, „das ist wie auch um mich zu holen. Also wenn sie krank wird, dann komme ich ja wieder und mache und schaue." Diese Zweideutigkeit kann im Einzelfall dazu führen, dass man sich nicht in dem Maße kümmern kann, wie man das eigentlich möchte und eine gewisse Distanz hält, weil man fürchtet, gleich wieder als ganze Person vereinnahmt zu werden.

6.2.7 Krankheit als (Beziehungs-)Metapher

Auch für einen Teil der befragten Kinder ist die Krankheit der Eltern nicht einfach ein physiologischer Vorgang, sondern etwas, dem man innerhalb der familiären Beziehungen eine Bedeutung zuschreibt, die über das rein Somatische hinausgeht. Damit wird auch hier ein Zusammenhang von Krankheit und Leben hergestellt, der dem medizinischen Diskurs weitgehend fremd ist.

Ob es zu solchen Bedeutungszuschreibungen kommt, hängt auch von der Art der Krankheit ab. Sie sind bei einer Demenz zum Beispiel um einiges wahrscheinlicher als bei einer Erkrankung des Bewegungsapparates, weil sie als Krankheit weniger fassbar ist und deshalb mehr Raum für Interpretationen lässt.

Frau Gerosa, die nur sehr wenig ökonomisches, aber vergleichsweise viel kulturelles Kapital besitzt, sieht die Demenz ihrer Eltern auch als Flucht vor ungelösten familiären Problemen (vgl. zu ganz ähnlichen Aussagen Karrer 2009, S. 161 f.). Sie meint, im Alter habe man ja die Chance, lange verdrängte Probleme aufzuarbeiten und zu bereinigen. Dazu sei es aber in ihrer Familie nie gekommen, weil die Eltern in die Krankheit geflüchtet seien. „Ich weiß schon warum sie derart abgehauen sind. Die würden das nicht verkraften. (...) Also ich meine, ich habe ja schon Mühe, es auszuhalten." Dass es sich bei ihrer Demenz um „eine unbewusste Flucht" handle, zeige sich auch darin, dass beide gleichzeitig krank geworden sind. „Es haben alle gestaunt, auch die Ärzte, es sei verrückt, so etwas hätten sie noch nie gesehen."

Auch Frau Koch, deren Position ebenfalls durch ein Übergewicht an kulturellem Kapital gekennzeichnet ist, sieht einen Zusammenhang zwischen der Erkrankung ihrer Mutter und den familiären Beziehungen. „Für mich persönlich denke ich, dass jedes Organ einer Situation zugeordnet ist, einer emotionalen. Und die Nieren sind Partnerschaft. Ich kenne meine Mutter eigentlich schon lange krank. Auch bevor sie ihre Nierenkrankheit gehabt hat. (...) Sie ist aber nicht zum Arzt gegangen. Und dann hat man immer ein bisschen Rücksicht nehmen müssen darauf. Aber eben, so: nein, nein, du musst nicht Rücksicht nehmen auf mich. So ein bisschen diese Schiene. Und das ist immer ein Teil meines Lebens gewesen, dass meine Mutter eigentlich krank ist und dass man ihr eigentlich schauen müsste. Vielleicht ist es wirklich der Wunsch nach ein bisschen Aufmerksamkeit". Denn in ihrer Ehe sei die Mutter sehr viel alleine gewesen.

Dass die erwähnten Befragten über vergleichsweise viel kulturelles Kapital verfügen, ist vermutlich mehr als ein Zufall. Kulturelles Kapital ist ein Mittel der „Verdoppelung aller Phänomene". Es disponiert zu „Beobachtungen zweiter Ordnung": also zur Frage nach den Hintergründen und Zusammenhängen des faktisch Gegebenen. So „entsteht eine kulturelle Symptomatologie", die dazu neigt, ein Phänomen „als Symptom für etwas anderes" zu behandeln (Luhmann 2002, S. 311 f.). Und wie die Ergebnisse einer andern Untersuchung nahe legen (Karrer 2009), ist diese Symptomatologie bei Akteuren, die im (tieferen) mittleren Bereich des sozialen Raumes auf der kulturellen Seite stehen und durch den Individualisierungsprozess der vergangenen Jahrzehnte geprägt worden sind, häufig individuumszentriert. Krankheit wird von diesen Befragten als Flucht oder als Wunsch nach mehr Aufmerksamkeit gesehen und nicht als etwas, was von außen kommt oder von jemandem geschickt wird.

6.2.8 Geschwister als Entlastungs- und Konfliktpotential

Geschwister bilden einerseits eine Ressource, um die familiale Krisensituation bewältigen zu können, weil man die Last auf verschiedene Schultern verteilen kann. Andererseits kann die Beziehung unter Geschwistern auch eine Quelle der Belastung sein, weil sich bestehende Unterschiede und Konflikte durch die Krankheit eines Elternteils verstärken können. Frau Müller bedauert deshalb nicht, dass sie keine Geschwister hat. „Was ich so rundum höre, wo es Geschwister hat, da muss ich sagen, bin ich froh, bin ich allein. Das ist ganz schlimm, was passiert. Es ist egal, wie viele Geschwister es sind, es hängt meistens trotzdem an einem. Es ist mehrheitlich eines, das alles macht. Und dann haben die anderen noch das Gefühl, die bereichert sich. Oder, ja, was weiß ich. Auf alle Fälle sehe ich immer wieder große Streitereien, manchmal auch nach dem Tod, wenn es ums Erben geht usw. Und ich muss ehrlich sagen, da bin ich lieber allein. Wissen Sie, dann muss ich auch nicht diskutieren gehen, ist das jetzt richtig für unsere Mutter. Weil da gibt es dann auch unterschiedliche Ansichten unter Geschwistern."

Eine eigene Ordnung von Unterschieden Mit der zunehmenden Heterogenität der Lebenswege und der Lebenslagen (Beck 1986) nimmt auch die Heterogenität des familialen Feldes zu, das, wie wir gesehen haben, eine eigene Ordnung von Unterschieden bildet. So können Personen, die der gleichen Familie angehören, aufgrund von verschiedenen beruflichen Laufbahnen und von Heiratsmobilität unterschiedliche Positionen im sozialen Raum einnehmen und aufgrund verschiedener Wohnlaufbahnen in ganz verschiedenen Kontexten leben, was sich in Unterschieden des

Habitus und des Verhaltens niederschlägt (vgl. Karrer 2009). Wobei auch Unterschiede, die aus einer Makroperspektive als klein und vernachlässigbar erscheinen, innerhalb des familialen Mikrokosmos eine spürbare Wirkung haben können.

In Geschwisterbeziehungen kann das dazu führen, dass man sich verwandtschaftlich zwar nahe steht, sich vom Habitus her aber im Laufe des Lebens fremder wird. „Wir haben nicht eine sehr enge Beziehung", sagt ein Befragter. „Vielleicht sind wir alle verschieden in der Art und Weise. Oder haben verschiedene Interessen auch. Ja, wo halt jeder sein Leben lebt. (...) Rein von der Ausbildung her sind wir schon total verschieden."

Die Koexistenz von verwandtschaftlicher Verbundenheit und soziokultureller Distanz kann – ähnlich wie in der Eltern-Kind-Beziehung – auch im Geschwisterverhältnis zu Ambivalenz führen. Und weil man sich in modernen Gesellschaften weniger über die gemeinsame Herkunft als über seine eigene Laufbahn und Position definiert, können solche Unterschiede, wie wir gesehen haben, auch mit Konkurrenz- und Statusspannungen verbunden sein.

Unter normalen Bedingungen ist das kein so großes Problem, weil alle ihr eigenes Leben führen und man einen gewissen Abstand hat. Werden die Eltern hingegen pflegebedürftig, ist man wieder stärker aufeinander verwiesen, wodurch bestehende Differenzen spürbarer und virulenter werden können. „Da sind plötzlich Sachen hervorgekommen, da konnte ich nur noch staunen. Konkurrenz, Eifersucht, Minderwertigkeitskomplexe, wovon ich keine Ahnung gehabt hatte!"

Das soll im Folgenden am Beispiel der „Familie Bachmann" dargestellt werden. Die Analyse beruht auf einem Gespräch, das ich mit der 54-jährigen Sandra, der jüngsten von drei Schwestern geführt habe, die mir die Situation aus ihrer Warte geschildert hat.

„Es ist zwar meine Schwester, aber ich gehöre dort nicht dazu"

Die Familie Bachmann besteht aus der pflegebedürftigen Mutter und drei Töchtern, die alle in eigenen Haushalten leben. Der Vater ist vor einigen Jahren verstorben. Die Familienmitglieder sind unterschiedlich alt und haben unterschiedliche Positionen im sozialen Raum (vgl. Diagramm 5). Während Barbara aufgrund ihrer Heirat mit einem Banker oben rechts steht (abgeleiteter Status), ist Sandra, die Jüngste, eher in der Mitte links angesiedelt, weil sie über mehr kulturelles als ökonomisches Kapital verfügt. Isabelle, die älteste Schwester, und die Mutter sind im unteren mittleren und im unteren Bereich des sozialen Raumes positioniert.

Sandra, Isabelle und die Mutter wohnen in einer kleineren Gemeinde in der Nähe von Zürich, wo sie geboren und aufgewachsen sind, während Barbara lange im Ausland war und nun weit weg von ihrem Herkunftsort in der französischsprachigen Schweiz lebt. Die Positionsunterschiede der drei Schwestern hätten sich, meint Sandra, auch in den Bewertungsunterschieden der Mutter reflektiert, was in letzter Zeit aufgrund ihrer Altersdemenz aber etwas an Bedeutung verloren habe. „Alles was Barbara gesagt hat, das hat gezählt. Und alles was Isabelle gesagt hat, hat nicht gezählt. Und was ich gesagt habe, hat man nicht gehört" – auch weil sie als Jüngste weniger ernst genommen wurde. „Das ist immer noch so. Aber jetzt vergisst die Mutter es eher. Deshalb hat es nicht mehr so ein Gewicht für sie."

Damit verbunden war auch eine Hierarchie der Schwiegersöhne. Der Mann von Barbara galt in der Familie als der Erfolgreiche, der Geld hat. „Der Mann von Barbara ist der Wichtigste." Demgegenüber war der (verstorbene) Mann von Isabelle, der als Maurer tätig war, in der Familie eher ein Außenseiter, den man aufgrund seiner direkten Art als etwas ungehobelt und grobschlächtig empfunden hat. „Er hat nie so die Anerkennung gehabt in unserer Familie. Auch in der Verwandtschaft nicht." Dieses innerfamiliale Statusdefizit hat sich in einem Gefühl der Benachteiligung niedergeschlagen. Ein Gefühl, das bei Isabelle bis heute fortwirkt.

Als Barbara noch im Ausland gelebt hat, hatten sie und Sandra ein relativ gutes Verhältnis, während die Beziehung zur räumlich nahen Isabelle eher von Konflikten geprägt war. Nach der Rückkehr in die Schweiz sei Barbara ihr aber zunehmend fremd geworden, erzählt Sandra. „Das ist einfach eine andere Gesellschaftsschicht gewesen, so Highsociety. Und dort ist der Bruch passiert bei mir. Weil ich gemerkt habe, es ist zwar meine Schwester, aber ich gehöre dort nicht dazu." Distanziert habe sie sich auch deshalb, weil sie gesehen habe, wie sie mit Menschen umspringt. „Ich habe realisiert, dass man einfach nützlich ist für sie. (…) Und sobald man nicht mehr nützlich ist, ist man draußen. Und dann habe ich angefangen, mich zu wehren. Weil ich nicht nützlich sein wollte, sondern weil ich einfach die Schwester sein wollte. Und ich habe ja Sachen gemacht für sie, nicht weil ich etwas dafür haben wollte." Sie wirft der Schwester vor, familiäre Beziehungen wie Geschäftsbeziehungen gehandhabt zu haben. Zudem habe es auch immer nach ihrem Kopf gehen müssen: „Sie ist wie ihr Mann."

Während sich Sandra von ihrer wohlhabenden Schwester distanziert hat, sind Barbara (61 J.) und Isabelle (68 J.) näher zusammengerückt. „Es sind immer zwei, die sich zusammentun gegen eine Dritte." Das Verhältnis scheint allerdings keines von Gleich zu Gleich zu sein. „Barbara kann Isabelle gut gebrauchen, wenn sie nach Gstaad in die Ferien fährt."

Diagramm 5: Die Mitglieder der Familie Bachmann im Raum der Positionen

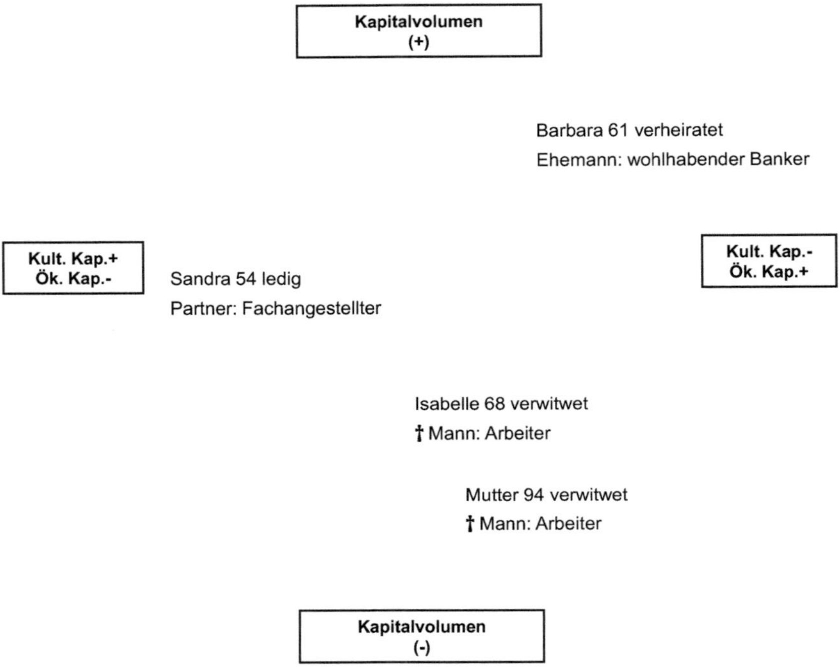

> **Kapitalvolumen**
> **(+)**

Barbara 61 verheiratet
Ehemann: wohlhabender Banker

> **Kult. Kap.+**
> **Ök. Kap.-**

Sandra 54 ledig
Partner: Fachangestellter

> **Kult. Kap.-**
> **Ök. Kap.+**

Isabelle 68 verwitwet
† Mann: Arbeiter

Mutter 94 verwitwet
† Mann: Arbeiter

> **Kapitalvolumen**
> **(-)**

Distanz empfindet Sandra auch zu ihrer ältesten Schwester, die – analog zu ihrem Mann – als die „Laute" und „Grobe" in der Familie gilt und die lange nicht wahrhaben konnte, dass die Mutter krank ist. Sie hat ihr Vorwürfe gemacht, wenn sie etwas vergessen oder falsch gemacht hat. Weil sie dachte, „sie tut es absichtlich" und „ihr zuleide". Eine Reaktion, die in dieser Region des sozialen Raumes nicht selten ist, weil man eher über ein somatisches Krankheitsverständnis verfügt, das sich an körperlich sichtbaren Symptomen orientiert (vgl. zu diesem Punkt Karrer 2009, S. 49 ff.).

Konfliktpunkt: wer macht was? Weil die Mutter keine professionelle Hilfe wollte und die Meinung vertrat, dass man das innerhalb der Familie regelt, haben sich zunächst alle Ansprüche auf die Töchter konzentriert. Barbara habe von Anfang an klar signalisiert, dass sie nicht helfen könne. Und auch die Mutter habe immer gesagt: „Die Barbara kann man nicht heißen, die hat zwei Hunde und einen Mann. Wie wenn sie sagen würde: die hat Kinder und einen Mann. Und die wohnt weit weg." Und die Isabelle wollte die Mutter nicht, weil das Verhältnis zwischen ihnen nicht ganz unbelastet war.

Darauf hätten sich alle Ansprüche auf sie konzentriert, meint Sandra, weil sie die Jüngste gewesen sei und nicht verheiratet. Soziologisch gesehen also auch im sozialen Sinne die Jüngste, die sich in struktureller Hinsicht noch am wenigsten von der Herkunftsfamilie gelöst hatte. Weshalb sie auch am ehesten in Anspruch genommen werden konnte. Umso mehr, als sie gleich in der Nachbarschaft wohnte.

Es sei ihr aber „dann zu viel geworden", weil sie von den beiden Schwestern keine Hilfe bekommen habe. Deshalb habe sie darauf gedrängt, externe Unterstützung zu holen. Man habe auch vereinbart, sich abwechselnd um die Mutter zu kümmern. Trotzdem sei sie das Gefühl nicht losgeworden, viel mehr zu machen als ihre Schwestern. Was sich auch bestätigt habe, als sie am Schluss des Jahres alles „zusammengerechnet" habe. „Da bin ich mir etwas blöd vorgekommen." Darauf habe sie sich zurückgezogen und die Betreuung stärker ihren Schwestern überlassen.

Hier zeigt sich ein Punkt, den wir bisher nicht angesprochen haben. Wie weit man hilft, kann auch vom Verhalten der andern Familienmitglieder beeinflusst sein. Man kooperiert, wenn die meisten andern auch kooperieren. Verhalten sich die anderen eigennützig, verhält man sich ebenfalls eigennütziger und weniger kooperativ (Fehr und Fischbacher 2005, S. 6; zusammenfassend Thiel 2011, S. 75). Und auch das Tabu der Berechnung verliert an Geltung.

Barbara mache weiterhin praktisch nichts. „Sie geht manchmal am Sonntag mit der Mutter essen. (…) Gut, sie wohnt weiter weg. Und dann ist sie noch viel in Gstaad und auf Reisen. Und dann hat sie Stress. Wenn sie anruft, sagt sie: Ich habe Stress. Ich gehe in die Golfferien. Mein Gott. Wenn ich Stress habe, dann im Beruf. Und sie hat Stress, wenn sie Golfferien macht."

Wer sich nun am meisten um die Mutter kümmert, ist Isabelle. Wenn wir oben gesagt haben, dass man sich in der Regel auch kümmert, wenn die Beziehung zum Elternteil nicht so gut ist, dann scheint das vor allem für Töchter aus dem traditionellen Arbeiter- und unteren Angestelltenmilieu zu gelten. Zudem hat sich in einer andern Studie gezeigt, dass die Töchter aus sozio-kulturellen Berufen zum Beispiel zwar mehr Verständnis für den demenzkranken Elternteil aufbringen können, die Töchter aus unteren Regionen des sozialen Raumes aber mehr konkrete Unterstützungsleistungen erbringen (Karrer 2009).

Konfliktpunkt: Geld Beim Konflikt zwischen den drei Schwestern geht es auch um Geld, bei dem die Freundschaft nicht selten endet, weil es Gefühle von Misstrauen und Missgunst weckt und der Geist der Berechnung die Beziehung vergiftet.[32]

Sie habe von der Mutter ein „zinsloses Darlehen" bekommen, erzählt Sandra, worauf Isabelle sauer geworden sei, weil sie sich benachteiligt gefühlt habe.[33] „Es geht schon um Geld. Bei Isabelle geht es nur um Geld. Und bei Barbara auch." Sie sage es einfach weniger direkt. Wenn es dann mal ans Erben gehe, werde es schwierig. „Ich weiß einfach, dass ich dort schaurig aufpassen muss. Weil die zwei – ich weiß ja wie die Barbara ist, ich weiß schon wie die das macht, ich habe das ja jahrelang miterlebt."

Wenn familiäre Beziehungen durch Konflikte beschädigt sind, wird offengelegt, was in einigermaßen intakten Beziehungen verpönt wäre: es wird ab- und aufgerechnet. Und man scheut sich auch weniger, auf formaljuristische Regelungen zurückzugreifen, weil jeder dem andern misstraut. Das kann – wie in einem andern Fall – so weit gehen, dass man Konflikte vor Gericht ausficht und schließlich ganz miteinander bricht. So meint Frau Gerosa über ihre jüngere Schwester: „Ich bin als Schwester wirklich gestorben für sie (...) Und was mich wirklich immer noch schmerzt, obwohl sie für mich auf eine Art auch gestorben ist, was ich immer noch nicht verstehe: wieso man eine Schwester derart fallen lassen kann."

Solche Brüche werden als besonders schmerzhaft empfunden, weil sie allem widersprechen, was man sich unter „Familie" vorstellt und auch jene Beziehungen kontingent werden lässt, die man immer für unaufkündbar gehalten hat. Es mache aber keinen Sinn, „ein Familienband zu zelebrieren, wo keines ist, also wo der Sinn der Familie gar nicht mehr da ist", meint Frau Gerosa. Dieser Sinn bestehe für sie darin, „dass man füreinander da ist. Dass man sich trägt. Und dass man versucht, Konflikte zu lösen. Dass es eine Verbindlichkeit gibt", die in gewählten Beziehungen so nicht besteht. „Das einzige, was gegeben ist, ist die Familie. Alles andere ist nicht gegeben und ist auch schwierig, künstlich zu kreieren. Man versucht es zwar. Aber es gelingt in den wenigsten Fällen." Auch in dieser Äußerung zeigt sich, dass „die Familie" trotz aller Ambivalenzen nichts von ihrer Anziehungskraft eingebüßt hat: als Synonym für eine Art ersehnte „Gegenwelt" zu einem Leben, in dem aus Sicht der Menschen vieles unsicherer, unbeständiger und kälter geworden ist.

---

[32] Man redet in der Familie zwar weniger über Geld als über andere Themen (Kinder, Freunde und Freizeit, Berufs- und Hausarbeit), aber die Gespräche über Geld führen am meisten zu Konflikten (Hradil 2009).

[33] Dass sie von einem Darlehen spricht, obwohl von vornherein klar war, dass sie nichts zurückzahlen muss, hängt nicht nur mit der Reaktion ihrer Schwester zusammen. Es fällt allgemein schwer zuzugeben, dass man Geld von den Eltern bekommen hat.

Literatur

Beck, Ulrich (1986). *Risikogesellschaft. Auf dem Weg in eine andere Moderne.* Frankfurt am Main: Suhrkamp

Beck, Ulrich, Vossenkuhl, Wilhelm, Ziegler Ulf E. & Rautert, Timm (1995). *Eigenes Leben. Ausflüge in die unbekannte Gesellschaft, in der wir leben.* München: C. H. Beck

Bengtson, Vern L. & Kuypers, Joseph A. (1971). Generational Difference and "Developmental Stake". *Aging and Human Development* 2, 249–260

Blau, Peter M. (2005). Sozialer Austausch. In: Adloff, Frank, & Mau, Steffen (Hrsg.), *Vom Geben und Nehmen. Zur Soziologie der Reziprozität* (S. 109–123). Frankfurt am Main: Campus

Blinkert, Baldo & Klie, Thoms (1999). *Pflege im sozialen Wandel: eine Untersuchung über die Situation von häuslich versorgten Pflegebedürftigen nach Einführung der Pflegeversicherung.* Hannover: Vincentz Verlag

Blinkert, Baldo & Klie, Thomas (2000). Pflegekulturelle Orientierungen und soziale Milieus. *Sozialer Fortschritt 10*, 237–245

Bourdieu, Pierre (1987). *Sozialer Sinn. Kritik der theoretischen Vernunft.* Frankfurt am Main: Suhrkamp

Bourdieu, Pierre (1988) [1979]. *Die feinen Unterschiede.* Frankfurt am Main: Suhrkamp

Bourdieu, Pierre (1990). *Was heißt sprechen? Die Ökonomie des sprachlichen Tausches.* Wien: Braunmüller

Bourdieu, Pierre (1998). *Praktische Vernunft. Zur Theorie des Handelns.* Frankfurt am Main: Suhrkamp

Bourdieu, Pierre (2001). *Meditationen. Zur Kritik der scholastischen Vernunft.* Frankfurt am Main: Suhrkamp

Bourdieu, Pierre (2005). *Die männliche Herrschaft.* Frankfurt am Main: Suhrkamp

Bourdieu, Pierre (2014). *Über den Staat. Vorlesungen am Collège de France 1989–1992.* Berlin: Suhrkamp

Dallinger, Ursula (1998). Der Konflikt zwischen familiärer Pflege und Beruf als handlungstheoretisches Problem. *Zeitschrift für Soziologie 2*, 94–112

Ehmer, Josef (2000). Alter und Generationsbeziehungen im Spannungsfeld von öffentlichem und privatem Leben. In: Ehmer, J., Gutschner, P. (Hrsg.), *Das Alter im Spiel der Generationen* (S. 15–48). Weimar: Böhlau

Elias, Norbert (1970). *Was ist Soziologie?* München: Juventa Verlag

Elwert, Georg (1992). Alter im interkulturellen Vergleich. In: Akademie der Wissenschaften zu Berlin, *Zukunft des Alterns und gesellschaftliche Entwicklung.* Forschungsbericht 5 (S. 260–282). Berlin/New York: De Gruyter

Esser, Hartmut (2000). *Soziologie. Spezielle Grundlagen. Band 3: Soziales Handeln.* Frankfurt/ New York: Campus

Esser, Hartmut (2000a). *Soziologie. Spezielle Grundlagen. Band 4: Opportunitäten und Restriktionen.* Frankfurt/ New York: Campus

Fehr, Ernst, & Fischbacher, Urs (2005). Human Altruism – Proximate Patterns and Evolutionary Origins. *Analyse & Kritik 27*, 6–47

Frey, Bruno S. & Benz, Matthias (2000). Welchen Preis hat die Liebe? Motivation und Moral sind nicht mit Geld zu bezahlen. *Evkomm 2*, 32–34

Frey, Bruno S. & Frey Marti, Claudia (2010). *Glück: Die Sicht der Ökonomie*. Diessenhofen: Rüegger

Gerok, Wolfgang, & Brandtstädter, Jochen (1992). Normales, krankhaftes und optimales Altern. Variations- und Modifikationsspielräume. In: Akademie der Wissenschaften zu Berlin, *Zukunft des Alterns und gesellschaftliche Entwicklung*. Forschungsbericht 5 (S. 356–385). Berlin/New York: De Gruyter

Godelier, Maurice (1999). *Das Rätsel der Gabe. Geld, Geschenke, heilige Objekte*. München: C. H. Beck

Goethe, Johann Wolfgang von (1998). Erfahrung und Leben. In: Werke Band 12, *Schriften zur Kunst, Schriften zur Literatur, Maximen und Reflexionen* (S. 365–547) München: C. H. Beck

Goode, William J. (1966). Die Struktur der Familie. Köln/Opladen: Westdeutscher Verlag

Häfner, Heinz (1992). Psychiatrie des höheren Lebensalters. In: Akademie der Wissenschaften zu Berlin, *Zukunft des Alterns und gesellschaftliche Entwicklung*. Forschungsbericht 5 (S. 151–179). Berlin/New York: De Gruyter

Hahn, Alois, Eirmbter, Willy & Jacob, Rüdiger (1996). *Krankheitsvorstellungen in Deutschland. Das Beispiel AIDS*. Opladen: Westdeutscher Verlag

Hollstein, Bettina (2005). Reziprozität in familialen Generationenbeziehungen. In: Adloff, Frank & Mau, Steffen (Hrsg.). *Vom Geben und Nehmen. Zur Soziologie der Reziprozität* (S. 187–210). Frankfurt am Main: Campus

Höpflinger, François (2011). Kontextfaktoren in der Schweiz. In: Roth, Claudia et al., *Belastete Generationenbeziehungen im interkulturellen Vergleich (Europa-Afrika)* (Kapitel 2). Forschungsbericht Universität Luzern

Hradil, Stefan (2009). Wie gehen die Deutschen mit dem Geld um? *Aus Politik und Zeitgeschichte 26*. Bonn: Bundeszentrale für Politische Bildung

Karrer, Dieter (1998). *Die Last des Unterschieds. Biographie, Lebensführung und Habitus von Arbeitern und Angestellten im Vergleich* (2. Aufl. 2000). Wiesbaden: Westdeutscher Verlag

Karrer, Dieter (2009). *Der Umgang mit dementen Angehörigen. Über den Einfluss sozialer Unterschiede*. Wiesbaden: Verlag für Sozialwissenschaften

Kopp, Johannes & Steinbach, Anja (2009). Generationenbeziehungen. Ein Test der intergenerational-stake-Hypothese. *Kölner Zeitschrift für Soziologie und Sozialpsychologie 2*, 283–294

Koppetsch, Cornelia & Burkart, Günther (1999). *Die Illusion der Emanzipation. Zur Wirksamkeit latenter Geschlechtsnormen im Milieuvergleich*. Konstanz: UVK Universitätsverlag

Kruse, Andreas (1992). Alter im Lebenslauf. In: Akademie der Wissenschaften zu Berlin, *Zukunft des Alterns und gesellschaftliche Entwicklung*. Forschungsbericht 5 (S. 331–355). Berlin/New York: De Gruyter

Lévi-Strauss, Claude (1993) [1949]. *Die elementaren Strukturen der Verwandtschaft*. Frankfurt am Main: Suhrkamp

Lewin, Kurt (1982) [1951]. *Feldtheorie*. Werkausgabe Band 4. Hrsg. Carl-Friedrich Graumann. Bern: Huber und Stuttgart: Klett-Cotta

Lois, Daniel (2011). Wie verändert sich die Religiosität im Lebensverlauf? Eine Panelanalyse unter Berücksichtigung von Ost-West-Unterschieden. *Kölner Zeitschrift für Soziologie und Sozialpsychologie 1*, 83–110

Luhmann, Niklas (1970). Reflexive Mechanismen. In: Luhmann, Niklas, *Soziologische Aufklärung Band 1* (S. 92–112). Opladen: Westdeutscher Verlag

Luhmann, Niklas (1988). *Liebe als Passion. Zur Codierung von Intimität*. Frankfurt am Main: Suhrkamp

Luhmann, Niklas (2002). *Die Religion der Gesellschaft*. Frankfurt am Main: Suhrkamp

Luhmann, Niklas (2008). *Die Moral der Gesellschaft*. Frankfurt am Main: Suhrkamp

Luhmann, Niklas (2012). *Macht im System*. Berlin: Suhrkamp

Lüscher, Kurt (2010). Oszillieren zwischen Gegensätzen. Über die Aktualität des Ambivalenten. *NZZ, Samstag 13. November, Nr. 265*, 6

Mauss, Marcel (1990) [1923/24]. *Die Gabe. Form und Funktion des Austauschs in archaischen Gesellschaften*. Frankfurt am Main: Suhrkamp

Merton, Robert K. (1949). *Social theory and social structure*. New York: The Free Press

Nietzsche, Friedrich (1991) [1887]. *Jenseits von Gut und Böse. Zur Genealogie der Moral*. Stuttgart: Kröner

Ostner, Ilona (2004). Familiale Solidarität. In: Beckert, Jens, Eckert, Julia, Kohli, Martin & Streeck, Wolfgang (Hrsg.), *Transnationale Solidarität: Chancen und Grenzen* (S. 78–95). Frankfurt/New York: Campus

Perrig-Chiello, Pasqualina, Höpflinger, François & Suter, Christian (2008). *Generationen – Strukturen und Beziehungen. Generationenbericht Schweiz*. Zürich: Seismo Verlag

Perrig-Chiello, Pasqualina, Höpflinger, François & Schnegg, Brigitte (2010). *Pflegende Angehörige von älteren Menschen in der Schweiz*. SwissAgeCare-2010. Schlussbericht

Popitz, Heinrich (1992). *Phänomene der Macht*. Tübingen: J. C. B. Mohr (Paul Siebeck)

Rerrich, Maria S. (1994). Zusammenfügen, was auseinanderstrebt: zur familialen Lebensführung von Berufstätigen. In: Beck, Ulrich & Beck-Gernsheim, Elisabeth (Hrsg.), *Riskante Freiheiten* (S. 201–218). Frankfurt am Main: Suhrkamp

Riesebrodt, Martin (2000). *Die Rückkehr der Religionen. Fundamentalismus und der „Kampf der Kulturen"*. München: Beck

Roloff, Juliane (2010). Determinanten von Generationentransfers: Die Perspektive erwachsener Kinder auf die Unterstützung ihrer Eltern. In: Ette, Andreas, Ruckdeschel, Kerstin & Unger, Rainer (Hrsg.), *Potenziale intergenerationaler Beziehungen* (S. 65–95). Würzburg: Ergon

Rossi, Alice S. & Rossi, Peter H. (1990). *Of human bonding: parent-child relationships across the life course*. New York: de Gruyter

Saraceno, Chiara (2009). The Impact of Aging on Intergenerational Family Relationships in the Context of Different Family and Welfare Regimes. In: Kocka, Jürgen, Kohli, Martin & Streeck, Wolfgang (Hrsg.), *Altern: Familie, Zivilgesellschaft, Politik. Altern in Deutschland Band 8* (S. 115–133). Stuttgart: Wissenschaftliche Verlagsgesellschaft

Schulze, Gerhard (1990). Die Transformation sozialer Milieus in der Bundesrepublik Deutschland. In: Berger, Peter A. & Hradil, Stefan (Hrsg.), *Lebenslagen, Lebensläufe, Lebensstile* (409–433). Soziale Welt Sonderband 7, Göttingen: Schwarz

Schütze, Yvonne (2007). Auf dem Wege zur Freundschaft? Alte Eltern und ihre erwachsenen Kinder. In: Schmidt, J., Guichard, M., Schuster, P. & Trillmich, F. (Hrsg.), *Freundschaft und Verwandtschaft. Zur Unterscheidung und Verflechtung zweier Beziehungssysteme* (S. 97–114). Konstanz: UVK Verlagsgesellschaft

Smith, Adam (2010) [1790]. Theorie der ethischen Gefühle. Hamburg: Felix Meiner Verlag

Thiel, Christian (2011). *Das „bessere" Geld. Eine ethnographische Studie über Regionalwährungen*. Wiesbaden: Springer VS Verlag

Trommsdorff, Gisela & Albert, Isabelle (2009). Kulturvergleich von Beziehungsqualität in Mehrgenerationenfamilien aus psychologischer Sicht. In: Künemund, Harald & Szydlik, Marc (Hrsg.), *Generationen. Multidisziplinäre Perspektiven* (S. 119–135) Wiesbaden: Verlag für Sozialwissenschaften

Tyrell, Hartmann (2008). *Soziale und gesellschaftliche Differenzierung. Aufsätze zur soziologischen Theorie.* Wiesbaden: Verlag für Sozialwissenschaften

Weber, Max (1980) [1922]. *Wirtschaft und Gesellschaft. Grundriss der verstehenden Soziologie.* Tübingen: Mohr

Die Konfigurationen belasteter Generationenbeziehungen im Vergleich

7

Abschließend sollen nun in vergleichender Perspektive einige Unterschiede und Gemeinsamkeiten der beiden Konfigurationen beschrieben und analysiert werden.

7.1 Ausgangsproblematiken und Umgang der Betroffenen

Die Gefährdung eines eigenen Lebens Gemeinsam ist den abhängigen „Jungen" und „Alten"[1] in den zwei untersuchten Konfigurationen, dass der Wunsch nach einem eigenständigen Leben in Frage gestellt ist. Was nicht heißt, dass es für beide das Gleiche bedeutet. Bei den jungen Erwachsenen geht es um die Erringung eines eigenen Lebens, bei den Alten um seine Erhaltung. Fehlt es bei den Jungen vor allem an einer Arbeitsstelle, eigenem Geld und einer eigenen Wohnung, sind es bei den Alten die gesundheitlichen Voraussetzungen. Und meint eigenes Leben bei den Jungen ein Stück weit auch authentisches, selbsterprobtes und selbstverwirklichtes Leben, vor allem bei jenen, die aus der Mitte stammen, geht es bei den Alten um die Bewahrung einer Eigenständigkeit, die stärker existentiellen Charakter hat und sich stark am Gewohnten orientiert.

---

[1] Die Anführungszeichen sollen deutlich machen, dass es sich dabei um relationale Konstruktionen handelt (vgl. Bourdieu 1993). Und sie sollen einer Lesart entgegenwirken, die „jung" und „alt" in einem wertenden Sinne versteht, wie das im Alltag üblich ist.

© Springer Fachmedien Wiesbaden 2015
D. Karrer, *Familie und belastete Generationenbeziehungen,*
DOI 10.1007/978-3-658-06878-3_7

Für die Jungen ist die Rolle der Familie in dieser Situation ambivalent: sie ist eine verlässliche Hilfe in einer Notlage. Und gleichzeitig nimmt sie einem einen Teil jenes eigenen Lebens, nach dem man sich sehnt.

Für die Alten hingegen verkörpert die Familie die Hoffnung, unterstützt und geschützt zu werden, um sein Leben in der vertrauten häuslichen Umgebung fortführen zu können. Und sie ist, wenn nicht der einzige, der wichtigste Bezugspunkt, der einem geblieben ist.

Wenn Ulrich Beck (1995) allgemein von einem vermehrten „Anspruch auf ein eigenes Leben" spricht, wäre das auch auf dem Hintergrund der skizzierten Unterschiede zu differenzieren und deutlich zu machen, dass es verschiedene Varianten eines „eigenen Lebens" gibt, denen unterschiedliche Bedingungszusammenhänge und Habitusformen zugrunde liegen können. Was hier lediglich angedeutet werden konnte.

Erwerbslosigkeit vs. Krankheit Die arbeitslosen „Jungen" scheinen ihre Situation schwieriger zu erleben als die kranken „Alten". Das hängt unter anderem damit zusammen, dass Arbeitslosigkeit in der Schweiz stärker als Ausdruck individuellen Versagens codiert und als Schmach empfunden wird, während man Krankheit *eher* als ein zugewiesenes Ereignis wahrnimmt, für das man nichts kann und für das man sich gewöhnlich auch nicht zu schämen braucht – vor allem im Alter.[2]

Der stärkeren negativen Codierung und persönlichen Zurechnung von Arbeitslosigkeit entspricht auf sozialpolitischer Ebene, dass „die Reziprozitätsanforderungen" im Bereich der Arbeitslosenversicherung ausgeprägter sind als im Gesundheitswesen (Brettschneider 2007, S. 139). Wobei im Gefolge von Individualisierungsprozessen die Tendenz spürbar zugenommen hat, auch Gesundheit und Krankheit vermehrt mit Eigenverantwortung in Verbindung zu bringen.

Trotzdem ist der Unterschied nach wie vor wirksam und zeigt sich zum Beispiel dort, wo man seine prekäre Lage mit einer Krankheit zu entschuldigen sucht, um nicht als „Versager" zu gelten.[3]

---

[2] Was allerdings nicht heißt, dass Mechanismen des „Self-blame" nicht trotzdem vorkommen können, wie wir gesehen haben.

[3] Der Unterschied kann sich auch im Verlauf eines Lebens zeigen, wie der Fall von Herrn Binder deutlich macht: Als Folge eines Schlaganfalls ist der 84-jährige gesundheitlich schwer beeinträchtigt. Obwohl das für ihn eine schwierige Situation ist, scheint ihm das *psychisch* aber nicht so stark zuzusetzen wie damals, als er wenige Jahre vor der Pensionierung seine Stelle verloren hat. Er sei sogar bei einem Psychiater in Behandlung gewesen, erzählt sein Sohn. Und weil er sich seiner Situation geschämt habe, habe er sich völlig zurückgezogen. „Er ist in dieser Phase gar nicht mehr aus dem Haus oder unter die Leute. (…) Das ist eine Schmach gewesen. Er ist richtig in ein Loch gefallen."

Allerdings bedeutet auch die Erwerbslosigkeit (oder die Sozialhilfeabhängigkeit) nicht für alle Betroffenen das Gleiche, sondern kann je nach sozialem Umfeld oder je nach familialer Konfiguration unterschiedlich erlebt werden.[4] Sind andere Familienmitglieder in der gleichen Situation, ist der Statusdruck geringer als wenn man als Einziger betroffen ist. Und besonders groß und besonders vielgestaltig ist der Druck für die Söhne (und Töchter) dann, wenn Eltern oder Geschwister beruflich vergleichsweise erfolgreich sind. In diesem Fall leidet man nicht nur unter Statusunvollständigkeitsspannungen, sondern auch unter Rang- und Ungleichgewichtsspannungen, weil die herkunftsbedingten Ansprüche in der Regel deutlich höher sind als das Erreichte. Wobei auch die Position in der Geschwisterreihe von Bedeutung ist, wie wir gesehen haben.

Statusunbestimmtheit

Die Situation der erwerbslosen Jungen ist mit dem „Modell der Statuskonfigurationen" jedoch nicht vollständig beschrieben. Ihre Situation ist nicht nur geprägt durch Statusunvollständigkeit und Statusinkonsistenz, sondern auch durch *Statusunbestimmtheit*, die eine eigene Quelle von Spannungen sein kann.

Aufgrund der misslungenen Statuspassage droht die Übergangsphase zu einem Dauerzustand zu werden. Die Betroffenen geraten in einen Bereich des Dazwischen, der nicht klar definiert ist und lediglich als provisorisch gesehen wird. So kann man, wie wir gesehen haben, „vorübergehend" zu den Eltern ziehen und auch hier gewissermaßen auf der Schwelle verbleiben, indem man sich allem verweigert, was mit einer stärkeren Angliederung an die Familie verbunden wäre – und doch längere Zeit in diesem Provisorium gefangen bleiben.

Man gerät in eine Art „soziales Niemandsland" (Lewin), in dem man zum „Niemand" zu werden droht, weil man ohne (anerkannten) Platz in der Gesellschaft ist und keine Antwort auf die Frage hat, wer man ist und was man macht. Was umso drückender ist, weil man in einer Gesellschaft lebt, wo man genau danach unablässig gefragt wird.

Diese Lücke können auch die vom Sozialstaat angebotenen Statuspositionen nicht füllen, weil sie defizitär und nicht vorzeigbar sind. Und auch subkulturelle Statussubstitute bieten keine Lösung, weil sie keine Lebensperspektive beinhalten, sondern lediglich kurzzeitig und begrenzt wirksam sind.

Der Druck, unter dem die Jungen stehen: einen Platz in der Gesellschaft finden und „jemand sein" zu müssen, besteht bei den „Alten" nicht mehr. Für sie steht eher das Gefühl im Vordergrund, für andere an Bedeutung zu verlieren. Weil man immer weniger hat, das für andere von Interesse ist.

---

[4] Die Bedeutung eines Phänomens ist durch den „Ort im Feld" bestimmt (Lewin 1982, S. 207).

„Sense of one's age" Es gibt eine gesellschaftliche Tendenz, dass Altersnormen und altersspezifische Zuschreibungen partiell an Bedeutung verlieren oder, wie in der Werbung zum Beispiel, bewusst unterlaufen werden, gepaart mit der Botschaft, dass es vermehrt der Einzelne ist, der sich seine Grenzen setzt. In der Untersuchung hat sich allerdings gezeigt, dass nicht nur die älteren Befragten, sondern auch die Jungen über einen Sinn dafür verfügen, was einem bestimmten Alter angemessen ist. Seine Wirkung ist in den beiden Gruppen allerdings nicht die gleiche.

Während der „sense of one's age" bei den Alten eher dazu beiträgt, sich mit der Situation abzufinden („In meinem Alter ist das halt so"), führt er bei den Jungen dazu, dass man die eigene Situation als defizitär empfindet. Weil man dem, was in einem bestimmten Alter erwartet werden kann, nicht entspricht („Mit 27 sollte man doch auf eigenen Füßen stehen"). Wobei anzufügen wäre, dass der „sense of one's age" je nach Position im sozialen Raum variieren kann.

Entlastung vs. Verschärfung der Situation Trägt die Art, wie die befragten „Alten" mit ihrer Situation umgehen, *eher* dazu bei, die (familiäre) Situation zu entlasten, sind die Bewältigungsstrategien der „Jungen" teilweise mit dem Risiko verbunden, die Situation zu verschärfen und in eine Spirale des Abstiegs zu geraten. Was an die alte Vorstellung erinnert, dass in Übergangsphasen, die sich der bestehenden Ordnung entziehen, schädliche und gefährliche Kräfte am Werke sind (Douglas 1985, S. 124 ff.).

Neben bereits erwähnten situations- und lebensphasenspezifischen Faktoren spielt hier auch der unterschiedliche Grad familialer Abhängigkeit eine Rolle: Ist die Abhängigkeit, wie im Falle der betagten Eltern, groß und quasi existentiell, kann man sich weniger Freiheiten leisten und muss stärker darauf achten, sein nahes Umfeld nicht gegen sich aufzubringen. Während man sich mehr erlauben kann, wenn die Abhängigkeit geringer ist.

Der Rückzug auf einen persönlichen Schutzraum Sowohl unter den erwerbslosen Jungen wie bei den kranken Alten gibt es eine Tendenz, sich von der Außenwelt abzuschotten und auf einen engen Raum zurückzuziehen, der als eine Art Zufluchtsort fungieren kann. Weil beide aufgrund ihrer Lage verletzbar sind. Steht bei den „Alten" – neben der eingeschränkten körperlichen Bewegungsfähigkeit – der Schutz vor einer als fremd und unsicher erlebten Umwelt im Vordergrund, ist es bei den „Jungen" der Versuch, sich und seine stigmatisierbare Existenz den Fragen und Blicken von außen zu entziehen und auch innerhalb der Familie einen Rest an eigenem Raum zu behaupten. So kann man sich in einen Schlupfwinkel zurückziehen, als ob man sich damit einen Ort schaffen wollte, der nur noch aus einem selbst besteht. „Ich bin der Raum, wo ich bin", wie es bei Bachelard (1987,

S. 145) heißt. Womit sich die Hoffnung verbinden lässt, der Gesellschaft und ihren Bewertungsmaßstäben entfliehen zu können. Man schließt sich ein, um der Erfahrung zu entkommen, ausgeschlossen zu sein.

Der Unterschied zwischen „Innen" und „Außen" wird auch im „Drinnen" erzeugt.[5] Das zeigt sich auch bei jener betagten Frau, die sich fast völlig in ihr Schlafzimmer zurückgezogen hat, obwohl sie nicht bettlägerig ist. Die andern Räume betritt sie ab einer bestimmten Tageszeit nicht mehr, weil sie dieses Territorium, das nun in der Wohnung zum Außenbereich gehört, als unsicher erlebt und sie sich fürchtet.

Barrieren der Inanspruchnahme sozialstaatlicher Leistungen In beiden Konfigurationen drängen die helfenden Familienmitglieder darauf, externe Unterstützungsleistungen in Anspruch zu nehmen: Arbeitslosen- bzw. Sozialhilfe in der ersten, Ergänzungsleistungen und Pflegedienste in der zweiten Konstellation.

In beiden Abhängigengruppen wehrt man sich jedoch dagegen. Das macht deutlich, dass es bei der Inanspruchnahme sozialstaatlicher Unterstützung nicht allein um die Frage der formalen Berechtigung geht, sondern – aus Sicht der Betroffenen – immer auch der eigene Status, die persönliche Würde und das Selbstverständnis, mit dem man sein Leben bisher geführt hat, auf dem Spiel stehen. Und deutlich wird ebenfalls, dass die soziokulturellen Barrieren einer Inanspruchnahme von staatlichen Leistungen – auch bei den Jungen – viel höher sind als man das heute oftmals wahrhaben möchte, wenn man den Betroffenen unterstellt, die Sozialwerke für ihre eigenen Vorteile zu missbrauchen.

Zudem konnte an Fällen deutlich gemacht werden, dass der Zugang zu Unterstützungsleistungen formal zwar für alle gleich, faktisch aber vom Besitz an Informationen über Wege und Möglichkeiten der Unterstützung abhängig ist. Wodurch vor allem jene benachteiligt sind, die nur über wenig (spezifisches) kulturelles Kapital verfügen.

Die Bedeutung staatlicher Unterstützung für die Generationenbeziehungen Kann die Frage, ob man staatliche Hilfe in Anspruch nehmen soll oder nicht, phasenweise zu Konflikten zwischen den familialen Generationen führen, tragen die Existenz und die Inanspruchnahme staatlicher Unterstützungsleistungen zu einer Entlastung der Beteiligten und zu einer Entspannung der Generationenbezie-

---

[5] Luhmann (1998, S. 45) hätte das wohl als „re-entry einer Unterscheidung in das durch sie selbst Unterschiedene" beschrieben. Ganz sicher bin ich mir bei ihm allerdings nie, wenn ich versuche, vom „Theoriehimmel" (Ulrich Beck) herabzusteigen und seine oft hochabstrakten (und anregenden) Ausführungen für die Analyse von empirischen „Banalitäten", die oftmals jedoch nur scheinbar trivial sind, fruchtbar zu machen.

hungen bei. So vermitteln zum Beispiel die verschiedenen Angebote finanzieller Überbrückung dem Leben der Erwerbslosen auch in Zeiten der Krise ein gewisses Maß an Sicherheit und Berechenbarkeit, die Kosten für die Eltern werden reduziert und das Thema Geld kann stärker aus den familiären Beziehungen herausgehalten werden. Dadurch kann Misstrauen abgebaut, Konfliktpotentiale können entschärft und die intergenerationellen Beziehungen besser werden – ganz besonders in jenen Familien, die in prekären ökonomischen Verhältnissen leben.

Das lässt sich am Beispiel der Familie Stieger illustrieren, deren materielle Lage besonders angespannt ist, weil Mutter *und* Tochter von der Sozialhilfe abhängig sind. Als sich die Tochter anfänglich geweigert hat, zum Sozialamt zu gehen, hat das zu großen Spannungen geführt, weil die Mutter finanziell an ihre Grenzen gekommen ist. „Ich habe ja selber fast nichts mehr gehabt." Sie habe sich von ihrer Tochter ausgenutzt gefühlt. Erst als sie ihr gedroht habe, sie nicht mehr zu unterstützen, habe sie sich einen Ruck gegeben und Sozialhilfe beantragt. Was die familiäre Situation deutlich entspannt und die Beziehung zwischen ihnen spürbar verbessert habe.

Daraus lässt sich die Vermutung ableiten, dass Formen des Sozialabbaus die Familien nicht nur (finanziell) stärker belasten, sondern auch die intergenerationellen Beziehungen innerhalb der Familie negativ beeinflussen. Und auf diesem Hintergrund wäre auch die Vorstellung zu hinterfragen, dass Not zusammenschweißt. Für die Generationenbeziehungen in der Familie zumindest scheint das nicht zwangsläufig zu gelten.

7.2 Merkmale der familialen Unterstützungsbeziehungen

Unterschiede zwischen den Konfigurationen familialer Unterstützung In der ersten Konstellation werden jüngere, erwerbslose Kinder von ihren Eltern unterstützt, in der zweiten Konstellation alte und kranke Eltern von ihren erwachsenen Kindern. In beiden Konfigurationen wird die Last der Unterstützung von Familienmitgliedern getragen, die sich in einer mittleren Lebensphase befinden.

Geht es in der einen Konstellation vor allem um eine materielle Unterstützung in Form von Wohnraum und Bedarfsgütern, die mit finanziellen Kosten verbunden sind, geht es in der andern um Hilfeleistungen im Alltag, die vor allem Zeit kosten.

Unter vergleichsweise gesicherten wirtschaftlichen und wohlfahrtsstaatlichen Bedingungen tangieren Dienstleistungen das Leben der Unterstützenden oftmals stärker als die beschriebenen Formen der materiellen Unterstützung, weil Zeit ein knapperes Gut ist als Geld und sich im Unterschied zu diesem auch nur begrenzt vermehren lässt. „Der Tag hat nur 24 h" (vgl. Esser 2000a, S. 62). Zudem ist der

„Preis der Zeit" in den letzten Jahren deutlich gestiegen, was zum „Niedergang jenes umfassenden Systems gesellschaftlichen Austauschs" geführt hat, „der gegründet war auf der Kunst, Zeit zu schenken" (Bourdieu 2001, S. 292). Es fällt auch leichter, die zeitlichen Belastungen der Unterstützung zu beklagen als die finanziellen, weil kollektive Vorstellungen familialer Beziehungen dadurch weniger verletzt werden. Und die spezifische Form der materiellen Unterstützung lässt, wie wir gesehen haben, die Belastung auch weniger spürbar werden. Was nicht heißt, dass die finanziellen Belastungen nicht einschneidend sein können. Am stärksten ist das in jenen familialen Konstellationen der Fall, wo sich nicht nur die Kinder, sondern auch die Eltern in einer materiell prekären Situation befinden.

Die beschriebenen Unterschiede tragen mit dazu bei, dass die beiden Konfigurationen von den Inhabern der unterstützenden Position verschieden wahrgenommen werden, obwohl man sich oftmals in der gleichen Phase des Lebens und in einer ähnlichen sozialen Lage befindet.

Unterschiedliche Wahrnehmung und Problematiken der Unterstützenden Die Eltern der erwerbslosen Jungen sorgen sich in erster Linie um die Zukunft ihrer Kinder, fühlen sich durch die Unterstützung in ihrem eigenen Leben jedoch weniger beeinträchtigt als die helfenden Töchter und Söhne in der zweiten Konfiguration, wo die geleisteten Dienste stärker mit anderen Anforderungen, in die man eingebunden ist, in Widerspruch geraten. Was zu Loyalitäts- und (zeitlichen) Vereinbarkeitskonflikten führt.

Abstriche beim eigenen Leben macht man auch selbstverständlicher, wenn es sich um die eigenen Kinder handelt (Dallinger 1998). Und durch die Unterstützung scheint man sich auch deshalb weniger belastet zu fühlen, weil die gewohnte Beziehung zwischen Eltern und Kindern lediglich verlängert bzw. wieder aufgenommen wird.

Helfen die Kinder hingegen ihren alten Eltern, bedeutet das eine Umkehrung der Funktionen, die man früher füreinander hatte: „Dass ich so verantwortlich bin für meine Mutter, dass sich das so gekehrt hat, ja, das ist noch verrückt. So lange bist du Kind gewesen und sie haben die Verantwortung gehabt für mich. Ich habe überhaupt nie Verantwortung getragen. Und jetzt zu merken, dass ich einfach verantwortlich bin." Belastend daran kann nicht allein der „Rollenwechsel" sein, sondern auch der Verlust eines Gefühls der Sicherheit, der damit verbunden ist. Während man vorher in schwierigen Situationen immer noch auf die Hilfe der Eltern zählen konnte, kann man sich nun nicht mehr auf diese Unterstützungsreserve (Hagestad 2009) verlassen. Was vorübergehend zu einem Gefühl der Verlorenheit führen kann.

Zur unterschiedlichen Wahrnehmung beitragen kann schließlich auch der Umstand, dass das Problem in der ersten Konstellation prinzipiell lösbar ist und man darauf hoffen kann, dass sich die Situation zum Besseren wendet. Betreut man hingegen einen chronisch kranken Elternteil, lässt sich damit weniger rechnen. Früher oder später wird sich der Zustand der Mutter oder des Vaters weiter verschlechtern und nicht selten über den Todeszeitpunkt hinaus für die Kinder belastend bleiben.

Die moralische Ambivalenz der Unterstützung Von den unterstützenden Familienmitgliedern wird den abhängigen Kindern eine größere individuelle Verantwortung für ihre Situation zugeschrieben als den betagten Eltern. Das ist mit ein Grund, warum das Verhältnis zur Unterstützung in moralischer Hinsicht ambivalenter ist: Ist es einerseits selbstverständlich, dass man als Eltern hilft, hat man andererseits Angst, dass die Hilfe missbraucht werden könnte und die Unterstützung eher zur Verstärkung des Problems als zu seiner Lösung beiträgt.

So kann man ähnlich wie in der Sozialstaatsdiskussion (Brettschneider 2007, S. 125) fürchten, mit der Unterstützung die Passivität des Abhängigen zu fördern: weil er sich auf Hilfeleistungen verlassen kann statt sich aktiv um eine Veränderung der Situation bemühen zu müssen. Oder man kann argwöhnen, dass die Unterstützung mit Geld für Zwecke missbraucht wird, die man ablehnt und die, wie im Falle von Drogen, zu einer weiteren Verschärfung der Situation beitragen.

Anders als im ökonomischen Bereich ist Geld in der Familie nichts „Abstraktes" (Luhmann 1991, S. 188). Es ist keineswegs gleichgültig, wofür das Geld verwendet wird. Und auch die Herkunft des Geldes ist nicht ohne Bedeutung. So ließe sich zum Beispiel der Frage nachgehen,[6] ob die unterstützten Kinder ein Problem damit haben, „gutes Geld", das sie von den Eltern bekommen, für „schlechte Zwecke" auszugeben. Und ob ihnen das leichter fällt, wenn die Herkunft des Geldes illegitim ist oder das Geld aus einer Quelle stammt, mit der man nicht persönlich verbunden ist.

Im Gegensatz zu Luhmann (1991, S. 188), der meint, Geld sei „ohne Gedächtnis", weisen Forschungen auf dem Hintergrund des Konzepts der „mentalen Konten" (vgl. zusammenfassend Thiel 2011, S. 78) darauf hin, dass nicht jedes Geld gleich bewertet wird (Zelizer 1989) und je nach seiner Herkunft auch unterschiedlich verwendet wird. Dass man zum Beispiel legitimes Geld eher für legitime Güter, illegitimes Geld eher für illegitime Güter ausgibt und im einen Fall sparsamer, im andern lockerer damit umgeht (Balazs 1994, S. 22 f.; Thiel 2011, S. 80).

---

[6] Was ich leider versäumt habe.

Problematischere und unproblematischere Formen des Unterstützt-Werdens Generell scheint es den Abhängigen leichter zu fallen, mit Dienstleistungen und Gebrauchsgütern von der Familie unterstützt zu werden als mit blankem Geld, bei dem Abhängigkeit und defizitärer Status ungeschminkter zum Ausdruck kommen, die persönliche Würde stärker tangiert wird und man auch leichter in Verdacht gerät, aus eigennützigen Motiven zu handeln. Geld rückt einen stärker in die Nähe der Habgier, weil man im Unterschied zu Bedarfsgütern „mehr Geld immer gebrauchen" kann (Luhmann 1998, S. 349). Das alles macht es schwerer, eine finanzielle Unterstützung sich selbst und andern gegenüber einzugestehen.

Ist es für die alten Eltern nur schwer vorstellbar, materiell von den Kindern abhängig zu sein, scheinen manche erwerbslosen Kinder eine informelle Unterstützung durch die Eltern immer noch für das kleinere Übel zu halten als auf ein Amt zu gehen. Hier ist die Unterstützung zwar berechenbarer, aber auch weniger vertusch- und verkennbar, weil der defizitäre und diskreditierende Status quasi offiziell beglaubigt und der Betroffene direkt mit seiner Situation konfrontiert wird. Was zumindest kurzfristig mit größeren psychischen Kosten verbunden ist, als wenn man im Schlupfwinkel der Familie verbleibt.

Familiäre Hilfe als (un)verdiente Leistung Ihren alten Eltern gegenüber sind die Kinder Schuldner, weil sie früher von ihnen unterstützt worden sind. Demgegenüber schulden die Eltern den erwerbslosen Kindern nichts. Oder Schuldner ist man lediglich insoweit, als man das Gefühl hat, an der Situation des Kindes mitschuldig zu sein.

Während die alten Eltern aufgrund ihrer früheren Anhäufung von Verpflichtungskapital kein schlechtes Gewissen haben müssen, Hilfe von den Kindern anzunehmen oder im Konfliktfall sogar der Meinung sein können, ein Anrecht darauf zu besitzen, weil man lediglich zurückbekommt, was man gegeben hat, ist das bei den erwerbslosen Kindern, die Hilfe von den Eltern bekommen, anders. Sie erhalten viel mehr von den Eltern als sie ihnen jemals gegeben haben und reagieren deshalb stärker mit Schuldgefühlen (vgl. Esser 2000, S. 366 f.). In dieser Situation ist es auch schwieriger, Ansprüche auf Unterstützung geltend zu machen. Und wer sie trotzdem einfordert, riskiert als unverschämt wahrgenommen zu werden.

Dass man als Erwachsener von den Eltern unterstützt werden muss, widerspricht auch den kollektiven Vorstellungen über die Ausgestaltung der Generationenbeziehungen im Lebensverlauf, während die filiale Unterstützung alter Eltern ein normaler Bestandteil des Skripts der Generationenbeziehungen ist.

Das heißt nicht, dass es den alten Eltern leicht fällt, auf Hilfestellungen der Kinder angewiesen zu sein. Wie sehr einem die Position der Abhängigkeit Mühe bereitet, zeigt sich zum Beispiel im Bestreben, seine Unabhängigkeit so weit wie möglich zu behaupten. Etwa indem man darauf bedacht ist, den Kindern möglichst nichts schuldig zu bleiben.

Dass man dies trotz seines Verpflichtungskapitals tut, weist darauf hin, dass früher erbrachte Leistungen normalerweise nicht als Investitionen für spätere Gegenleistungen empfunden werden, sondern als selbstverständlicher Bestandteil der Eltern-Kind-Beziehung. Ins Spiel kommt das Verpflichtungskapital erst dann, wenn von den Kindern nichts kommt.

Die Logik intergenerationeller Unterstützungsbeziehungen Unterstützungsbeziehungen in der Familie sind keine einseitigen Beziehungen, die nur in einer Richtung verlaufen. Es sind Tauschbeziehungen, in denen man etwas gibt und etwas zurückbekommt et vice versa. Die Logik des Tausches ist im Handeln der Beteiligten präsent, was nicht heißt, dass sie bewusst danach handeln. Und was auch nicht heißt, dass die Logik des Tausches eine ökonomische ist.

Wenn sich die abhängigen Kinder den Eltern gegenüber schuldig fühlen, weil sie Schuldner sind, dann sind sie das weniger im ökonomischen als im symbolischen Sinne. Schuldner ist man, weil man die Eltern persönlich enttäuscht, ihnen zur Last fällt oder dem Vater „kein guter Sohn ist", auf den er stolz sein kann.

Familiale (Unterstützungs-)Beziehungen sind keine ökonomischen Beziehungen. Die Eltern geben ihren erwerbslosen Kindern nicht, um etwas dafür zu bekommen, sondern man tut, was man als Eltern in so einer Situation zu tun hat. Man unterstützt sein Kind in einer Notlage. Trotzdem ist das nur der eine Teil der Wahrheit. Denn obwohl man nicht in der Absicht gibt, etwas zu bekommen, geht man doch davon aus, dass etwas zurückkommt. Das bleibt jedoch gewöhnlich unausgesprochen und kommt erst dann zum Vorschein, wenn Reziprozitätsvorstellungen verletzt werden.

Die Erwartungen beziehen sich jedoch nicht auf Geld, sondern vor allem auf symbolische Formen der Dankbarkeit. Dass man, wie es im etymologischen Wörterbuch (Duden 1989) zu „Dankbarkeit" heißt, „Geneigtheit hervorbringt", also „sich neigt" und Anerkennung und Zustimmungsbereitschaft zeigt. So werden deviante Verhaltensweisen der Kinder von den Eltern nicht nur als Verletzung dieser oder jener Norm gesehen, sondern auch als Zeichen der Undankbarkeit: in einer Logik des „symbolischen Tauschs" (Bourdieu 1998) also, wo man zwar nicht in der Absicht gibt, etwas zu bekommen, aber insgeheim trotzdem erwartet, dass sich der Empfänger durch Anpassung erkenntlich zeigt. Und wenn die Tochter oder der Sohn sich anstrengen, ihre Situation zu verändern, hat das auch die Bedeutung einer Gegengabe. Was jedoch erst explizit und sichtbar wird, wenn es nicht dazu kommt.

Im Unterschied zum geschäftlichen Tausch im Feld der Ökonomie bleibt die Wahrheit des familialen Tausches *normalerweise* im Impliziten. So lange alles zur Zufriedenheit aller verläuft, kann sie kollektiv quasi „vergessen" werden. Und auch wenn sie ein „offenes Geheimnis" ist, unterliegt sie dem „Tabu der expliziten Formulierung" (Bourdieu 1998, S. 165) und wird von den Beteiligten gewöhnlich nicht ausgesprochen. Allerdings nicht von allen in gleichem Maße. So hat sich gezeigt, dass die alten Eltern aus dem unteren Bereich des sozialen Raumes zum Teil offener „aufrechnen" und die Realität des Tausches stärker explizit machen. Wenn man zum Beispiel Buch führt, was man von wem bekommen hat. Oder wenn man der Tochter *umgehend*, also ohne verschleierndes Zeitintervall, *Geld* für eine Leistung gibt. Trotzdem handelt es sich auch hier nicht um einen Lohn im ökonomischen Sinne, dafür wäre der Betrag viel zu klein, sondern mehr um ein symbolisches Geschenk der Anerkennung, die man in unteren Regionen des sozialen Raumes auch mit Geld zum Ausdruck bringen kann, während das in andern Milieus eher verpönt wäre. Dass es kein Lohn im ökonomischen Sinne ist, kann man unbewusst auch unterstreichen, indem man manchmal so tut, als ob das eine mit dem andern nichts zu tun hat und das Geld eher beiläufig gibt („Da hast du noch etwas").

Trotzdem wird im unteren Bereich des sozialen Raumes, wo man über einen realistischen Habitus verfügt, die „Wahrheit des Tausches" („Die weiß schon, dass ich mich revanchiere") in persönlichen Beziehungen eher ausgesprochen als in mittleren (und oberen) Regionen, wo diese Wahrheit nicht nur eher verschwiegen, sondern auch eher verkannt wird (Bourdieu 1988, S. 317). Das gilt vor allem für den kulturellen Pol des sozialen Raums, worauf etwas holzschnittartig auch Gouldner (2005, S. 112) hingewiesen hat. „Reziprozität ist die Norm der ‚realistischen' Welt der Arbeit. Ohne Gegenleistung zu nehmen und zu geben ist das Ideal außerhalb der Welt der Arbeit, die Welt der Phantasie und der Einbildung." Es ist, so Gouldner, „die Sehnsucht der ‚unrealistischen' Noch-nicht-Erwachsenen" und findet sich vor allem „in der Welt der Kunst."

Von der Sicht der familialen Tauschbeziehungen lässt sich allerdings nicht automatisch auf das Verhalten schließen. Wenn man im unteren Bereich des sozialen Raumes die Wahrheit des Tausches eher ausspricht, heißt das nicht, dass man sich auch eigennütziger verhält als in jenen Milieus, wo diese Wahrheit stärker verleugnet und verkannt wird.

Persistenz und Wandel der traditionellen Geschlechterrollen Das Verhalten der unterstützenden Familienmitglieder in den untersuchten Konstellationen belasteter Generationenbeziehungen folgt weitgehend dem Muster geschlechtsspezifischer Zuständigkeiten. „Tension Management" (Tyrell 2008, S. 322) und „Caring" sind

Aufgaben, die primär von Frauen wahrgenommen und auch erwartet werden (vgl. u. a. Perrig-Chiello et al. 2008, S. 184 f.). Es sind vor allem die Frauen, die für familiäre Angelegenheiten verantwortlich sind und sich für familiäre Probleme auch verantwortlich fühlen.

Die Unterschiede sind Ausdruck der Persistenz eines traditionellen geschlechtsspezifischen Habitus, der insbesondere in tieferen Regionen des sozialen Raumes ausgeprägt ist. Zudem können in Situationen einer familiären Krise herkömmliche Muster eines geschlechtsspezifischen „Modus operandi" auch dort wieder verstärkt zum Tragen kommen, wo man sie *diskursiv* bereits überwunden glaubte.

Allerdings können als Folge der Krise auch Konstellationen denkbar werden, in denen die herkömmlichen geschlechtsspezifischen Muster außer Kraft gesetzt sind. Wenn zum Beispiel ein Sohn dauerhaft nicht auf eigenen Füßen stehen kann und in der Betreuung der alten Eltern eine Aufgabe findet, die ihm das Gefühl vermittelt, nicht wertlos, sondern zu etwas nütze zu sein. Das Verhalten der Geschlechter ist immer auch abhängig von relationalen Gegebenheiten und nicht allein das mechanische Resultat eines geschlechtsspezifischen Habitus (vgl. Karrer 1998, S. 35).

Wobei sich der geschlechtsspezifische Habitus in den vergangenen Jahrzehnten auch verändert hat, vor allem bei den Frauen, die nun vermehrt einen Anspruch auf ein eigenes Leben haben, auch jenseits von Mann und Familie (Beck 1986). Die befragten jungen Frauen zum Beispiel vertrauen nicht einfach auf die Absicherung durch einen Ehemann, sondern möchten sich ihre eigene Basis für eine unabhängige Existenz schaffen.

Die Koexistenz von Beharrung und Veränderung, von „herkömmlichen" und „neuen" Mustern führt zu Formen eines ambivalenten Habitus, in dem „Dasein für andere" und „Anspruch auf ein eigenes Leben" ein unauflösbares Spannungsfeld bilden, das in einer Konfiguration wie der filialen Pflege besonders stark aufgeladen ist, wie wir gesehen haben. Vor allem dann, wenn sich die Erwartungen der Eltern stark an den herkömmlichen Geschlechterrollen orientieren.

Auf diesem Hintergrund ist in der Untersuchung nicht nur sichtbar geworden, wie stark die traditionelle Geschlechterordnung im Habitus und im Handeln der Frauen präsent ist, sondern auch wie sehr sie auf ihnen lastet.

Die Last der persönlichen Zurechnung In beiden familialen Konstellationen fällt auf, wie stark die Wahrnehmung der familiären Beziehungen durch eine Semantik der Schuld, des Ungenügens und des Versagens geprägt ist, vor allem bei den Frauen.

Die Ergebnisse entsprechen der getroffenen Annahme, dass familiäre Beziehungen aufgrund ihrer Personenzentriertheit eine individuelle Zurechnung von

Problemen in besonderem Maße nahe legen, während strukturelle Zusammenhänge eher aus dem Blickfeld geraten. Was auch eine Bearbeitung von intergenerationellen Konflikten erschwert.

Die Mechanismen der „personalen Attribution" werden verstärkt durch eine ausgeprägte Moralisierung, die, über die erwähnten Kosten der Unterstützung hinaus, ein weiteres Moment bildet, das auf den intergenerationellen Beziehungen lastet. Der moralische Druck kann manchmal sogar belastender sein als alle materiellen und zeitlichen Beanspruchungen. Weil er die ganze Person und ihre Integrität betrifft. Und weil man diesen Druck dauerhaft mit sich herumträgt. Er kann auch dann noch spürbar sein, wenn es die intergenerationelle Beziehung, aus dem er entstanden ist, nicht mehr gibt. So kann man sich noch lange nach dem Tod der Eltern damit quälen, ob man denn alles richtig gemacht hat und ob es vielleicht nicht doch möglich gewesen wäre, mehr zu tun. Und Schuldgefühle können auch deshalb hochkommen, weil der Tod der Eltern, die man gepflegt hat, nicht nur mit Schmerz, sondern auch mit Entlastungen verbunden ist.

„Die Scham ist vorbei" – ein Einschub

Die Erfahrungen sind in beiden Konfigurationen generell stark durch Scham- und Schuldgefühle geprägt. Solche Gefühle können aus einer individuumszentrierten Perspektive, die vor allem im sozio-kulturellen Bereich des sozialen Raumes vorherrscht, als etwas Negatives wahrgenommen und den Betroffenen als Ich-Schwäche zugerechnet werden: weil man nicht (aufrecht) zu dem steht, was ist, sondern sich (gebückt)[7] von äußeren Maßstäben und „Rollenzumutungen" beeinflussen lässt. Eine Sicht, die ein 68er Slogan, den Mary Douglas zitiert (2004, S. 227), radikal zugespitzt hat: „La honte est contre-révolutionnaire".

„Die Philanthropen sind sehr moralistisch", wie Bourdieu (2014, S. 627) bemerkt hat. Das trägt dazu bei, dass oftmals gerade zu jenen Menschen die größte *persönliche* Distanz besteht, mit denen man sich *politisch* am meisten solidarisiert. Und bei den Betroffenen kann es dazu führen, dass man sich doppelt abgewertet fühlt und seine Schuldgefühle und seine Scham versteckt, um sie nicht (auch noch) der Beschämung auszusetzen.

Unterschiedliche Machtchancen und Grenzen der Machtausübung Sich um ein Kind oder um die Eltern zu kümmern ist ein Akt der familialen Solidarität und Verbundenheit, der leicht vergessen machen kann, dass damit auch ein Machtverhältnis verbunden ist. Und wenn die Abhängigkeit des Unterstützten sich in Dankbarkeit und Zuneigung für den Unterstützer äußert, kann es zu einer eigentlichen

---

[7] Der Körper ist ein Analogienlieferant bei der Wahrnehmung und Beschreibung gesellschaftlicher Beziehungen (vgl. Bourdieu 1988, 1992, S. 82).

Verkennung der Machtbeziehung kommen. Was allerdings nur so lange anhält, wie es nicht zu Interessenkonflikten kommt.

Das Machtverhältnis zwischen Unterstützenden und Unterstützten beruht auf der ungleichen Möglichkeit, sich aus der „Kooperation" zurückziehen und unabhängig voneinander leben zu können (Luhmann 2012, S. 63).

Die pflegebedürftigen „Alten" sind abhängiger von der Hilfe ihrer Kinder als die erwerbslosen „Jungen" von der Hilfe ihrer Eltern. Oder etwas salopp ausgedrückt: die kranken Eltern wären bei einer Aufkündigung der Unterstützung in der Regel stärker aufgeschmissen als die abhängigen Jungen. Das verleiht den Unterstützenden unterschiedliche Machtchancen: Während die Eltern aufgrund ihres Machtzuwachses lediglich in vermehrtem Maße beanspruchen können, auf Verhaltensweisen der Kinder Einfluss zu nehmen, können die helfenden Töchter und Söhne bis zu einem gewissen Grad das Schicksal des Elternteils kontrollieren („Dann musst du halt ins Altersheim").

Auch ihrer Macht sind allerdings Grenzen gesetzt. So kann man die Eltern nicht gegen ihren Willen zu einem Heimeintritt zwingen. Oder nur unter ganz bestimmten Umständen: wenn sie nicht mehr urteils- und handlungsfähig sind, sich selbst gefährden und Hilfestellungen wie Pflege- oder Mahlzeitendienst nicht mehr ausreichen. In diesem Fall kann man mit der Zustimmung und der Hilfe von Hausarzt und Vormundschaftsbehörde eine Heimeinweisung veranlassen (Noser 2011). Der Einleitung eines „fürsorgerischen Freiheitsentzugs" gegenüber den eigenen Eltern steht jedoch ein extremer moralischer Druck entgegen, der vom sozialen Umfeld oftmals noch verstärkt wird. So kann es sein, dass man (theoretisch) zwar die Macht hätte, (faktisch) aber nicht in der Lage ist, sie auch wahrzunehmen. Wodurch man in eine Situation der Unentschiedenheit gerät, in der man etwas ratlos herumlaviert.

In beiden Konstellationen verfügen die Unterstützenden den Abhängigen gegenüber über Machtmöglichkeiten. Die Ausschöpfung dieser Möglichkeiten ist aber aufgrund der engen verwandtschaftlichen[8], persönlichen und moralischen Bindungen erschwert. Im Rückgriff auf Moral („schließlich bist du meine Mutter") besitzen die Abhängigen ein wirksames Mittel, mit dem sie ihren Interessen Nachachtung verschaffen können. Das ist vor allem bei den alten Eltern der Fall, die über viel Verpflichtungskapital verfügen und aufgrund ihrer „generativen Autorität" den Kindern auch mit Anerkennungsentzug drohen können. Wobei solche Drohungen nur deshalb wirksam sind, weil die Klassifikationen, auf denen der Anerkennungsentzug beruht, auch im Habitus der Kinder wirksam sind.

---

[8] „Die verwandtschaftliche Beziehung begrenzt den Machtanspruch und bindet die Unterwerfungsbereitschaft an bestimmte überkommene Muster" (Popitz 1992, S. 256).

In solchen Auseinandersetzungen wird sichtbar, dass es sich bei den intergenerationellen Beziehungen in der Familie nicht nur um Solidar-, sondern auch um Kampfbeziehungen handelt, wo jeder versucht, seine Interessen gegen jene des Kontrahenten durchzusetzen und die Trümpfe ins Spiel wirft, die ihm zur Verfügung stehen.

Macht und Thematisierung Bezeichnet Luhmann (1990, S. 203) die Familie allgemein als Ort mit „enthemmter Kommunikation", so machen unsere Ergebnisse deutlich, dass vom Machtverhältnis zwischen den familialen Generationen abhängt, was gegenüber wem thematisiert werden kann.

In der ersten Konstellation sind es die abhängigen Kinder, die den Fragen der Eltern ausgesetzt sind. In der zweiten Konstellation hat sich das Machtverhältnis zugunsten der Töchter und Söhne verändert. Nun sind sie es, die über eine größere Thematisierungsmacht verfügen, die auch vor intimen körperlichen Vorgängen nicht Halt macht. Und es sind die Eltern, die unter Beobachtung stehen und sich Fragen ausgesetzt sehen, die man früher als ziemlich ungehörig empfunden hätte.

Ausfragen ist eine Funktion von Macht. Und vom Machtverhältnis hängt auch ab, inwieweit Kommunikationstabus in der Familie beansprucht und durchgesetzt werden können. Während das für heranwachsende Kinder ihren Eltern gegenüber nur schwer möglich ist, sind die Eltern eher in der Lage, über unangenehme Dinge einen Schleier des Schweigens zu legen. Als der Vater eines Befragten kurz vor der Pensionierung seine Stelle verloren hat, ist das nicht nur gegen außen kaschiert worden. Auch mit den Kindern haben die Eltern nicht darüber gesprochen, weshalb der Sohn bis heute nicht sagen kann, was damals genau passiert ist.

Die Auswirkungen der Unterstützung auf die gesamte Familie Die Fokussierung auf dyadische Generationenbeziehungen sollte nicht vergessen machen, dass die Situation der intergenerationellen Unterstützung Auswirkungen auf die ganze Familie hat. Durch die Unterstützung erweist sich die Familie auch in schwierigen Zeiten als „Familie", was vor allem im Fall der filialen Pflege als Mittel der familialen Außendarstellung genutzt werden kann.

Auswirkungen hat die Situation der Unterstützung auch auf die Beziehungskonstellationen in der Familie und die damit verbundenen Koalitionen. Akteure, die vorher eher eine marginale Position hatten, können nun stärker werden. Und vormals spielstärkere können an Einfluss verlieren. Wer sich nahe gestanden hat, kann aus- und aneinandergeraten, während vormals Entfernte näher zusammenrücken. Und entstehen können auch neue Konfliktlagen, die sichtbar machen, dass das familiale Feld auch ein Kampffeld ist.

Übernimmt eine Tochter die (Haupt-)Verantwortung für die Pflege, kann das die Geschwister entlasten, aber auch ihren Argwohn wecken, ob sich die Schwester vielleicht nicht doch deshalb so abmüht, um beim Erbe bevorzugt zu werden. Während die Helfende selbst das Gefühl haben kann, von den Geschwistern ausgenutzt zu werden.

Und unterstützen die Eltern einen Sohn, wie im Fall der Familie Totti, kann das Geld sein, das der Tochter abgeht und bei ihr zu einem Gefühl der Benachteiligung führen. Das ist vor allem dann der Fall, wenn die finanziellen Mittel knapp sind und die Tochter selbst nur mit Mühe und Not über die Runden kommt. So sagt die 34-jährige Frau Totti im Interview nicht: „Die Eltern zahlen ihn". Sie sagt: „Wir zahlen ihn". Was sie umso mehr ärgert, als ihr Bruder nichts unternimmt und sich einfach unterstützen lässt, während sie gegen all ihre Schwierigkeiten immer angekämpft hat und sich höchst selten mal Geld von der Mutter „geliehen hat".

Das hat mit dazu beigetragen, dass aus einem engen Verhältnis zu ihrem Bruder ein höchst ambivalentes Verhältnis geworden ist, das sie geradezu klassisch auf den Punkt bringt: „Ich liebe meinen Bruder über alles, aber ich komme mit ihm nicht klar, ich ertrage ihn einfach nicht."

7.3   Das Verhältnis der Generationen in der Familie

Die Wahrnehmung der intergenerationellen Beziehung Die Eltern im mittleren Alter thematisieren im Interview Probleme und Konflikte mit den Kindern offener als die betagten Eltern, die eher dazu neigen, das Verhältnis etwas zu schönen und es manchmal als einträchtiger und ungetrübter darzustellen als es aus Sicht der Kinder ist. Neben lebensphasenspezifischen Einflüssen hängt dieser Unterschied vermutlich auch damit zusammen, dass die Eltern im mittleren Alter viel weniger von den Kindern abhängig sind. Und aufgrund von anderen gesellschaftlichen Erfahrungen sind sie auch weniger einer Vorstellung der „heilen Familie" verhaftet.

Gesamthaft gesehen nehmen die befragten Kinder das Verhältnis zu den Eltern in beiden Konstellationen ambivalenter wahr als die Eltern ihr Verhältnis zu den Kindern. Das entspricht auch der Annahme von Merton und Barber (1963), dass Ambivalenz da besonders ausgeprägt ist, wo man in einer dauerhaften Beziehung zu einer Autoritätsperson steht. Wobei die Ambivalenz bei jenen Töchtern und Söhnen am größten ist, die sich um ihre alten Eltern kümmern. Sie befinden sich in einer mittleren Lebensphase, in der multiple Mitgliedschaften und Positionen häufig sind und die Valenzen, die in der Beziehung zu den Eltern zum Tragen kommen, einander am stärksten entgegenlaufen. Ein besonders ambivalentes Verhältnis zu den betagten Eltern haben die Töchter (Wilsons et al. 2003), die stärker als die Söhne in die familiären Beziehungen eingebunden sind. Weshalb es wohl auch nicht zufällig ist, dass die stärksten Bedenken nach der Befragung von ihnen geäußert wurden.

Physische Nähe und Generationenbeziehungen Physische Nähe ist nicht zwangsläufig mit sozialer Nähe verbunden. Man kann „Seite an Seite und doch in unterschiedlichen Welten leben" (Blumer 2013, S. 76; Simmel 1992, S. 688). Das gilt auch für die Familie und das Verhältnis zwischen den Generationen. Ist man zudem, wie im Falle der abhängigen erwachsenen Kinder, an einen Ort gebunden, den man lieber verlassen möchte, kann die räumliche Nähe zu den Eltern mit ausgeprägten Spannungen verbunden sein.

Andererseits kann eine räumliche Trennung zu einer Entspannung der familialen Generationenbeziehungen beitragen. Die pflegenden Kinder äußern sich erleichtert darüber, dass ihre Präsenz bei den Eltern zeitlich befristet ist und sie die Möglichkeit haben, den Ort immer wieder zu verlassen. Auch wenn das nicht heißt, dass sie damit alles hinter sich lassen können. Dem entspricht der Befund von Steinbach und Kopp (2010, S. 112), dass die Wohnentfernung einen entlastenden Effekt auf die Generationenbeziehungen hat. Und es macht verstehbar, warum Differenzen, die durch die räumliche Distanz an Bedeutung verloren hatten, wieder virulent und konfliktträchtig werden, wenn man in der gleichen Wohnung lebt.

In beiden Konstellationen scheint die räumliche Nähe für die Kinder ein größeres Problem zu sein als für die Eltern. Weil die Führung eines „eigenen Lebens" ihres Zuschnitts, bei dem im Falle der Jungen auch noch einiges auszuprobieren und zu erkunden ist, *stärker* von einem räumlichen Abstand abhängt.

Konzepte familialer Generationenbeziehungen Während die Befragten im mittleren Alter die Generationenbeziehungen eher individuumszentriert sehen, ist das Konzept intergenerationeller Beziehungen, das die Älteren vertreten, stärker familienzentriert.

Das individuumszentrierte Konzept betont die Autonomie der verschiedenen familialen Generationen: „Jedes hat sein Leben". In diesem Sinne meint eine Befragte über das Verhältnis der Eltern zu den Kindern: „Gehen lassen: ganz eine wichtige Aufgabe. (…) Selber zufrieden weiter leben. Also dass die Kinder nicht noch zuständig sind für das Glück der Eltern. Das finde ich eines der schönsten Geschenke, das man den Kindern machen kann." Damit ist nicht gemeint, dass jeder nur für sich schaut. Man hilft, wenn es nötig ist, aber nur so weit es möglich, das heißt, mit dem eigenen Leben vereinbar ist. Und man hilft nicht, weil man muss, sondern weil man will.

Die alten Eltern vertreten keine völlig entgegengesetzte Position, sondern sind in dieser Frage eher ambivalent. Einerseits anerkennen auch sie, dass die Kinder ihr eigenes Leben haben. „Es hat jedes sein Leben und seinen Haushalt." Und trotzdem ist die Erwartung da, „dass sie da sind, wenn man sie braucht." Was bis zu einem dezidiert familialistischen Modell der gegenseitigen Verpflichtung gehen kann, das die Kinder in der Pflicht sieht, „für die Eltern da zu sein", wie die Eltern „für die Kinder da gewesen sind."

Diese unterschiedlich nuancierten Konzepte intergenerationeller Beziehungen können zunächst als Ausdruck verschiedener lebensgeschichtlicher Bedingungen und Prägungen verstanden werden, die Nachkriegsgenerationen stärker individuumszentriert und Vorkriegsgenerationen stärker familien- und pflichtorientiert denken lassen. Was nicht heißt, dass Pflicht- und Akzeptanzwerte bei den „Jüngeren" verschwunden und gesellschaftliche Individualisierungsprozesse an den „Älteren" völlig spurlos vorbeigegangen sind.

Entscheidender scheint mir jedoch die Position in der Generationenfiguration und die damit verbundene Interessenlage zu sein. Während die alten Eltern auf Unterstützung angewiesen sind und stärker den Verpflichtungscharakter intergenerationeller Beziehungen betonen, müssen die mittleren Altersgruppen die Last der Unterstützung tragen, weshalb sie ein stärkeres Interesse an der Betonung der Eigenständigkeit haben.

Und wenn die Jungen, wie Perrig-Chiello et al. (2008, S. 181 f.) berichten, eher wieder ein Konzept der Familienpflege vertreten, ließe sich das u. a. damit erklären, dass für sie alles noch weit weg liegt und eine solche Einstellung mit keinen unmittelbaren „Kosten" verbunden ist.

Näher zu untersuchen wäre, wie sich „Konzepte der Generationenbeziehungen", die hier nur ansatzweise skizziert werden konnten, im Laufe des Lebens ändern und der jeweiligen Interessenlage angepasst werden können. Und zu fragen wäre auch, inwieweit solche Vorstellungen von der Position im sozialen Raum beeinflusst werden. Trommsdorff und Mayer (2011, S. 353) haben zum Beispiel darauf hingewiesen, dass „die utilitaristisch-normativen Erwartungen an die Nachkommen" höher sind, wenn das Wohlstandsniveau gering ist.

7.4   Die situative Neudefinition von Verwandtschaftsbeziehungen

Die Untersuchung hat gezeigt, welch große Bedeutung den primären Verwandtschaftsbeziehungen in existentiellen Krisensituationen zukommt. Das heißt allerdings nicht, dass das genealogische Verhältnis allein entscheidend ist. Eine verwandtschaftliche Beziehung wird, wie wir gesehen haben, konkret erst in der Praxis konstituiert. Je nach Interessenlage, also wie interessiert man selbst und wie stark von Interesse die andern sind, kann eine verwandtschaftliche Beziehung auch umdefiniert und Erwartungen, die üblicherweise nur die Kernfamilie betreffen, auf weitere Verwandte ausgedehnt werden (vgl. auch Lévi-Strauss und Lamaison 1987).

So sagt Frau Schneider, die fast keinen Kontakt mehr zu ihrer Tochter hat: Die Frau ihres Sohnes sei für sie „wie eine eigene Tochter" geworden, weil sie sich immer „wie eine Tochter" um sie gekümmert habe. Indem sie die Schwiegertochter zur Tochter macht, kann sie den „Verlust" der leiblichen Tochter teilweise kompensieren. Und sie bringt damit nicht nur zum Ausdruck, wie sehr sie die erhaltene Unterstützung schätzt, sondern bekräftigt auch ihren Fortbestand.

Frau Weber wiederum, deren Tochter weit entfernt wohnt, überträgt die Hilfserwartungen vor allem auf ihre Nichte. Was sie ihr gegenüber damit begründet, dass sie früher ihrem Vater auch viel geholfen habe: „also kannst du mir heute auch helfen."

Diese Argumentation ist auch deshalb bemerkenswert, weil Reziprozitätserwartungen an eine andere Person gerichtet sind als die, die direkt bekommen hat. Die „Schulden" des (verstorbenen) Bruders werden interessebedingt auf seine Nachkommen übertragen. Und an die Stelle der aus Sicht der Geberin (G) nicht realisierten Gegenseitigkeit („$G \rightarrow Bruder \rightarrow G$") tritt nun eine Form des „verallgemeinerten Tauschs" (Lévi-Strauss 1993), in den eine dritte Person einbezogen ist: „$G \rightarrow Bruder \rightarrow Nichte \rightarrow G$". Die Nichte ist es nun, die die aufgeschobene Reziprozität herstellen soll, obwohl sie selbst lediglich indirekt, vermittelt über ihren Vater, bekommen hat.

Der Rückgriff auf Formen einer „verallgemeinerten Reziprozität" hat den Vorteil, dass der Kreis der Personen, an die man Versorgungserwartungen stellen kann, erweitert wird. Wobei es allerdings für das Zustandekommen einer Unterstützungsbeziehung das Einverständnis beider Seiten braucht. So kann der Teil, der stärker in die Pflicht genommen werden soll, solche Ansprüche als illegitim zurückweisen und sich auf die herkömmliche Praxis familialer Hilfe berufen.

Möglicherweise werden solche Neudefinitionen von Verwandtschaftsbeziehungen und die Berufung auf erweiterte Formen der Reziprozität in Zukunft zunehmen, weil die Zahl jener steigt, die im Alter über keine Kinder als Unterstützungsressource verfügen (Perrig-Chiello et al. 2008, S. 69) und deshalb auf weitere Verwandte zurückgreifen müssen. Oder aber auf Freunde, die man sich verwandt machen kann, indem man eine Art Familienverhältnis konstruiert (Saraceno 2009, S. 126). Womit man nicht nur die besondere Bedeutung und Nähe der Beziehung unterstreichen („Sie ist wie eine Schwester"), sondern auch versuchen kann, ihr jene selbstverständliche Verlässlichkeit und Dauerhaftigkeit zu vermitteln, die man mit „Familie" verbindet. Ungeachtet dessen, dass die familiale Wirklichkeit manchmal ganz anders aussehen kann.

7.5 Familieneffekte

Auch wenn „Familie" ein Wort ist, hinter dem sich verschiedene familiale Realitäten verbergen und es *die* Familie genaugenommen nicht gibt, ist sie als kognitive und performative Kategorie im Handeln der Menschen präsent und wirksam, selbst im Handeln von jenen, die ohne jede Familie sind. Als Sehnsucht oder als Schrecken, als Anspruch, dem man mit Stolz genügt oder an dem man immer wieder scheitert. Vor allem aber als spezifischer „Modus operandi", der die Beziehungen zwischen Eltern und Kindern prägt, wie immer diese gestaltet und begründet sein mögen. Ambivalente, doppelgesichtige Beziehungen, die jedoch keine utilitaristischen Beziehungen im ökonomischen Sinne sind, obwohl der „Wurm der Berechnung" auch sie befallen kann.

Beziehungen an denen es nichts zu idealisieren gibt, die in ihrer ganzen Ambivalenz aber auch deutlich machen, dass in unserer Gesellschaft noch andere Formen des Handelns und Miteinanders möglich sind als jene des berechnenden Eigennutzes, die ihre Apologeten gern als in der Natur des Menschen liegend bezeichnen. Formen eines nicht-ökonomischen Modus operandi, die nicht deshalb bestehen, weil Menschen sich dafür entschieden haben. Sondern weil es soziale Universen gibt, die eher nach Maßgabe der Uneigennützigkeit als des Nutzenkalküls funktionieren (vgl. Bourdieu 1998, S. 155), und Akteure, die aufgrund ihres Habitus disponiert sind, sich dieser Logik gemäß zu verhalten.

Formen sozialer Beziehungen, in denen mit Achtungsverlust rechnen muss, wer sie wie Geschäftsbeziehungen handhabt. Und in denen mit (symbolischen) Gewinnen belohnt wird, wer sich desinteressiert am eigenen Gewinn zeigt und ohne Berechnung gibt, auch wenn, falls nichts zurückkommt, sich *nachträglich* doch zeigen sollte, dass Reziprozitätserwartungen mit im Spiel waren. Was jedoch weniger dem Gebenden angelastet wird als dem undankbaren Empfänger.

Literatur

Bachelard, Gaston (1987) [1957]. *Poetik des Raumes*. Frankfurt am Main: Fischer
Balazs, Gabrielle (1994). Backstreets. Le marché de la prostitution. *Actes de la Recherches en sciences sociales 104*, 18–25

Beck, Ulrich (1986). *Risikogesellschaft. Auf dem Weg in eine andere Moderne*. Frankfurt am Main: Suhrkamp

Beck, Ulrich, Vossenkuhl, Wilhelm, Ziegler Ulf E. & Rautert, Timm (1995). *Eigenes Leben. Ausflüge in die unbekannte Gesellschaft, in der wir leben*. München: C. H. Beck

Blumer, Herbert (2013). *Symbolischer Interaktionismus. Aufsätze zu einer Wissenschaft der Interpretation*. Berlin: Suhrkamp

Bourdieu, Pierre (1988) [1979]. *Die feinen Unterschiede*. Frankfurt am Main: Suhrkamp

Bourdieu, Pierre (1992). *Die verborgenen Mechanismen der Macht*. Hamburg: VSA-Verlag

Bourdieu, Pierre (1993) [1980]. „Jugend" ist nur ein Wort. In: Bourdieu, Pierre, *Soziologische Fragen* (S. 136–146). Frankfurt am Main: Suhrkamp

Bourdieu, Pierre (1998). *Praktische Vernunft. Zur Theorie des Handelns*. Frankfurt am Main: Suhrkamp

Bourdieu, Pierre (2001). *Meditationen. Zur Kritik der scholastischen Vernunft*. Frankfurt am Main: Suhrkamp

Bourdieu, Pierre (2014). *Über den Staat. Vorlesungen am Collège de France 1989–1992*. Berlin: Suhrkamp

Brettschneider, Antonio (2007). Die Rückkehr der Schuldfrage. Zur politischen Soziologie der Reziprozität im deutschen Wohlfahrtsstaat. In: Marten, Carina & Scheuregger, Daniel (Hrsg.), *Reziprozität und Wohlfahrtsstaat. Analysepotential und sozialpolitische Relevanz* (S. 111–145). Opladen: Verlag Barbara Budrich

Dallinger, Ursula (1998). Der Konflikt zwischen familiärer Pflege und Beruf als handlungstheoretisches Problem. *Zeitschrift für Soziologie 2*, 94–112

Douglas, Mary (1985) [1966]. *Reinheit und Gefährdung. Eine Studie zu Vorstellungen von Verunreinigung und Tabu*. Berlin: Dietrich Reimer Verlag

Douglas, Mary (2004) [1970]. *Ritual, Tabu und Körpersymbolik*. Frankfurt am Main: S. Fischer Verlag

Duden (1989). *Das Herkunftswörterbuch. Etymologie der deutschen Sprache*. Mannheim/Wien/Zürich: Dudenverlag

Esser, Hartmut (2000). *Soziologie. Spezielle Grundlagen. Bd. 3: Soziales Handeln*. Frankfurt/New York: Campus

Esser, Hartmut (2000a). *Soziologie. Spezielle Grundlagen. Bd. 4: Opportunitäten und Restriktionen*. Frankfurt/New York: Campus

Gouldner, Alvin (2005). Etwas gegen nichts. Reziprozität und Asymmetrie. In: Adloff, Frank, & Mau, Steffen (Hrsg.), *Vom Geben und Nehmen. Zur Soziologie der Reziprozität* (S. 109–123). Frankfurt am Main: Campus

Hagestad, Gunhild O. (2009). Interdependent lives and relationships in changing times: al life course view of families and aging. In: Heinz, Walter R., Huinink, Johannes, & Weymann, Ansgar (Hrsg.) (2009). *The Life Course Reader. Individuals and Societies across Time* (S. 397–421). Frankfurt am Main: Campus

Karrer, Dieter (1998). *Die Last des Unterschieds. Biographie, Lebensführung und Habitus von Arbeitern und Angestellten im Vergleich* (2. Aufl. 2000). Wiesbaden: Westdeutscher Verlag

Lévi-Strauss, Claude (1993) [1949]. *Die elementaren Strukturen der Verwandtschaft*. Frankfurt am Main: Suhrkamp

Lévi-Strauss, Claude, & Lamaison, Pierre (1987). „La notion de maison". *Terrain numéro 9, 34–39*

Lewin, Kurt (1982) [1951]. *Feldtheorie.* Werkausgabe Bd. 4. Hrsg. Carl-Friedrich Grau-mann. Bern: Huber und Stuttgart: Klett-Cotta

Luhmann, Niklas (1990). *Soziologische Aufklärung 5.* Konstruktivistische Perspektiven. Opladen: Westdeutscher Verlag

Luhmann, Niklas (1991). *Soziologie des Risikos.* Berlin/New York: Walter de Gruyter

Luhmann, Niklas (1998). *Die Gesellschaft der Gesellschaft. Zwei Bände.* Frankfurt am Main: Suhrkamp

Luhmann, Niklas (2012). *Macht im System.* Berlin: Suhrkamp

Merton Robert K. & Barber E. (1963). Sociological Ambivalence. In: Tiryakian, A. (Hrsg.), *Sociological Theory: Values and Sociocultural Change* (S. 91–120). New York: Free Press

Noser, Walter (2011). Kann ich Mutter zwingen, ins Heim zu ziehen? *Beobachter Ausgabe 2*

Perrig-Chiello, Pasqualina, Höpflinger, François, & Suter, Christian (2008). *Generationen – Strukturen und Beziehungen. Generationenbericht Schweiz.* Zürich: Seismo Verlag

Popitz, Heinrich (1992). *Phänomene der Macht.* Tübingen: J. C. B. Mohr (Paul Siebeck)

Saraceno, Chiara (2009). The Impact of Aging on Intergenerational Family Relationships in the Context of Different Family and Welfare Regimes. In: Kocka, Jürgen, Kohli, Mar-tin & Streeck, Wolfgang (Hrsg.), *Altern: Familie, Zivilgesellschaft, Politik. Altern in Deutschland Band 8* (S. 115–133). Stuttgart: Wissenschaftliche Verlagsgesellschaft

Simmel, Georg (1992) [1908]. *Soziologie. Untersuchungen über die Formen der Vergesell-schaftung.* Gesamtausgabe Bd. 11. Frankfurt am Main: Suhrkamp

Steinbach, Anja, & Kopp, Johannes (2010). Determinanten der Beziehungszufriedenheit. Die Sicht erwachsener Kinder auf die Beziehungen zu ihren Eltern. In: Ette, Andreas, Ruckdeschel, Kerstin, & Unger, Rainer (Hrsg.), *Potenziale intergenerationaler Bezie-hungen* (S. 95–117). Würzburg: Ergon

Thiel, Christian (2011). *Das „bessere" Geld. Eine ethnographische Studie über Regional-währungen.* Wiesbaden: Verlag für Sozialwissenschaften

Tyrell, Hartmann (2008). *Soziale und gesellschaftliche Differenzierung. Aufsätze zur sozio-logischen Theorie.* Wiesbaden: Verlag für Sozialwissenschaften

Trommsdorff, Gisela & Mayer, Boris (2011). Intergenerationale Beziehungen im Kulturver-gleich. In: Bertram, Hans & Ehlert, Nancy (Hrsg.), *Familie, Bindungen und Fürsorge. Familiärer Wandel in einer vielfältigen Moderne* (S. 349–379). Opladen & Farmington Hills: Verlag Barbara Budrich

Wilsons Andrea E. & Shuey Kim M. & Elder Glen H. (2003). Ambivalence in the Relation-ship of Adult Children to Aging Parents and In-Laws. *Journal of Marriage and Family 65*, 1055–1072

Zelizer, Viviana A. (1989). The social meaning of money: „special monies". *American Jour-nal of Sociology 2*, 342–377

Anhang: Diagramme

© Springer Fachmedien Wiesbaden 2015
D. Karrer, *Familie und belastete Generationenbeziehungen,*
DOI 10.1007/978-3-658-06878-3

Diagramm 1: Der Raum der sozialen Positionen

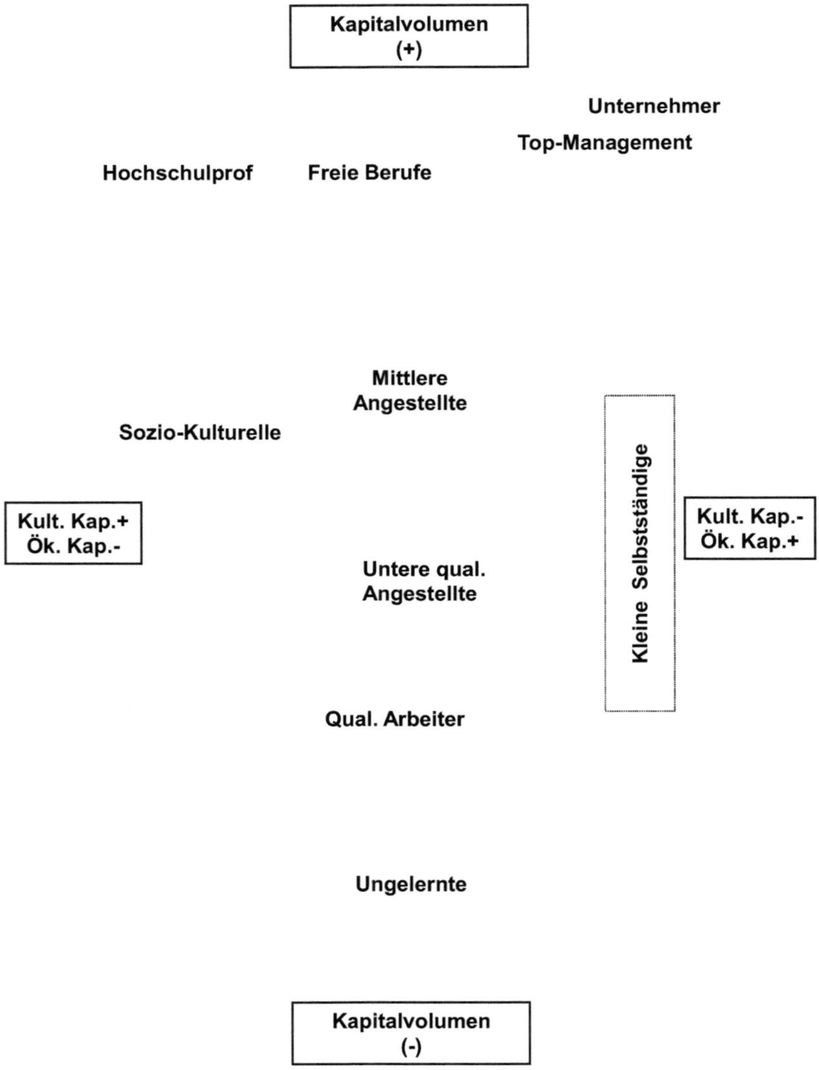

```
                        ┌─────────────────────────┐
                        │    Kapitalvolumen        │
                        │          (+)             │
                        └─────────────────────────┘

                                                    Unternehmer
                                            Top-Management

        Hochschulprof        Freie Berufe




                                     Mittlere
                                     Angestellte
                Sozio-Kulturelle
                                                            ┌────────────────┐
                                                            │                │
    ┌─────────────┐                                         │   Kleine       │    ┌─────────────┐
    │ Kult. Kap.+ │                                         │   Selbstständige│   │ Kult. Kap.- │
    │ Ök. Kap.-   │                                         │                │    │ Ök. Kap.+   │
    └─────────────┘              Untere qual.               │                │    └─────────────┘
                                 Angestellte                │                │
                                                            └────────────────┘

                              Qual. Arbeiter




                              Ungelernte


                        ┌─────────────────────────┐
                        │    Kapitalvolumen        │
                        │          (-)             │
                        └─────────────────────────┘
```

Diagramm 2: Die Position der Eltern der erwerbslosen Kinder im sozialen Raum

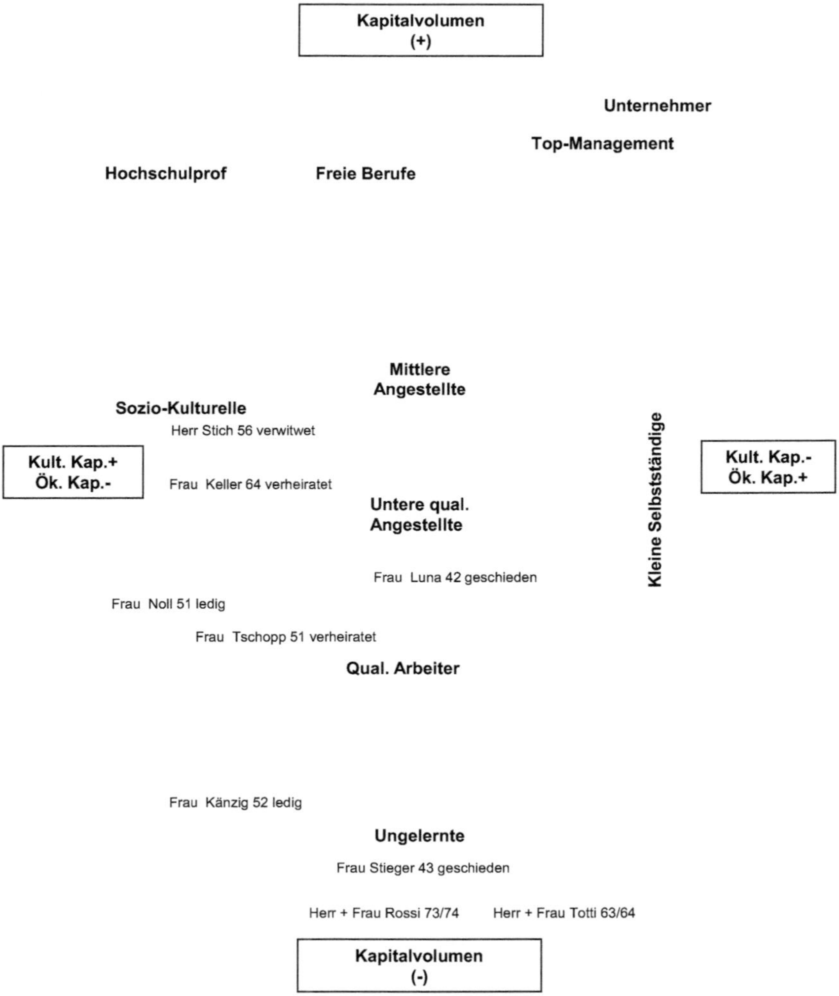

┌─────────────────────────┐
│   **Kapitalvolumen**   │
│   **(+)**   │
└─────────────────────────┘

Unternehmer

Top-Management

Hochschulprof   **Freie Berufe**

Mittlere
Angestellte

Sozio-Kulturelle

Herr Stich 56 verwitwet

┌──────────────┐   **Kleine Selbstständige**   ┌──────────────┐
│ **Kult. Kap.+** │   │ **Kult. Kap.-** │
│ **Ök. Kap.-** │   Frau Keller 64 verheiratet   │ **Ök. Kap.+** │
└──────────────┘   └──────────────┘

Untere qual.
Angestellte

Frau Luna 42 geschieden

Frau Noll 51 ledig

Frau Tschopp 51 verheiratet

Qual. Arbeiter

Frau Känzig 52 ledig

Ungelernte

Frau Stieger 43 geschieden

Herr + Frau Rossi 73/74   Herr + Frau Totti 63/64

┌─────────────────────────┐
│   **Kapitalvolumen**   │
│   **(-)**   │
└─────────────────────────┘

Diagramm 3: Die Position der pflegebedürftigen Eltern im sozialen Raum

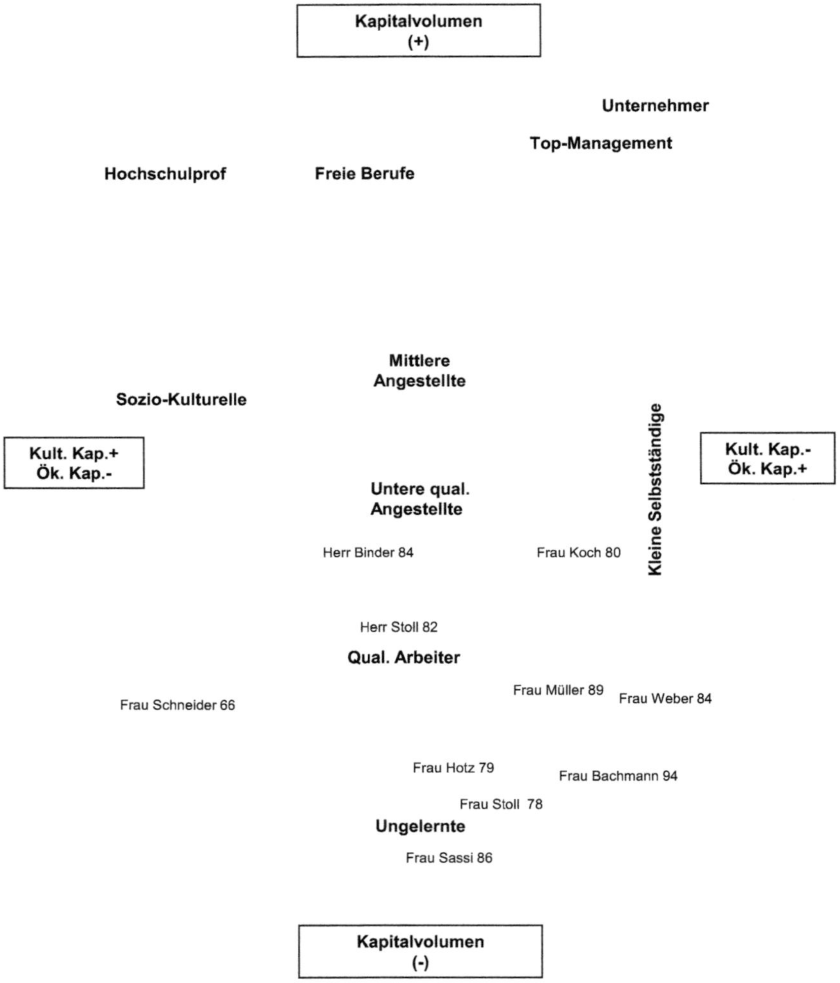

Kapitalvolumen
(+)

Unternehmer

Top-Management

Hochschulprof　　　　Freie Berufe

Mittlere
Angestellte

Sozio-Kulturelle

Kult. Kap.+
Ök. Kap.-

Untere qual.
Angestellte

Kleine Selbstständige

Kult. Kap.-
Ök. Kap.+

Herr Binder 84　　　　　Frau Koch 80

Herr Stoll 82

Qual. Arbeiter

Frau Müller 89　Frau Weber 84

Frau Schneider 66

Frau Hotz 79　　Frau Bachmann 94

Frau Stoll 78

Ungelernte

Frau Sassi 86

Kapitalvolumen
(-)

Diagramm 4: Die Position der helfenden Töchter und Söhne im sozialen Raum

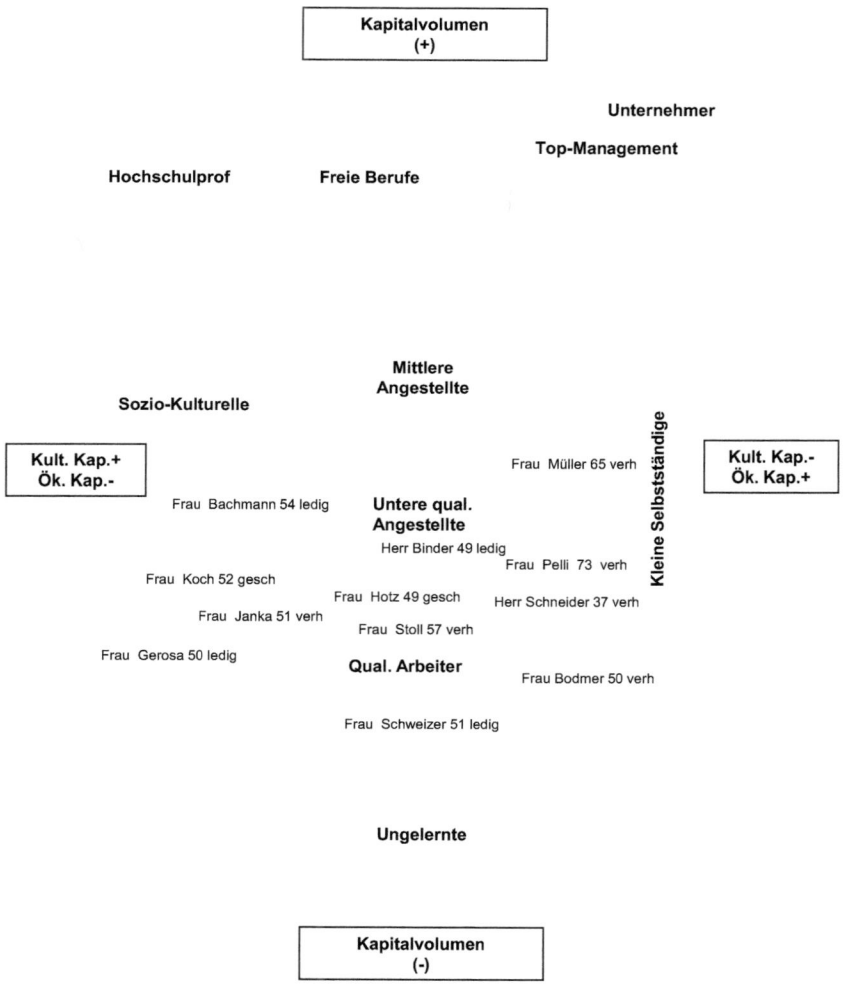